U0948824

美国水环境联合会（WEF®）环境工程实用手册系列

城镇污水处理厂运行管理手册

（原著第6版）

固体处理工艺（第3卷）

［美］美国水环境联合会 编著

谢 丽 何小娟 译

周 琪 审校

中国建筑工业出版社

著作权合同登记图字：01-2010-1061号

图书在版编目（CIP）数据

城镇污水处理厂运行管理手册（原著第6版） 固体处理工艺（第3卷）/（美）美国水环境联合会编著；谢丽等译. —北京：中国建筑工业出版社，2012.2
美国水环境联合会（WEF®）环境工程实用手册系列
ISBN 978-7-112-13767-1

Ⅰ.①城… Ⅱ.①美… ②谢… Ⅲ.①城市污水处理-污水处理厂-运行-管理-手册②城市污水处理：固体废物处理-手册 Ⅳ.①X505-62②X703-62

中国版本图书馆CIP数据核字（2011）第237393号

0-07-154370-8 WEF Solids Processes, 6/e

责任编辑：石枫华　程素荣
责任设计：董建平
责任校对：张　颖　赵　颖

美国水环境联合会（WEF®）环境工程实用手册系列
城镇污水处理厂运行管理手册
（原著第6版）
固体处理工艺（第3卷）
［美］美国水环境联合会编著
谢　丽　何小娟　译
周　琪　审校
*
中国建筑工业出版社出版、发行（北京西郊百万庄）
各地新华书店、建筑书店经销
华鲁印联（北京）科贸有限公司制版
北京中科印刷有限公司印刷
*
开本：787×1092毫米　1/16　印张：18　字数：415千字
2012年3月第一版　2012年3月第一次印刷
定价：66.00元
ISBN 978-7-112-13767-1
（21542）

原著编写组

本手册由美国水环境联合会城镇污水处理厂运行管理编写组编写完成。

主席：Michael D. Nelson

Douglas R. Abbott
George Abbott
Mohammad Abu-Orf
Howard Analla
Thomas E. Arn
Richard G. Atoulikian, PMP, P.E.
John F. Austin, P.E.
Elena Bailey, M.S., P.E.
Frank D. Barosky
Zafar I. Bhatti, Ph.D., P. Eng.
John Boyle
William C. Boyle
John Bratby, Ph.D., P.E.
Lawrence H. Breimhurst, P.E.
C. Michael Bullard, P.E.
Roger J. Byrne
Joseph P. Cacciatore
William L. Cairns
Alan J. Callier
Lynne E. Chicoine
James H. Clifton
Paul W. Clinebell
G. Michael Coley, P.E.
Kathleen M. Cook
James L. Daugherty
Viraj de Silva, P.E., DEE, Ph.D.
Lewis Debevec
Richard A. DiMenna
John Donnellon
Gene Emanuel
Zeynep K. Erdal, Ph.D., P.E.
Charles A. Fagan, II, P.E.
Joanne Fagan
Dean D. Falkner
Charles G. Farley
Richard E. Finger
Alvin C. Firmin
Paul E. Fitzgibbons, Ph.D.
David A. Flowers
John J. Fortin, P.E.
Donald M. Gabb
Mark Gehring
Louis R. Germanotta, P.E.
Alicia D. Gilley, P.E.
Charlene K. Givens
Fred G. Haffty, Jr.
Dorian Harrison
John R. Harrison
Carl R. Hendrickson
Webster Hoener
Brian Hystad
Norman Jadczak
Jain S. Jain, Ph.D., P.E.
Samuel S. Jeyanayagam, Ph.D., P.E., BCEE
Bruce M. Johnston
John C. Kabouris
Sandeep Karkal
Gregory M. Kemp, P.E.

Justyna Kempa-Teper
Salil M. Kharkar, P.E.
Farzin Kiani, P.E., DEE
Thomas P. Krueger, P.E.
Peter L. LaMontagne, P.E.
Wayne Laraway
Jong Soull Lee
Kurt V. Leininger, P.E.
Anmin Liu
Chung-Lyu Liu
Jorj A. Long
Thomas Mangione
James J. Marx
Volker Masemann, P. Eng.
David M. Mason
Russell E. Mau, Ph.D., P.E.
Debra McCarty
William R. McKeon, P.E.
John L. Meader, P.E.
Amanda Meitz
Roger A. Migchelbrink
Darrell Milligan
Robert Moser, P.E.
Alie Muneer
B. Narayanan
Vincent L. Nazareth, P. Eng.
Keavin L. Nelson, P.E.
Gary Neun
Daniel A. Nolasco, M. Eng., M. Sc., P. Eng.
Charles Norkis
Robert L. Oerther
Jesse Pagliaro
Philip Pantaleo
Barbara Paxton
William J. Perley
Beth Petrillo
Jim Poff
John R. Porter, P.E.
Keith A. Radick
John C. Rafter, Jr., P.E., DEE
Greg Ramon
Ed Ratledge
Melanie Rettie
Kim R. Riddell
Joel C. Rife
Jim Rowan
Hari Santha
Fernando Sarmiento, P.E.
Patricia Scanlan
George R. Schillinger, P.E., DEE
Kenneth Schnaars
Ralph B. (Rusty) Schroedel, Jr., P.E., BCEE
Pam Schweitzer
Reza Shamskhorzani, Ph.D.
Carole A. Shanahan
Andrew Shaw
Timothy H. Sullivan, P.E.
Michael W. Sweeney, Ph.D., P.E.
Chi-Chung Tang, P.E., DEE, Ph.D.
Prakasam Tata, Ph.D., QEP
Gordon Thompson, P. Eng.
Holly Tryon
Steve Walker
Cindy L. Wallis-Lage
Martin Weiss
Gregory B. White, P.E.
George Wilson
Willis J. Wilson
Usama E. Zaher, Ph.D.
Peter D. Zanoni

《城镇污水处理厂运行管理手册》（原著第6版）翻译组

（按首字母拼音排序）

陈秀荣（华东理工大学）
丁　雷（华东理工大学）
何小娟（同济大学）
谢　丽（同济大学）
徐宏勇（华东理工大学）

目 录

第27章　固体废物管理

污水处理厂固体废物管理是指已从污水中去除的和已处理、即将离开污水处理厂的废物的处理及处置。本文所讲的固体废物通常为生物固体，但也包括浮渣，油脂，格栅渣，沉砂和灰烬。[美国水环境联合会（WEF）将生物固体定义为“污水处理系统产生的固体有机物，并能被回用”。在生物固体处理之前，这些有机物被称为污水处理厂固体废物或污泥。生物固体必须满足各州和美国环境保护局（US EPA）对其回用的标准]

27.1 固体废物种类

污水处理厂接收并产生各类固体废物，如灰烬，浮渣，油脂，隔栅渣，沉砂和污泥（包括生污泥，处理过的污泥，初沉、二沉和三沉污泥，混合污泥，化学污泥）等。有些污水处理厂也会接收污水原位处理系统产生的化粪池污泥和其他污水处理厂产生的液体污泥（更多关于污泥的资料信息请参见本书第28章）。

污水处理厂日常运行中也会产生其他类型的固体废物，包括废纸、厨余垃圾、汽车残余物、设备机油、化学药剂包装袋、实验室废物、办公室废品（包括打印机硒鼓，复印机和传真机墨粉等）、灯泡、电池和砖块。这些固体废物必须按照当地政府的法律进行回收利用和处理处置。[注：鉴于污水处理厂担负着保护公众健康和生态环境安全的重任，因此，污水处理厂必须对于其产生的固体废物的处理和处置，以及最大化的回收利用（Fisichelli，1992）]。

27.2 固体废物特性

污水处理厂产生的生物固体的物理、化学及生物学特性影响了其资源化利用和公众感观。例如，对于联邦政府和各州管理者而言，出于控制生物固体污染和病原菌含量的目的而对其进行土地利用。而污泥土地利用场附近的居民，则主要关注是否会产生臭气，影响他们的正常生活。

生物固体可以按照重金属和有机物含量分别进行分类，因此某种污泥的最终处理处置方法的确定，必须对其主要成分进行分析以确定其污泥种类。如果某种污泥的化学和生物学指标能够满足处理处置的标准，那么影响其管理过程选择的因素主要有：

（1）营养盐浓度，这将影响地表水水体质量；

（2）微量元素浓度，这将影响土壤质量和植物生长（可能需要认证农艺师查明植物生长异常的原因）；

（3）其他各种成分（如汞和硫）会影响焚烧炉的空气污染控制措施的确定。

污水处理厂应该保存包含固体废物各种化学成分分析报告的多年数据。据此，工作人员可以提供本污水处理厂产生的生物固体中所含的重金属、有机物、病原菌、二噁英、放射性物质、多氯联苯（PCBS）等有害成分未超过环境危害水平的证明，在将来，这些有害成分应尽量去除。为了增加可信性，这些关于重金属和有机物浓度水平的数据应该是较为稳定，不会变化太大，或者呈现下降趋势。同时，分析结果都应该及时让专家核查，并进行实验室质量控制。

另外，污水处理厂应该设置一套有效的预处理单元，从而将污水中有害的成分最小化。这样，这些物质不会进入到固体废物中，否则产生的生物固体由于有害成分含量过高导致土壤需进行修复，而不能进行土地利用。但是，实际中生物固体的多项测试结果获得之前，就已经土地利用。污水处理厂工作人员和管理者需要确信，生物固体不会对人类健康和生态环境带来风险或危害。为了增加可信程度，污水处理厂应该进行多年历史数据的统计，并设置有效的预处理单元。

为使污水处理厂产生的生物固体的管理是基于最佳管理措施（BMPs）的，污水处理厂工作人员应做到以下几点：

（1）对污泥进行定期取样和常规指标检测，以了解其常规指标能满足要求。

（2）定期取样和进行其他指标分析（如优先控制污染物、放射性物质、二噁英和其他可能成分），以此来向公众展示污泥成分能满足州政府和联邦政府规定的各种标准和要求。

（3）维持预处理单元的有效性（除非确信该污水处理厂服务区域无工业污染），以及污染减排措施的正常运行，以此来降低公众和工业企业产生的污染物。

（4）建立并使用书面的取样方案和监管链表格。

（5）审核检测分析结果，包括外包实验室的分析数据，以确定实验方法和实验结果的可靠性，并采取了合适的质量控制措施；如果是现场检测，实验室质量控制报告上应该按行业要求注明。

（6）确保生物固体的生态安全性（如不含快餐盒碎片、调味品袋或个人卫生护理用品）。

27.3 固体废物处理

27.3.1 概述

污水处理厂产生的所有固体废物都需要进行处理以满足联邦政府、州政府和当地政府的要求。选择不同的处理方法将会导致生物固体的均匀性相差很大，从而影响其传输和回用。例如，处理方法会影响生物固体的均匀性，螺杆输送机产生的生物固体不易被施肥机利用，而带式输送机产生的影响则相对较小。

例如，宾夕法尼亚州匹兹堡市阿勒格尼卫生局对固体废物处理中实施了两种改良方法，得到的结果都不尽如人意。首先，生物固体经过带式压滤机进行脱水，然后利用石灰进行调质。这样产生的污泥混合物较脆，可以利用施肥机进行有效利用，但是当污水处理厂工作人员将污泥石灰调质浓缩改为螺纹输送机混合浓缩后，则产生了呈“布丁状”的污泥块状物，不易被施肥机利用。但是，当工作人员用离心浓缩机取代带式压滤机后，则产生的污泥固体也是较脆弱且易碎的，容易利用施肥机进行播撒（由于每个污水处理厂污泥成分不尽相同，所以最佳方法也应有所不同）。

27.3.2 化学添加剂

在污水处理系统中投加的任何化合物最终都会转移到生物固体中，并影响其理化性质或处理方法特性，同时还会影响其允许使用的处理处置方法的选择。

在厌氧消化中投加石灰和重碳酸氢钠来调节pH值一般影响不大，因为这类化合物一般只会增加生物固体中天然本底浓度，同时也是无害的。同样，在污泥好氧稳定过程中投加的酸性pH调节剂和防腐剂也不会影响其常规指标。另一方面，含钙化合物会影响土壤的化学性质和农作物营养成分的吸收，因此土地利用场地附近的土壤需要定期（如：3年1次）进行理化成分分析，以检测其宏量元素和微量元素的浓度水平。

有些污水处理厂利用有机或无机聚合物对污泥进行浓缩或脱水，有些管理机构会关注含氮聚合物，因为这些聚合物会产生胺类物质或其他强烈的恶臭气体。但是有研究者指出，聚合物可能会吸附在颗粒物上，使得其成为难以生物降解的惰性物质（Dental等，2000）。大部分聚合物易于生物降解，通常也是无害的。因此，添加聚合物一般不会影响生物固体的土地利用的安全性。

在污泥进行浓缩或脱水之前，通常需要投加各种调质剂（如石灰，氯化铁，硫酸铁，氯化亚铁，硫酸钙等），这些化学调质剂通常也不会影响污泥生物固体满足管理部门标准的要求。但如果氯化铁溶液是其他工艺过程的副产品（如来自某工业的酸洗废液），则需要检测该溶液的有机物和重金属含量。

有些污水处理厂采用高锰酸钾进行恶臭气体控制，一般也不会影响生物固体的常规指标。

27.3.3 处理工艺

绝大部分的污泥稳定工艺（如厌氧消化，好氧消化，堆肥，石灰稳定，热处理，干化）都会产生可进行土地利用的生物固体，但是其产生的生物固体的特点和所需的处理方法不尽相同。如厌氧消化产生的生物固体所含的有机物和病原菌含量较低，但是容易产生恶臭气体，且难以脱水。

小型污水处理厂普遍采用好氧消化工艺，产生的生物固体适用于土地利用，但浓缩性较其他工艺的差。

堆肥化处理，如若操作得当，会产生相对较干燥、不易生物降解和无臭味的生物固体。这类生物固体可在室外长期贮存，不会发臭或滋生蚊蝇。有些污水处理厂会出售这类生物固体，以此降低处理处置费用。与其他污泥稳定化工艺相比，堆肥处理通常更受欢迎，且其排放的恶臭气体更少。

石灰稳定化工艺产生的生物固体的质量通常会受到当地管理部门的质疑，因为石灰稳定从确切意义上来讲并不能产生“稳定化”的生物固体。此外，石灰稳定产生的生物固体一般会产生恶臭（通常为氨气）。也有研究表明，如果投加过量碱度（石灰和热量），其产生的生物固体也能满足用于特殊品质生物固体病原菌减量化和昆虫吸引指数下降的标准要求，同时由于碱度较高，恶臭气体（氨气）在处理过程中从生物固体中逸出后需做进一步处理，从而减少了臭味。

热处理能大大降低病原菌含量，提高其产生的生物固体的浓度和脱水性能，实现污泥减容。尽管处理过程中会产生恶臭，但影响较小（只要保证其干燥）。但是，热处理产生的生物固体金属含量较高，且易发生自燃。

机械干燥和干燥床法会产生潜在的恶臭气体问题，如果需要进行加盖控制恶臭或提高干燥温度，则会增加运行成本。

污泥焚烧会气化大部分有机物，实现污泥最大化减容，同时，如果灰烬中重金属含量控制在当局标准之内，还可进行资源化利用。焚烧炉内温度一般大于816℃（1500°F）。如产生的灰烬为玻璃质颗粒，可以作为路基填充材料或陶瓷产品原料。由于大型污水处理厂产生的大量污泥如果进行土地利用或堆肥化处理需要大量的土地资源，焚烧法对于大型污水处理厂污泥稳定化有较强吸引力。

新兴的污泥稳定化技术包含微波技术和快速石灰稳定技术和热稳定技术。更多详细资料请参见第32章。

27.4 固体废物管理

27.4.1 管理方法选择

在固体废物管理过程中，生物固体若能满足美国环境保护局（US EPA）对污水处理厂污泥及其他固体废物处理的标准（40 CFR 503）以及各州和当地政府的标准，则均可以回用。目前，美国国家环保局（US EPA）由于在污泥预处理方面的管理与宣传得当，生物固体中的重金属浓度下降，且大量研究表明，大部分污水处理厂污泥中金属浓度均能满足40 CFR 503中的要求。但是，污泥固体中的病原菌含量和昆虫吸引指数的下降水平还取决于所采取的处理方法。

1. 土地利用

生物固体土地利用常用于农田。根据40 CFR 503前言所述，1988年（海洋废物处理废除前），只有33%的污泥固体进行土地利用。美国环境保护局（US EPA）最新数据显示，目前约有60%的污水处理厂生物固体进行土地利用。在污水处理厂污泥可以进行土地利用之前，需获得联邦政府相关机构，各州和当地政府部门的批准，手续必须齐全。有些州要求每一个污水处理厂都满足上述要求，而有些州则视各污水处理厂的具体情况而定。

为获取相关部门的允许批准，生物固体产生者须按以下要求履行职责：

（1）与管理部门时刻保持密切联系（由于已受污水处理厂工作人员邀请巡视过现场，管理员必须熟悉污水处理厂各环节单元及其运行）。

（2）准确获取生物固体的相关测试数据（至少3年有效数据），如有可能，最好从污水处理厂开始运行时就收集相关数据。因为越多的数据越能证明污水处理厂污泥进行土地利用的合理性。

（3）污水处理厂污水运行的历史以及其固体废物处理过程的详细介绍。

（4）制定质量控制和质量保证方案，分析方法的标准操作程序，以及样品登记册或监管链表格。

（5）建立良好的公众关系，尽最大努力将生物固体的管理方案予以公示。

（6）对于污水处理厂和管理机构公众人员，应明文规定在突发性紧急事件发生时各方对于污泥土地利用过程中的职责。

（7）制定污泥溢出等偶发性事件的防护及控制计划，制定污泥生物固体中长期管理的规划，以提高其管理能力。

（8）制定解决污泥土地利用场附近居民纠纷的实施方案。

某些州有专门针对生物固体产生者和土地利用运营方的培训计划。从事生物固体处理的工作人员应该进行这类培训（强制性或是选择性），以便他们能学会如何与管理者沟通，并了解其被寄予的期望。污泥生物固体处理人员应该成为相关的专业性组织的活跃会员［如美国水环境联合会（WEF），其行业性组织（MAS）和区域性组织等］，这些组织可以提供有效信息、帮助和支持。另外，上述组织还经常会出版相关技术材料。

一旦污水处理厂的污泥被允许进行土地利用，其工作人员就可按以下步骤及要求制定相关土地利用的方案：

（1）寻找合适的场地。污泥生物固体土地利用场必须有足够的容量满足污水处理厂运行期间产生的污泥量要求。同时土地利用场应满足相关选址要求。土地利用场选址须考虑周围的湿地、风向与污水处理厂的距离，附近居民，当地对生物固体的利用条款等相关要求。

（2）确认污泥生物固体的需求方（农场）并能解释相关条款要求，明确所有权，获得相关重要数据和授权，注意与周围居民和当地管理机构之间的协调（如镇区或自治区管理机构、村委会、保护区和州管理机构）。

（3）与所有生物固体废物管理机构保持联系，并准备好必要的文本文件；同时需要进行现场取样（如每10.1公顷土地上需要进行一次土壤取样等）和实验室检测。需要对土地处理厂进行航拍，并标出其地理位置、场地边界等以及标出所有水源（如航道、湿地、饮用水源和水井等）；确定污泥运输车的行进路线。此外，需要完成当地管理部门要求的其他注意事项。

（4）告知当地政府和公众关于进行生物固体综合利用的好处（特别是污泥土地利用或污水处理厂在当地是新兴项目时），从而确保所有与项目相关的人员（包括污水处理厂工作人员、运输者和土地利用场工人）能够准确理解污泥综合利用的益处，并能对公众进行合理解释和维持当地关于土地利用扩展计划的公众信息需求。

（5）定期对土地利用场进行检查，从而确保所有的工作有条不紊地进行（如司机遵守规则、泥浆不外泄道路、恶臭气体得到控制、场地维护良好、有害污泥贮存妥善等），同时在例行检查过程中，污水处理厂管理人员应能正确回答各项提问。

2. 土地改良

土地改良与土地利用类似，但后者生物固体利用速率更高，其原因在于土地利用不仅能供给植物生长季节所需的养分，而且可以为过度开垦及贫瘠的土壤建立长期修复机制。土地改良场点一般在呈酸性的露天矿区（Sopper, 1993; Pennsylvania Organization for Watersheds and Rivers, 2003）。然而，通过添加有机质含量以帮助保持土壤中的水分，生物固体也已成功应用于位于新墨西哥州的牧场改良。

石灰稳定生物固体应用于露天矿区土地改良取得了良好效果，这是因为尽管露天矿区土地的pH值很低，但是石灰稳定生物固体中含有的石灰有助于调节土地pH，促进草类生长，从而获得了良好的土地改良效果。其他类型的生物固体只要辅以适当的pH调节方法也可用于土地改良。生物固体中的有机质含量和缓慢释放的氮素可以为大部分种子混合物提供良好的生长条件。但是，如果种子混合物中包括生长缓慢的暖季草（2~3年以上），那么这些暖季草的生长将被生长迅速的羊茅和其他草类所抑制。为避免出现这样的问题，可以将几种释放速率缓慢的生物固体联合应用。

生物固体也已成功应用于填埋场密封单元的植被修复。一旦填埋单元被填满，通常覆盖一层土工膜或覆土滤布，以防止水渗透到填埋单元内部，同时减少填埋单元的渗滤液。生物固体以同样的方式应用于露天矿区的土地改良。

华盛顿州国王县污水处理部已将生物固体于1987年和1995年分别应用于林场和国家森林。生物固体是优秀的土壤改良剂，同时也是树木的养分来源，以施以生物固体为肥料的树木为例，其年轮更宽阔。林业项目有助于加强和保护森林以及自西雅图至山脉的沿景区公路的野生动物栖息地。

3. 商业产品

一些污水处理厂（污水处理厂独立运营或与私企联合运营）将生物固体堆肥后用于景观园林。生物固体可经袋装后出售给公众用于花园和盆栽。

4. 焚烧

1993年，381家污水处理厂（2.8%）的污泥作单独焚烧处理（占全国污泥总量的16%），如40 CFR 503前言所述，7家污水处理厂的污泥与城市生活垃圾混合焚烧处理。一些污水处理厂之所以选择焚烧的方式处理污泥，是因为这些污水处理厂处于寒冷地区，在冬季当污泥填埋不可行时，需要一种行之有效的管理办法。一些地处大都市的污水处理厂选择焚烧方式处理污泥则是为了规避B级生物固体在相邻城市长距离运输过程中引发的臭味投诉问题。焚烧工艺需要大量设备和能源，同时还要求配备空气污染控制装置，剩余灰分也必须进行回收利用或处置（有关焚烧工艺更多信息请参见32章）。

一些污水处理厂回收污泥焚烧过程中产生的热量并将其应用于其他处理工艺的加热、发电或制备蒸汽加热或应用于其他处理工艺。焚烧炉灰通常作填埋处理，但如果炉灰重金属含量在规定范围内（所有的病原体在焚烧过程中被烧掉）也可回收利用。例如，炉灰可作下列用途：

（1）改良欲开垦的土壤，出售给表层土生产商（生产出的灰土混合物必须满足相关监管机构标准）；

（2）水泥、混凝土或沥青的组分；

（3）污泥的碱性添加剂（可与其他碱性添加剂联用）；

（4）屋面的组分；

（5）塑料组分；

（6）陶瓷类材料（如在更高温度下作进一步处理）；

（7）景观用砖（如在更高温度下作进一步加工处理）。

为了满足以上大部分用途，灰分必须达到一定标准，并且满足数量方面的需求。并非所有的污水处理厂都能满足这些要求，他们必须与那些能生产大量可用灰分的行业竞争。

5. 热干燥和其他热处理工艺

总的来说，热干燥及造粒生产出适销对路的化肥，且满足40 CFR 503对特殊品质生物固体的要求，用作土地利用时具有较少的监管记录和报告要求。这种生物固体管理方式技术成熟，气味问题可以得以有效控制，由此产生的生物固体颗粒相对进料固体来说，体积和重量大大减少，易于处理、运输和贮存，最终可以大件、袋装或容器装的形式提供给消费者。

热干燥及造粒的不足之处在于粉尘可能发生爆炸和潜在的过热和火灾可能性。此外，热干燥及造粒设备价格昂贵、复杂、维护频繁，对操作人员要求高。气体排放设备也是必需的，因为干燥某些类型的固体可能导致更多的有味颗粒产生。

固体也可以通过以下热处理工艺进行处理：

（1）阶段高温消化；

（2）热杀菌，生产出适销对路的化肥；

（3）残渣汽化，产生液体、气体和氢化燃料；

（4）热化学作用，产生含有低中级热量的热气；

（5）Enersligle™（该工艺产生燃料级油料）；

（6）Cambi™（该工艺利用温度和压力发生热解作用加热或冷却污泥）。

27.4.2 处置方式

污水处理厂通常是基于每个评估方案的成本来决定污泥的利用和处置方式。与土地利用类似，污泥采用最终填埋处理可能需要很多处理过程，因此相关的劳力和运输成本可能是最重要的因素。

处置方式——“倾倒”、填埋、单填、表面利用、与城市生活垃圾共同处置——都涉及将生物固体填入地面开挖的洞中。这些洞受联邦、州和地方法规的限制，需作衬垫处理；每日覆盖和最终覆盖；渗滤液收集和甲烷气收集；地下水监测；臭味、带菌体和蚊蝇等的控制；封盖和其他封闭方法。

27.4.3 多样化及应急计划

位于宾夕法尼亚州匹兹堡市阿勒格尼卫生局的污水处理厂大约产生154000t（湿污泥）/（人·年）（170000t湿污泥/年）作以下用途：

（1）几乎一半焚烧处理产生的蒸汽以能量回收的方式用于污水处理厂内其他处理过程；

（2）几乎一半用于承包商的农场和露天矿区土地利用；

（3）其余的作填埋处理。

处理厂管理人员之所以选择以上组合方式，是因为该厂位于市区，周围均是企业和居住区，由于可能产生臭味问题无法就地贮存污泥。该厂污泥多样性的处置方式使其污泥处理得以有效运行，同时规避了臭味，并且不受检修和天气条件的影响。

污水处理厂不仅仅处理污水，固体管理也是其运行中的重要部分。和污水处理一样，固体管理需要大量时间、精力和财政支撑。因此，所有的污水处理厂都应该建立一个突发事件应急计划（如恶劣天气），但是法规变化应急计划另当别论。污水处理厂工作人员应与监管机构建立良好的工作关系，紧跟法规发展变化的步伐。法规变化将带来更多的固体管理工作内容，涉及更多的资金和设备，这可能需要数月或数年的时间才能获批、安装和启动。

27.4.4 决策影响因素

选择生物固体管理方式最重要的影响因素是适用的法律、法规和地方条例。仔细检查：即使土地应用在技术上可行，取得许可证和用地批文可能相当困难和费时。监管机构除批准准许污水处理厂和用地批文外可能还有很多职责，因此，他们几乎没有时间来应对这些任务或是来自强烈反对土地申请的组织的投诉。在一些州，地方政府已经制定地方条例来征收费用和提高要求，增加一倍的土地利用成本和人力。目前的趋势是，监管机构要求处理厂出厂固体为无臭味的A级生物固体。

另一个重要因素是污水处理厂是否将生物固体处理到满足A级或B级生物固体的要求。通常情况下，A级处理工艺成本比B的高。大部分土地利用项目利用B级生物固体，其适用于农场和矿山，并被农民和矿工所接受。A级生物固体污染物水平和病原菌含量都较低，可以出售或免费派发给公众（出售价格通常不包括整个生产成本，但它确实有助于降低生产成本）。

影响生物固体管理方式的其他因素包括：

（1）污水处理厂位置；

（2）当地气候条件；

（3）过去的固体管理规范（人们更喜闻乐见他们所熟知的东西）；

（4）固体利用场点的距离；

（5）当地反生物固体组织的数量和力量；

（6）当地政府官员的支持；

（7）预估成本；

（8）可用资金；

（9）当地垃圾填埋场的可利用率和价格。

每种管理方式都有优点和缺点，污水处理厂管理人员应避免单纯以成本为基础做决定。例如，当将B级生物固体进行土地利用，如果反生物固体组织整天向监管机构投诉，监管机构因不堪重负公共关系不得不中断土地利用申请许可和现场审批请求，从而导致该项目的最终失败。此外，从一个长期使用的方法切换到一种新方法将面临压力，尤其是旧的方法很简单（例如填埋）而新方法很复杂（如堆肥或热干燥）。污水处理厂工作班子还需要决定是否采用内部管理或外包的方法。

27.4.5 外包

外包是雇佣另一个实体执行组织者的部分工作，从而污水处理厂工作人员可以决定固体管理工作中他们想要做多少，以及选择让别人做多少。例如，污水处理厂产出污泥后可以聘请承包商对污泥作土地利用（例如，执行所有相关的工作，包括许可证申请、运输、土地申请、报告以及与公众和监管机构的沟通等）。另外，污水处理厂也可以聘请承包商执行所有的固体管理过程。

外包的好处是，污水处理厂无需扩充劳动力。同时，污水处理厂工作人员可以借助生物固体管理专家的专业知识而无需自己"从头开始"。污水处理厂也无需投入专门的车队（例如，拖拉机、刮泥机和前端装载机）。如果整个固体管理项目外包，所有的固体或生物固体处理、加工或贮存设施都可省掉。

外包的不足之处是，污水处理厂仍然要对承包商的行为负责，因为对监管机构而言，生物固体产生的主人仍然是污水处理厂。因此，污水处理厂工作人员应熟悉承包商各方面的工作，监督其行为，并确保该项目的有效性并符合所有要求。污水处理厂工作人员也应坚持适当的公共宣传计划,并与承包商工作人员、资源利用场地场主和监管机构保持联系。

一旦污水处理厂决定聘请固体管理承包商，他们需要起草一份协议，协议涵盖所有可能影响承包商管理效果的一般和特殊事项。投标书或提案请求应由法律顾问、环境科学家、工程师、操作和维修人员组成的团队共同完成，还需要来自监管部门的投入（大部分外包污水处理厂都愿意共享其投标书）。任何被雇佣来管理污水处理厂固体的承包商都应在各自的领域具有一定知名度，并拥有有经验的员工、良好的合规记录和令人满意的工作档案。

27.4.6 臭味和公众认同

另一个重要因素是气味投诉问题。有些投诉可能是合理的，有些则可能与污水处理厂的生物固体毫无关系，而可能仅仅是马路附近的臭味。这样的投诉可能更为普遍："我们不希望污水污泥出现在这儿"。无论合理与否，这些投诉将耗费污水处理厂工作人员大量的时间和精力去消除对监管部门和新闻媒体的影响。

尽管气味投诉不能完全避免，污水处理厂工作人员可以通过以下方式解决该问题：

（1）尽可能生产无臭产品；

（2）监测固体利用场地的条件（例如距离、风向、倒置的可能性、湿度、地形和节假日的情况）；

（3）鼓励监管部门对公众进行有关生物固体的宣传教育；

（4）支持学校的环境项目，教授学生生物固体方面的知识；

（5）建立和保持生物固体公众宣传计划；

（6）邀请当地政府和媒体代表参观生物固体场地，使他们熟悉生物固体及其对农场和矿区带来的好处；

（7）遵照生物固体组织关于公众和媒体的建议（美国水环境联合会（WEF）和国家生物固体伙伴关系协会（NBP））。

使公众熟悉生物固体的用途，对抵消他们本能的恐惧和厌恶是有帮助的。

27.4.7 记录

污水处理厂工作人员应按照法规要求做好所需的记录。所有的许可证、实验室分析和监管报告应分门别类或放在专门的书架上，有助于监管机构或第三方检查固体设施时核查。

污水处理厂工作人员还应建立一个档案系统。例如，纸质文件可以复制到新的存贮介质（例如CDs或光盘），然后异地储存，由此完成对纸质文件的备份，但是数据仍然在工作人员的手头。（有关管理信息系统的信息，请参阅第6章。）

27.4.8 监管机构和检查

监管机构和污水处理厂工作人员在这一点上是一致的，即有责任对公众、上级部门和民选官员作出解释。监管机构检查污水处理厂设施，颁发给污水处理厂许可证，并希望污水处理厂的固体管理项目取得成功，这样将更有利于他们开展工作。如果监管机构颁发给污水处理厂许可证，而污水处理厂工作做得不好，那么对双方都不利。相反，如果污水处理厂的固体管理项目进展顺利，那么监管机构和污水处理厂就实现了双赢。

因此，如果监管机构需要的信息超出法规规定，他们可能只是需要这些数据以帮助批准通过污水处理厂的文书工作。如果污水处理厂的工作人员合作，只会使审批工作更快完成。

27.4.9 环境管理体系和ISO14001

美国净水协会（NACWA）、美国环境保护局（U.S. EPA）和美国水环境联合会（WEF）于1997年成立了NBP以“推进环境友好型和可接受的生物固体管理办法”。例如，NBP鼓励污水处理厂和固体承包商建立环境管理体系（EMSs），以提高生产，同时促进生物固体的再利用。这种伙伴关系的环境管理体系指导手册以ISO14001为基础，旨在帮助污水处理厂制定适合自身的固体管理方案。环境管理体系将有助于污水处理厂有效运行，建立良好的声誉，并改善与监管机构和环保组织的工作关系。然而，由于有些人永远不接受来自污水处理厂的任何材料，所以环境管理体系可能对改善公共关系无能为力。

27.5 其他固体

从污水中分离出来的其他固体可以作某些资源再利用，但通常都作填埋处理。目前已对沉砂进行了再利用。沉砂表面的垃圾和黏土洗掉后按尺寸大小分离成砂和砂石，分别用于沥青混合料和底基层骨料中。

27.6 成本

各种固体管理方案的成本列于表27-1~表27-4。这些费用成本包括从评估、示范工程到全面运行的总成本，其中大部分取自2002年或以后，为便于历史比较也罗列了部分20世纪90年代的成本。为使数据具有可比性，数据做了某些处理（如以每周运行的天数为基准等）。

各种生物固体工艺的成本　表27-1

工艺	过程	成本（$/t（湿污泥））	成本（$/t（干污泥））	参考文献
热干燥及造粒	脱水；私有化	92.47	462.39	Frankos, 2003
Paygro容器堆肥	脱水和装车；私有化	105.36	526.8	Frankos, 2003
土地利用	私有化	32.69	163.45	Frankos, 2003
A级石灰稳定	浓缩		1100	Leininger和Nester, 2003
A级石灰稳定	脱水		900~920	Leininger和Nester, 2003
A级ATAD	脱水		900~920	Leininger和Nester, 2003
A级ATAD	未脱水		770	Leininger和Nester, 2003
A级间接蒸汽干化	脱水		980~1040 1600~1700原煤土地利用	Leininger和Nester, 2003
JVAP™板框压滤和A级加热/干化	脱水		820~1355储存及土地利用	Leininger和Nester, 2003
调质及B级工艺	好氧消化		750	Leininger和Nester，2003
A级热干燥工艺	完全分摊成本； 消化，脱水，土地利用		平均：257 范围：187~328	Bullard，2002
土地利用示范	通过土地利用脱水； 通过土地利用离心脱水； 带式压滤		172~220 154~160	Sloan等，2002
目前土地利用系统	通过土地利用脱水； 重力带式和带式压滤		202	Sloan等, 2002
土地利用和每日覆盖填埋	通风静态堆堆肥 容器堆肥 旋转式热干燥 预热巴氏杀菌法和RDP-Cambi 化学添加剂 填埋		405 399 93 224 217 300	Van Der March等，2002 Van Der March等，2002 Van Der March等，2002 Van Der March等，2002 Van Der March等，2002 Van Der March等，2002

续表

工艺	过程	成本（$/t（湿污泥））	成本（$/t（干污泥））	参考文献
A级石灰稳定；1996年以前对14个设备的调查研究	浓缩-消化-脱水；巴斯德容器（RDP-EVP） 浓缩-消化-脱水；仅用石灰处理		312~10mgd 228~2-mgd 158~40mgd 139~60mgd ~345~10mgd ~250~20mgd ~180~40mgd ~160~60mgd	Rothberg, Tamburini & Winsor Inc., 1996 Rothberg, Winsor Inc., 1996 Tamburini &
通风静态堆堆肥；1996年以前对14个设备的调查研究	浓缩-消化-脱水		360~10mgd 277~20mgd 204~40mgd 184~60mgd	Rothberg, Tamburini & Winsor Inc., 1996
热干燥；1996年以前对94个设备的调查研究	浓缩-消化-脱水		493~10mgd 372~20mgd 276~40mgd 247~60mgd	Rothberg, Tamburini & Winsor Inc., 1996

ATAD：自热高温厌氧消化。

各种工艺单位成本一览　　表27-2

工艺	成本（$/t（湿污泥））	成本（$/t（干污泥））	备注/参考文献
带式压滤脱水	76		含固率为3%~23.5%（Hagaman, 1998）
带式压力脱水	30	187	含固率达15.9%（Lee等，2003）
离心脱水	33.25	187	Lee等，2003
厌氧消化	2.25/gal（4.25~1.90/gal） 3.85/ gal 1.88~4.24/gal		成本取决于消化池尺寸大小（Potts等，2003） 混凝土蛋形消化池（Potts等，2003） 总成本包括除储存费用以外的其他费用（Potts等，2003）
离心脱水		172.63	Drury等，2002
带式压力脱水		185.77	Drury等，2002
未浓缩好氧消化	6.07/gal	146	Drury等，2002
浓缩好氧消化	6.23/gal	150	Drury等，2002
未浓缩厌氧消化	6.87/gal	165	Drury等，2002
浓缩厌氧消化	7.31/gal	176	Drury等，2002
堆肥	50（税后38）		Hogan, 2003
热干燥及 造粒		250~350 412	Hogan, 2003 包括脱水和胶粘剂造粒
多段焚烧		192.30	总固体浓度为20.8%（Leger, 1998）
石灰稳定-RDP-EVP		41.33	总固体浓度为22%~25%（Hagaman, 1998）
堆肥	22-拥有设备 29-无设备		Lee等，2003
多段焚烧		183.78	Sherodkar和Baturay, 2003
流化床干化及造粒		190用于运行和维护费用	Janses等，2003
焚渣及油脂		248	平均年限为6年（Dominak和Stone, 2002）
生物固体土地利用	20/t-以设备计 25/t-承包商 20/t-填埋 0.55/gal	 88	农业应用； 钱伯斯堡，宾夕法尼亚州（Hook, 2003） B级；卡罗莱纳州 包括氧化塘干燥和地下注入；卡尔加里，加拿大（Tatem, 1998）

续表

工艺	成本（$/t（湿污泥））	成本（$/t（干污泥））	备注/参考文献
生物固体填埋	58 约59	233	汉普顿，美国新罕布什尔州（Berkel, 2003）由承包商提供；克利夫兰，美国俄亥俄州（Dominak and Stone, 2002）
飞灰填埋		约50	克利夫兰，美国俄亥俄州（Dominak and Stone, 2002）
沙砾及筛渣填埋	约53		克利夫兰，美国俄亥俄州（Dominak and Stone, 2002）

生物固体售价　　表27-3

材料	价格	备注
生物固体	$6~7/1%氮素	佛罗里达（Maestri, 1998）
堆肥	$10/t（千重）或者$6.50/m^3	帕洛阿尔托，加利福尼亚（Nichols, 1998）
散装干粒	$63/t（千重）（市场销售和配送后$28.22）	帕洛阿尔托，加利福尼亚（Nichols, 1998）
堆肥	$5.45/立方码	巴尔的摩，马里兰州

焚烧成本　　表27-4

时间	运行和维护（$/吨干污泥）	已摊销资金装机容量（$/吨干污泥）	总成本（$/吨干污泥）	文献
1990实际[1]	70~90	100~125	170~215	Walsh等，1990
1990实际[2]	180~200	200~230	380~430	Walsh等，1990
2003估计[3]	105~187	37~55	114~187[5]	Welp和Lundberg, 2003
2003估计[4]	135~247	37~55	144~247[5]	Welp和Lundberg, 2003

（1）基于一套满负荷运行良好的污泥焚烧系统，开始进行污泥脱水处理，包括焚炉、热回收、空气污染控制和灰渣处理系统；设备设计使用年限20年；建筑设计使用年限40年，8%。

（2）与（1）相同，此外还包括浓缩和脱水。

（3）不包括浓缩和脱水；流化床焚烧炉，20年，6%。

（4）不包括浓缩和脱水；多段焚烧炉，20年，6%。

（5）总成本包括$27~55的能源信贷。

第28章　残余物的性质及其取样

28.1 引言

为保证城市污水处理厂各种固体废物处理处置工艺的正常运行，需要对污泥、生物固体和其他特征残余物进行取样和分析。为保护人类健康和防止环境发生富营养化，对残余物进行处理时必须要满足各种已制定的污染物标准。美国政府和其他监管机构已经加快了城市污水处理厂残余物的检测频率，扩大了检测范围。另外，从对残余物的取样和分析中获得的信息可以用于反馈提高设施的处理水平。

本章主要介绍污水处理厂（WWTP）中存在的各种残余物的性质及其产量，同时还介绍了用于描述残余物性质的各种参数、指标、检测仪器和分析方法。另外，本书还指出了取样步骤在工艺控制和监管目标中的必要性。

28.2 残余物种类

残余物是在污水处理过程中伴随着某些可溶性和不可溶性组分物质的去除而产生的。在各种残余物中，污泥和生物固体主要成分是水，但在所有未浓缩固体中，溶解性固体和悬浮固体含量约为0.5%~7.0%。残余物通常要经过浓缩、稳定和脱水等处理工艺，以使其更易处置（见图28-1）。这些处理工艺应该尽可能多地去除污泥中的水分，以减小运输和处置费用（更多关于污泥浓缩、稳定和脱水的设备和处理系统的资料详见第29至第33章）。

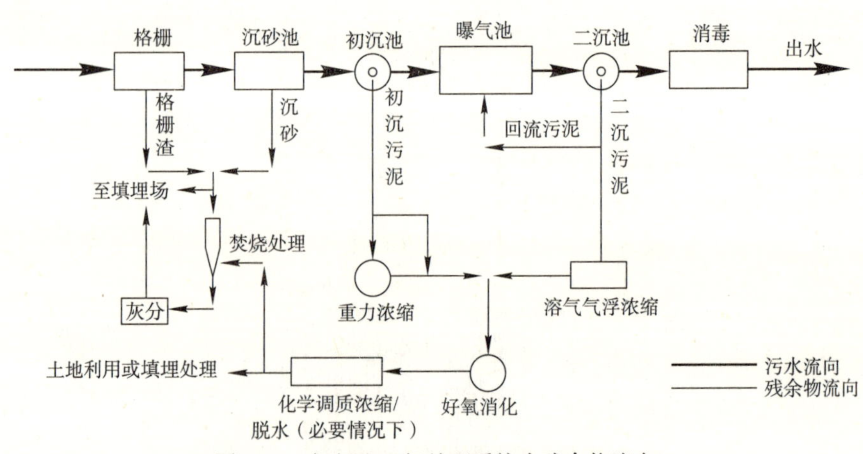

图28-1　初级和二级处理系统中残余物流向

污泥大致可以分为初沉污泥、二沉污泥、混合污泥和化学污泥。

28.2.1 初沉污泥

生污泥是指没有经过化学或生物处理的污泥，其病原体含量仍然较高，且其中的挥发性有机物不稳定，因此易于腐败。初沉污泥主要产生于沉淀过程，其组分主要为粪便、食物残渣、纤维、淤泥和少量的重金属及其他微量矿物质。一般，沉降良好的初沉污泥中总固体含量在1%~3%之间；若经过重力浓缩，总固体含量则可提高至10%左右。重力浓缩可以有效地使污泥体积减少1/2，因此可以降低后续处理单元的水力停留体积和基建费用。如初沉污泥不发生腐败，很容易进行浓缩和脱水。但实际上初沉污泥是极易腐败的，会产生恶臭气体，且含有大量病原菌，会通过人体皮肤或黏膜进入人体内使人感染疾病，特别是当皮肤有伤口时，受病毒感染的风险将更大。

28.2.2 二沉污泥

二沉污泥由以下两部分组成：（1）初沉池不易去除的固体物质；（2）在二级处理系统中随着可溶性和不可溶性有机物的消耗而产生的生物固体。二沉污泥可以回流至污水处理系统或作为剩余污泥排放进行进一步处理。无论是在好氧还是厌氧生物处理过程中产生的污泥，这些微生物固体都是待处理固体的主要组成部分。运行管理正常的活性污泥系统中，总固体含量约为0.5%~1.0%；附着生长（生物膜）系统中，脱落的生物膜中总固体含量可能达到1%~4%。

28.2.3 混合污泥

初沉污泥和二沉污泥经各自沉淀后可混合在一起形成混合污泥，可在混合前先浓缩或先混合再浓缩。在小型污水处理厂，通常会把二沉污泥排入初级澄清池中，因此就形成了混合污泥。对没有初级处理设施的污水处理厂，如延时曝气的“移动式污水处理装置”，则只产生二沉污泥。

28.2.4 化学污泥

化学污泥是当废水中含有难去除物质时加入化学药剂后产生的沉淀物。常见的如向废水中投加石灰、明矾、氯化铁和氯化亚铁、硫酸铁和硫酸亚铁等化合物，通过沉淀作用除磷而产生的污泥。这些化学污泥包含大量的初沉污泥和二沉污泥。有些化学药剂能提高后续处理单元中污泥的浓缩和脱水性能，而有些化学药剂却会对污泥脱水性能产生不利影响（如低pH值和低碱度）。为消除这些不利影响，在进行消化或排入受纳水体之前，可能需要加碱（通常是石灰和烧碱）来调整运行参数。

28.2.5 稳定化污泥

经稳定化处理（降低病原菌浓度和生物固体对带菌物的吸引指数）后的污泥叫做生物固体，可以作为土壤改良剂。生物固体可以进行填埋或者焚烧以后再进行填埋，但主要还是进行土地利用，通过农田利用、林业利用（造林）、土地复垦、堆肥和其他诸如此类的土地利用方法，这些生物固体得到了最大化的循环利用。

在美国，产生的生物固体中有近1/3用于土地利用（美国环保局，2004）。固体废物填埋法因费用昂贵已少有应用，人们希望更多的固体废物得到有效利用，尽量减少填埋量。据美国环境保护局评估报告（1993年），因禁止向海洋倾倒固体废物，及随着2012年前能提供二级处理或者更高级处理能力的污水处理厂数量的猛增，填埋处置法的各种问题将急速加剧，尤其是在那些人口密集的区域，这类问题更加严重。

污泥可以进行厌氧稳定（例如污泥在厌氧消化器中受热，有机化合物经水解、发酵后转变为甲烷、二氧化碳和水；挥发性固体含量降低），还可以在常温消化器中进行好氧稳定，产生二氧化碳和水，同时减少挥发性固体含量。

根据美国联邦法规（CFR）第40篇第503条款和美国环保局公布的许可指南（U.S. EPA, 1993b, 2004），将污泥稳定化定义为减少病原菌含量和降低生物固体对带菌物的吸引指数，并规定了污泥中能含有的病原体数量。美国环境保护局允许使用堆肥、热干燥、热处理、高温好氧消化、辐射法、巴氏消毒法、降低粪大肠菌群密度、厌氧消化、石灰稳定（U.S. EPA, 1993b, 2004）等稳定化方法来降低污泥中病原体含量。同样，通过好氧消化（U.S. EPA, 1993b, 2004）能使污泥中挥发性固体含量减少38%，达到降低生物固体对带菌物的吸引指数的目的。高温好氧消化也能达到这一目的，在20℃条件下，将污泥耗氧速率控制在1.5（mg O_2/h）/（g TS）以下，同时提高污泥浓度，或通过加碱使pH值上升至12以上，持续2h，然后在不加碱的条件下使pH值大于11.5并持续22h（U.S. EPA，1993b，2004）。为防止污泥中重金属含量超标对人类健康和环境造成不利影响，美国环保局规定了用于土地利用的污泥中9种重金属的最高浓度限值和循环累积负荷（见表28-1和表28-2）。

污泥中几种重金属含量上限值表　　表28-1

污染物	上限值（mg/kg）
砷	75
镉	85
铜	4300
铅	840
汞	57
钼	75
镍	420
硒	100
锌	7500

注：所有浓度为干重含量。

污泥中几种重金属循环累积率限值　　表28-2

污染物	上限值（kg/hm^2）
砷	41
镉	39
铜	1500
铅	300
汞	17
钼	—①
镍	420
硒	100
锌	2800

①该限值已被联邦政府法院取消。

28.2.6 其他残余物

污水处理厂还会产生其他类型的残余物，然而相对污泥来说，它们的体积和质量都要小得多，因此人们对这些残余物处理和处置的关注度相对较低。

1. 栅渣

栅渣通常是由格栅条和格栅耙齿的拦截作用产生的，其组分一般是比较大的杂物，包括破布、塑料、易拉罐、树叶（特别是在北半球的秋天）、石块及其他类似的东西。栅渣的含量不尽相同，吨水含量通常在4~40mL之间。栅渣可外运至垃圾填埋场进行填埋，或进行焚烧处理，也可进行软化、破碎后返回废水处理系统，但这些方法并不可取，因为破布、绳子等这一类杂物返回废水处理系统后会影响后续处理工序和处理单元（如曝气机、搅拌机和在线监测探头）的正常运行。

2. 沉砂

沉砂主要是由许多粗重的物质（如砂子、煤渣、砾石和其他诸如此类的无机物）组成的。沉砂中的有机成分可能包括咖啡渣、蛋壳、谷粒和种子等，此外，沉砂中可能还含有其他能通过格栅的组分。沉砂不能进入到污水处理厂的后续处理单元，因为它可能会对水泵叶轮和其他设备造成磨损；还有可能因水流速度下降而在管路中不断沉积（如沟渠、曝气池、消化罐、管道和污泥井），因此降低了这些构筑物的有效容积。

沉砂可以通过沉砂池（常用的如曝气沉砂池）或离心分离机去除。沉砂可能要进行水洗，以去除其中易腐败的有机物。在曝气沉砂池、旋流或涡旋式砂水分离器中，通过调节沉砂池空气扩散器的供气量或通过限制涡流中空气冲刷单元的供气量，可以在一定程度上控制沉砂中有机物的含量。污水处理厂中沉砂去除量通常为4~200mL/m^3（Metcalf and Eddy, Inc., 2003）。由于受进水流量变化的影响，和栅渣产量相似，沉砂产生量也不尽相同。当干燥天气持续一段时间后，一场降雨通常会使栅渣和沉砂量增加，因为集水系统受到了雨水的冲刷作用。沉砂一般作填埋处理，如需在厂内暂存，则必须在其表面撒一层石灰将其覆盖，以此减少气味散发和控制病媒滋生。

3. 浮渣

浮渣是在澄清池和隔油池中产生的。初沉池中撇除的浮渣主要有动物脂肪、植物油、油脂和漂浮的杂物（如塑料和橡胶类制品）。由于浮渣经常会堵塞浮渣斗和后续管路，因此会降低流速、增加泵水成本。而且，它还会玷污处理系统中的水质检测探针、流量计和其他仪器与设备。污水处理厂有时会使用脱脂剂对污水中的动物脂肪、植物油和油脂（FOG）进行乳化，以使其在初级系统中更易被处理。采用生物强化作用（投加以FOG为基质的基因工程菌）也能够降低FOG的量。

二沉池浮渣的组分和初沉池浮渣组分大体相同，但大部分为漂浮固体（为活性污泥或生物膜脱落物，取决于二级处理的工艺形式）。

还有其他一些浮渣，主要是由油水分离器产生的，其性质与初沉池浮渣类似，但不含漂浮物。这些浮渣可能含有一些可溶性成分，处理和处置方法与其他浮渣会有所不同。

尽管污水处理厂更倾向于对浮渣进行单独处理和处置，但很少测量浮渣的产量及其含水率。一般情况下，浮渣可以直接泵至污泥消化处理系统，进行浓缩后再和其他残余物一起进行焚烧、干化或填埋处理；或者由专门的油脂和废油再生公司将其回收再生利用。与栅渣和沉砂相似，浮渣中也含有大量的病原体，必须进行妥善处理。

4. 飞灰

飞灰是在残余物热处理减量化（如流化床焚烧炉、多段焚烧炉或湿式空气氧化法）过程中产生的。在热处理过程中，虽然由于有机组分的氧化会使残余物的体积降低至原体积的4%，但其质量仍为原质量的20%~50%（消化后的固体废物，其飞灰含量会更高）。飞灰通常是作填埋处理的。

在日本，固体废物经热干燥处理后和碎石混合，然后在熔化炉内将其融化，生产一种新兴的建筑材料“灰-石渣”，用于铺设路基，制作陶土管、透水性混凝土砌块、路面铺砖和瓦块等（Kanezashi和Murakami, 1992；Sato 和 Watanabe，1994）。尽管目前大量的飞灰仍然是进行填埋处理，但其仍被认为是有利用价值的物品，日本和欧盟国家正积极地对热处理过程中产生的热能进行回收，并强化厌氧消化过程中产生的甲烷气体的燃烧产能作用，以补偿焚烧处理过程消耗的能量（Kaneko, 1992；Sato 和 Watanabe, 1994）。尽管在其他国家，焚烧法的应用呈下降趋势，但在日本，由于土地限制，这种技术正逐渐替代填埋法。

28.3 残余物性质

不同种类的残余物其物理、化学和生物学特征不尽相同，测试指标有物化指标（如污泥毛细吸水时间CST和污泥沉降比SV%）和生物学指标（如生化需氧量BOD和大肠菌群数）等，以及表征残余物中的主要成分和微量成分的化学指标。下文中提到的检测方法都源于美国《水和废水标准检验法》（美国公共卫生协会（APHA），2005）。由于各污水处理厂残余物的性质各不相同，该标准中部分检测方法仍有一定争议，但《水和废水标准检验法》（美国公共卫生协会（APHA），2005）和联邦法规（CFR）第40篇的503条款仍不失为优秀的参考方法。关于这些检测方法具体应用的问题可以联系美国环保局相关人员。

28.3.1 物理性质

物理性质与人的感官（触觉、视觉和嗅觉）有关。污水处理厂残余物的物理性质包括温度、黏度、污泥浓度（或通过物理方法处理后的浓缩性能）、污泥颜色、沉降性能、挥发性和非挥发性固体含量、臭味等。臭味受个人主观因素影响很大，这在第13章已经进行过深入的探讨。另外，有些参数是相互关联的，如温度、黏度和沉降性能等。物理处理方法（如重力沉降、重力带式机械浓缩、溶气气浮浓缩（DAF）法，带式压滤法、压滤法和离心分离法等）主要是针对初沉污泥和二沉污泥，主要目的是通过去除污泥中的水分来提高污泥含固率。例如，初沉污泥沉降后其含固率可增加至4%~7%，再进行重力浓缩后能够进一步提高含固率。二沉污泥可以通过转鼓浓缩机、重力浓缩池、气浮浓缩机和离心浓缩机进行浓缩。在这些浓缩处理单元中，通常都需要加药以提高含固率和固体捕获率。二沉污泥在未腐败和不含其他浓缩抑制剂的条件下，经浓缩后其含固率可从0.5%~1.5%提高到4%~7%。近年来，膜工艺已开始运用于污泥浓缩领域，它能使混合液的悬浮固体（MLSS）浓度提高至20000mg/ L以上。

目前，用于测定污泥浓缩和脱水程度的测试方法已经确立。污泥的腐败性会大大影响其脱水性能，调质不当也会给脱水带来不良影响。因此，通过以下测试来获得污泥质量指标。

污泥沉降比（SV%）和污泥体积指数（SVI）是测试污泥浓缩性能的两个常用指标，这两个指标不仅用来评价活性污泥的沉降性能，同时也用于分析污泥的重力浓缩性能。污泥30min沉降试验为污泥的沉降性能提供了最佳的参考数据。沉降试验通常在容积为1L的量筒中进行，沉降污泥的平均体积为100~300mL/L。SV%可以和MLSS进行关联，从而得到污泥体积指数（SVI），如式（28–1）所示：

$$SVI = SV\% \times 1000/MLSS \tag{28–1}$$

污泥沉降试验合理地表明了污泥的沉降性能（SVI值越低，沉降性能越好）：当污泥的SVI值小于等于100mL/g时，污泥沉降性能良好（美国水环境联合会WEF，2002）。污泥的脱水速率通常用污泥毛细吸水时间（CST）和相关的过滤时间试验来评价，试验步骤详见《水和废水标准检验法》（美国公共卫生协会（APHA），2005）。

污泥在脱水前通常要用无机化学药剂或聚合物进行调质。无机化学药剂和聚合物的投加量的标准确定方法请参阅《污泥调质手册》（美国水污染控制联合会（WPCF），1988），该书对带式压滤、离心浓缩和真空过滤（大多现已淘汰）、污泥比阻、污泥毛细吸水时间（CST）的测定方法、离心机（小型）、贯入度计以及絮体强度都做了详细的说明和探讨。

28.3.2 化学性质

表征污泥和生物固体的化学特性的指标主要有：总氮、总凯氏氮（TKN）、有机氮、氨氮、总磷、碱度、挥发酸和其他常用参数（如生化需氧量、化学需氧量、总有机碳和pH）。相关的检测方法请参阅《水和废水标准检验法》（美国公共卫生协会（APHA），2005）和其他类似的文献。

残余物的含水率可以通过先计算其中的含固率，然后再由100%减去含固率后得到。同样，残余物中挥发性固体的含量可以通过先确定其中灰分的含量，然后再由100%减去灰分含量后得到。对污水处理厂的各处理过程进行固体废物跟踪记录可以帮助市政公用事业管理人员建立全厂物料平衡和固体废物清单，这对处理效率的管理有较大帮助。例如，污泥中惰性固体含量增加意味着污水处理厂固体物质可能发生累积，因为在浓缩和脱水处理过程中，污泥捕获效率降低会导致污泥循环负荷增大。

污泥消化器的操控通常关注挥发性固体、挥发酸、碱度、pH和温度等指标。消化器中挥发酸含量的上升、碱度和pH值的下降、或者挥发性固体含量减少不明显等都意味着消化性能不理想。

残余物中还含有某些微量的有机和无机化学成分。这些化学成分含量极低，需要用精密的化学仪器才能检测出来。污泥中无机物的常规检测指标包括重金属元素（如砷、镉、铬、铜、铅、汞、钼、镍、硒、锌和铁）和非重金属元素（如钙和钾）。

氮、磷、钙、钾等元素能够提高微生物细胞的产率，因此它们是生物固体的重要组成成分。氮元素通常以3种形式存在：氨氮、硝酸盐氮和有机氮，亚硝酸盐氮含量通常较低，有机氮的含量近似等于总凯氏氮（TKN）减去氨氮含量。如果将残余物暴露于空气中，那么其中一部分氨氮会转化成硝酸盐氮，但大部分还是以碳酸铵盐的形式存在。当生物固体进行干化处理，特别是在石灰稳定干化过程中当pH值升高到12或12以上时，大量的氨氮会挥发逸出。将生物固体进行土地利用时，将污泥施于地表比将污泥埋于地表以下时挥发的氨要多。氨的挥发伴随着恶臭的产生，因此在选择处置方法时，这是一个需要考虑的重要因素。磷主要是以正磷酸盐或总磷（包括聚磷）两种形式存在，总磷能够提高污泥的肥效。

虽然污泥中含有少量金属元素是有益的，但是对飞灰和生物固体进行利用和处理处置时，重金属元素通常被认为是存在潜在风险的重要指标。重金属对污泥好氧消化系统的危害尤其巨大，并且也是土地利用的限制因素。如果铬的浓度比其他需要控制的金属浓度要高，那么铬的浓度就会作为残余物最大处置率和最大累积负荷的控制指标。在常规的污水二级生物处理厂，通常很少有能力降低重金属浓度。目前，控制重金属最经济有效的方法是对其来源进行分类，进行源头控制，以降低和消除重金属浓度。对污水进行预处理，减少进水中重金属含量和其他有害物质，能够使残余物满足处理处置的相关法规要求。

残余物中还含有一些微量有机物，这些有机物既有来源于工业废水的，也有来源于生活污水的。有些物质是难降解的，比如杀虫剂（如艾氏剂、异狄氏剂、七氯、林丹、马拉硫磷、滴滴滴（DDD）、滴滴伊（DDE）、滴滴涕（DDT）和氯丹）（美国水环境联合会，1999）；氯化烃和溴化烃等多卤代烃（如六氯苯和二氯一溴甲烷），对人体和环境存在潜在危害，并且是难生物降解的（美国水污染控制联合会（WPCF），1990）。其他有害化合物（如苯酚、苯和甲苯）相对来说可能较易生物降解。美国环境保护局可能要开始对污水处理厂的有机物进行监管和控制，早在1995年，美国水环境联合会（WEF）已经着手对二氧（杂）芑和多氯联苯（PCB）进行监控。目前，虽然美国环保局对生物固体中的二氧（杂）芑无年度检测要求，但法规制定者们强烈建议开展年检。在美国，部分州（如俄亥俄州）需要对二氧（杂）芑进行检测并上报环保管理部门。通常，一般的污水处理厂不具备检测废水中（重）金属和微量有机物的实验设备，也不具备相应的检测技能。因此，对美国的大部分污水处理厂（站）来说，其污水及残余物样品中的（重）金属和微量有机物都委托厂外实验室进行检测和分析。

化学处理在污泥处理过程中起着重要作用。近年来，特别是重力带式机械浓缩机、带式压滤机和离心浓缩机的应用得以普及后，聚合物在污泥浓缩和脱水中的应用正日益上升。污水处理厂技术人员应该对聚合物进行定期测试，筛选出最适合待处理污泥的聚合物种类，因为对某种污泥具有最佳聚合效果的并不一定适合于另一种污泥。此外，污泥的化学性质随时间变化而变化，因此对化学药剂也有不同的要求。

在许多污水处理厂中，石灰也是必需品，通常用来调整活性污泥系统中的碱度（特别是进行硝化反应之前）和进行污泥石灰稳定干化。石灰用量取决于污泥干化类型的调质要求，石灰浆的pH可以通过电极方便测定。

28.3.3 生物学性质

所有的残余物（除了飞灰）都含有大量的生物成分（如致病菌、原生动物胞囊、寄生虫和肠系病毒）。指示微生物（如粪大肠杆菌和粪链球菌）能够帮助污水处理技术人员追踪病原微生物。美国相关法规对废水和残余物中粪大肠菌群数都有严格的规定，关于生物固体致病菌减量化要求的详细信息，请参阅《污水污泥利用和处置标准》（美国环境保护局，2004）。

大多数污泥处理设施都是采用生物法进行处理的，好氧和厌氧消化是最为普遍的污泥处理方法。美国相关法规要求污水处理厂对固体中的挥发性成分的去除率至少达到38%，除非用其他控制参数进行衡量（如比好氧速率）。分析方法请参阅《水和废水标准检验法》（美国公共卫生协会（APHA），2005）的最新版本。

污泥的特征会影响其浓缩和脱水性能。例如，腐败污泥往往比生污泥的脱水性能要差，会降低回流系统中的固体捕获率，使污泥循环负荷增大。厌氧消化污泥，其脱水性能要优于剩余活性污泥和好氧消化污泥。温度、pH、聚合物种类、化学调质剂和其他参数都会影响污泥的浓缩和脱水性能（请参阅本章末的参考文献和推荐读物）。

28.4 取样

市政公用管理者对残余物进行取样的原因有二：规章制度要求和进行过程控制。以下是一些关于典型样品类型、样品采集、样品保管链、样品保存、质量保证和质量控制的探讨。

28.4.1 取样的代表性

取样的目的是为了获得处理流程中用于分析测试的最具有代表性的样品。否则，这些样品的检测结果就会受到质疑。

快速检测分析随机采集的样品，通常用于过程控制，但当某些指标的检测分析方法对样品的采集需要时间间隔要求时，也可用于检测报告。例如，测粪大肠菌群值时，其样品通常是随机采集的。同时，这类样品也是指导污水处理厂调整化学药剂用量和研究改良工艺性能的快速有效的工具。为保证随机采集的样品具有代表性，采样者必须确保所采样品来自混合均匀的区域，并且保证每次所取样品都来自同一采样点。

混合样品是由同一取样点某段时间（如24h）内的随机样品混合而成的。为节省劳动力、确保取样时间间隔的准确性，进样和出样的混合样品通常是由自动采样器进行取样，但是自动采样器只适用于采集低黏度的污泥。混合样品可以是不同取样时间、流量和污泥浓度样品的混合。不同时间采集的样品在上文已经讨论过了。有关规章制度更倾向于不同流量下采集的混合样品，因为在这种混合样品中，随机样品和流量是成正比的。不同浓度下采集混合样品时采用一套采样系统，该采样系统设法维持某一和流量不直接相关的预定污泥浓度。当需要进行采样的污泥黏度较高，不能用自动采样器进行采样时，市政公用事业工作人员就应该建立一套合适的标准操作步骤（SOP），以确保任一时间都能采集到污泥样品。

综合取样的应用虽然没有随机样品和混合样品那样广泛，但在对废水来源进行分类时很有用，而废水来源分类可能是影响处理性能的重要因素（美国公共卫生协会（APHA）等，2005）。比如在某一工业废水处理系统中，废水来源于两种不同工艺，综合样品将有助于市政公用事业管理人员研究混合水样对系统处理效率的影响。

28.4.2 样品采集

采样方法必须科学合理。目前已经确立了一系列的操作程序以确保采样的可靠性，操作程序包括对采样方法、容器准备、样品监管链、样品保存和储藏等的介绍。市政公用事业工作人员须认真遵照这些操作程序操作，否则样品分析检测的结果可能引起争议。例如，容器必须保持清洁以免受先前样品残余物的影响。《水和废水标准检验法》（美国公共卫生协会（APHA）等，2005年）列出了样品容器的最适材料清单（根据不同检测类型和检测要求而定）。

通常，样品检测标准方法都会指明样品的取样点、检测频率、样品类型（随机样品、混合样品等）、检测指标和检测方法，还需要按样品监管链程序操作。在许多诉讼行为中，执法部门通常使用监管链程序为审判提供依据，污泥取样的样品监管链程序与之相似。样品监管链程序的要点为样品标签（包括取样日期、时间和样品编号）；样品容器的密封；样品监管链程序单上包括样品体积、类型、取样点、取样日期和时间、取样人姓名、弃（供）样人姓名、样品检测分析人员姓名，检测指标，以及相关人员的签名。当样品送达实验室后，需核查各项分析检测指标，每一项分析检测指标都必须有签字证明，并附在后面的保管链程序单上。完整的监管报告和分析检测报告需进行存档，以便检查和查阅。

在有些情况下，也必须对样品进行保存。有些指标（温度、溶解氧等）需要进行现场检测。其他有些指标（如某些金属离子），如果保存和储藏适当，可在6个月后进行检测。样品保存和储藏技术正确与否，决定了分析检测的结果是否有效。

样品的储藏非常重要；储存不当的样品，从法律角度而言，其分析检测结果是毫无价值的，从过程控制角度而言，可能会带来误导性。样品的处理要求（如需要的样品体积、容器类型、保存要求和分析检测前的最长储藏时间）可参阅《水和废水标准检测方法》（美国公共卫生协会（APHA）等，2005年）。

28.4.3 质量保证和质量控制

实验室工作人员通过实验室质量保证和质量控制来确保分析检测结果和报告的可靠性。保存实验记录可以为实验室质量保证和质量控制工作提供核查依据。典型的实验室质量控制至少包括所有原始数据文件、计算过程、质量控制数据和所有实验报告。此外，可能还需要向相关管理机构提供一份书面手稿，包括所有检测指标的操作步骤、仪器（pH计、分析天平、温度计和分光光度计）校正频率（以认证日期为准）和其他内部控制方法。在美国的某些地区（如西弗吉尼亚州，1992年），实验室质量控制记录至少需要保存3年。尽管电子文件特别有利于各实验记录以及实验室质量保证和质量控制的组织管理，但仍需保存纸质核查文件。

实验室质量控制的数据包括空白样和平行样的检测结果、精度分析（加标样和加标回收率结果）、标准曲线（如原子吸收分析）。关于实验室质量控制的更多相关信息请参阅《水和废水标准检验法》（美国公共卫生协会（APHA）等，2005年）。附有简单操作步骤和标准分析计算方法的典型数据报告单模板可参阅《废水检测基础实验方法》（美国水环境联合会（WEF），2002年）。

作为实验室质量保证和质量控制体系的一部分，美国有些州（西弗吉尼亚州，1992年）需要对实验室工作人员进行从业资格认证。对实验室负责人、管理员和技术人员的文化程度和工作经验都有明确要求。只有通过严格审查并满足规章管理制度中的所有要求后，才能颁发从业资格证书。

总之，进行内部控制和外部控制旨在确保检测报告的准确和可靠，但分析结果不能保证来样的质量和可靠性。

第29章　浓　缩

29.1 引言

29.1.1 浓缩的定义

生物固体中水分的去除是一个连续的过程。尽管目前对浓缩一词尚无技术上的定义，但可以黏度为50Pa · s作为临界点，因为在此临界点之上，大多数生物固体成浓稠糊状，难以从杯中倒出。

29.1.2 污泥浓缩的目的

污水处理厂污水中，生物固体的含量很低，悬浮性固体（SS）含量约为350mg/L（0.035%）。为从废水中去除这些固体物质，必须对其进行浓缩和分离。在污水处理工艺流程中，诸多环节会进行污泥的浓缩，污泥浓缩的主要目标是为了降低污泥体积，从而降低后续污泥处理工艺的费用。例如，为保证污泥厌氧消化器的正常运行，停留时间需要20d以上，如果某一污水处理厂每天产生378m^3浓度为2.0%的污泥，停留时间以20d计，则消化器容积需要7560m^3。如果污泥浓度能够提高到3%，那么每天的产泥量将减少至250m^3，消化器的体积也会因此降低至5000m^3，这可以节省大量建设费用。

同样，从运输和处置费用角度考虑，污水处理厂也希望对污泥进行浓缩。位于马萨诸塞州波士顿市的鹿岛污水处理厂，他们先将消化污泥进行浓缩，然后通过位于波士顿港底下的管道泵至几英里外的污泥脱水厂。这一措施不仅降低了污泥泵的运行费用，而且也减小了脱水厂产生的脱水污泥的体积，这两项因素显著降低了污泥的处理处置费用。

29.2 浓缩的类型

在污水处理流程中，通常有几处环节会进行污泥浓缩。最常见的是在污泥稳定或脱水前进行浓缩处理。沉淀池中底流污泥浓度很低，如前文所述，对其进行预浓缩有利于减少后续处理单元的体积和设备用量。

回流浓缩法偶尔也会使用。回流浓缩是指将污泥从处理流程（通常是消化过程）中分离出来，进行浓缩后再返回至消化器。

污泥在经稳定化处理后、进行资源化利用之前也要进行浓缩，这是污泥处理工艺的最后一步，是污泥处置之前的最常见工艺。

29.3 附属设备

这一部分主要介绍污泥浓缩的设备。

29.3.1 粉碎机、泵和流量计

有些设备很容易被大块物损坏或堵塞。大块物主要来源于以下3种类型：未被格栅截留的；污水处理厂自身产生的，如破布和绳球；各种各样的杂物，如扳手、拖把头和建筑材料等。

在污水处理厂中，无论是否存在大块物对设备的潜在破坏性，粉碎机和格栅都是必不可少的。两种设备都能满足去除大块物的要求，但粉碎机的价格一般要比格栅的价格低。高速粉碎机曾一度占领市场，使得剪切机和低速粉碎机的市场份额缩小。但是，高速粉碎机的高磨损率也使它们逐渐退出市场，所以目前市场上的粉碎机主要为低速粉碎机。

泵主要分为两大类：离心泵和容积式泵（正位移泵）。一般来讲，容积式泵对污泥的剪切作用较小。由于污泥受到剪切后其浓缩和脱水性能会降低，故容积式泵是污泥泵的最佳选择。但容积式泵的价格偏高，所以在大规模污水处理厂，还是以离心泵为主。当污泥浓度较高时，污泥体积大幅下降，此时容积式泵可能成为首选。

近年来，随着变频驱动器价格的下降，变频离心泵的工程应用逐步成为现实。这使得泵的速度可以用流量计来控制，大大降低了电力消耗和对污泥造成的剪切损害作用。

另一个需要考虑的问题是脉冲流。浓缩离心泵或脱水离心泵的流体停留时间小于2s。在离心泵内，流体的脉冲现象不能被完全抑制，因此澄清液将反映峰值流量，而不是平均流量。综合考虑上述因素，大多数的机械浓缩设备都需要用聚合物进行调质。假设聚合物的流量是恒定的，那么污泥流的脉冲现象将导致聚合物用量的改变。在污泥泵中设置脉冲消除系统能保证流体的稳定性，但是必须维持其正常运行。

按脉冲作用由弱到强，容积式污泥浓缩泵可分为以下几种类型：

（1）螺杆泵；

（2）双碟片泵；

（3）转子泵；

（4）隔膜泵；

（5）活塞泵。

隔膜泵和活塞泵的流体脉冲作用较强，在需要控制泵内脉冲作用时，这两种泵不推荐使用。

虽然目前变频器的价格较低，但许多老的污水处理厂仍旧使用变速驱动器。变频器的优点之一在于它能够实现“软启动”，这降低了对泵的磨损作用。此外，变频器还能显示转速，这无需额外的成本。对容积式泵而言，每分钟通过的流量是和泵的转速成正比的，因此，只要通过变频器就能知道流速。但不幸的是，随着泵的磨损，其流速会偏移新泵的校准流速。其结果为：在启动了1年以后，没人知道泵的实际流量是多少。因此，

泵的转速并不能完全反应流量。

29.3.2 药剂投加

在水和废水的处理过程中，几乎所有的过滤工序都会用到聚合物。虽然加入聚合物能够提高处理效果，但是沉淀过程在不投加聚合物的情况下也能进行。聚合物的选择和应用在第33章中有详尽的介绍。

29.4 重力浓缩

在污水要求硝化除氨之前（1980年前后），重力浓缩在混合污泥（包括初沉污泥和二沉污泥）的浓缩过程中广为使用。二沉污泥由于密度小，絮体分散，故在其浓缩过程中也会使用加压溶气气浮法（DAF）。

污水处理的硝化除氨要求使混合污泥重力浓缩的实施变得困难，因为在重力浓缩池中不含溶解氧，导致硝酸盐反硝化，转化成氮气释放，氮气上升过程会携带污泥一起上浮，从而影响浓缩效果。一般在大型污水处理厂，对于初沉污泥一般采用重力浓缩，对于二沉池活性污泥一般采用加压溶气气浮浓缩。

重力带式机械浓缩机、转鼓机械浓缩机和离心浓缩机，具有投资低、操作简便、产生的异味相对较小，占地面积少等优点，已逐渐取代重力浓缩和加压溶气气浮浓缩。但这三种浓缩方法共同存在的主要问题是产生的浓缩污泥浓度过高，可能导致后续污泥泵不能正常运行。重力带式机械浓缩、转鼓机械浓缩和离心浓缩产生的污泥含固率一般可达6%~8%，当添加聚合物的时候，含固率可达12%~14%。过程控制仪表目前正运用于控制污泥浓缩设备的污泥负荷和操作过程中浓缩固体的分离。

以下是污水处理厂中几种常见的污泥浓缩方法。

（1）重力浓缩主要是在重力场的作用下，通过沉降作用来完成固液分离的。重力浓缩池最常见的池形是圆形，如图29-1所示，但也有矩形的。重力浓缩过程中发生的物理过程随被浓缩的固体物质的性质而异。沉降和浓缩是两种不同的形式，主要取决于被处理的固体物的浓度和絮凝性能。沉降主要分为3种基本类型：自由沉降（无干涉沉降）、干涉沉降（区域沉降）、压缩沉降。重力浓缩可辅以机械搅拌（栅条）和添加化学药剂等措施来强化浓缩效果。

（2）气浮浓缩主要是通过水的浮力完成固液分离的。在气浮过程中，微气泡首先与水中的悬浮颗粒相粘附，形成整体密度小于水的“气泡–颗粒”复合体，随后浮至水面以去除。这种方法特别适合于废水中含有较高浓度微小分散颗粒物的情况，最常见的是加压溶气气浮浓缩池。

（3）离心浓缩主要是依靠离心力来分离悬浮固体的。离心机产生的加速度可达重力加速度的12600倍，在如此高的加速度作用下，悬浮液中的悬浮固体会从离心机旋转轴甩到筒壁上。

（4）重力带式浓缩主要是通过过滤作用来完成固液分离的。污泥经调质后通过连续运转的、多孔性的水平滤带，在重力场作用下，水逐渐被过滤出来，从而达到固液分离的目的。

（5）和重力带式浓缩类似，转鼓机械浓缩也是通过过滤作用进行固液分离的，不同的是转鼓机械浓缩机所使用的是带有多孔性滤布的转鼓或转筛，而重力带式浓缩机使用的则是滤带。

在上述所有浓缩方法中，对于某一待处理的固体废物都需要用特定的调质剂（通常是聚合电解质）进行调质，以提高自由水从带电粒子中分离出来的效果。调质剂的有关内容在第9章和第30章都有介绍。

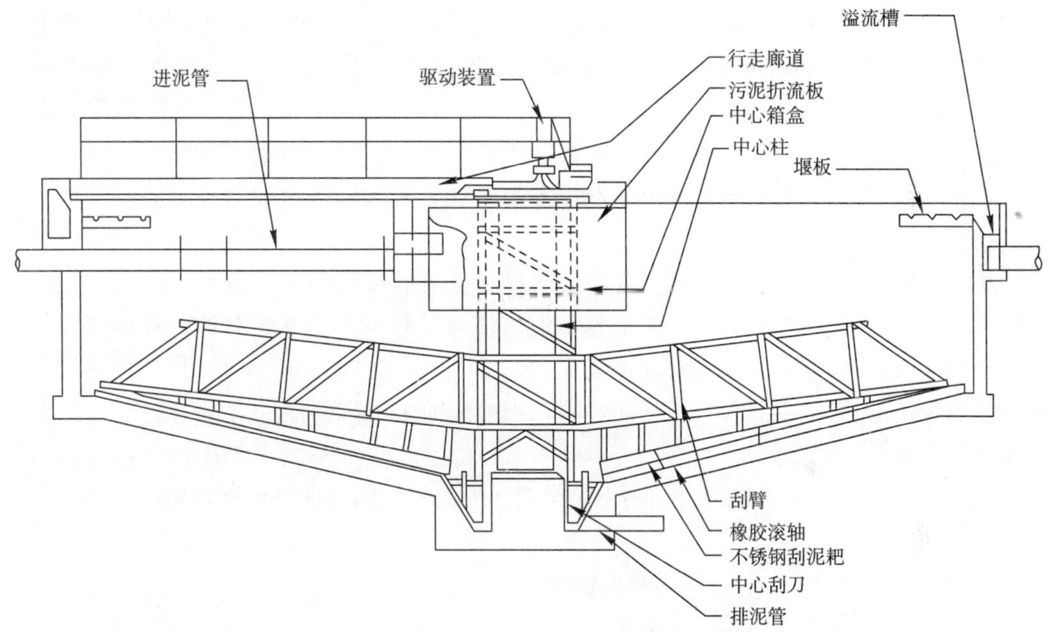

图29-1　典型的开放式圆形重力浓缩池剖面图

29.4.1 重力浓缩过程简介

重力浓缩的性能随着被浓缩的固体物质的性质而变。沉降和浓缩有多种类型，主要取决于被处理的固体物的浓度和絮凝性能。沉降主要有3种基本类型：自由沉降、干涉沉降或区域沉降、压缩沉降。具体说明如下：

（1）自由沉降是指悬浮溶液中各颗粒独立地保持其自身沉降速度的沉降过程。尽管颗粒的沉降速度可能会受到周围颗粒的影响，但主要取决于颗粒本身的大小和密度。自由沉降主要在悬浮颗粒固体浓度较低时发生，因此单独的自由沉降在绝大多数的重力浓缩过程中并不发生。

（2）当悬浮物的浓度逐渐增大，相邻的颗粒之间相互受到影响时会发生区域沉降。在区域沉降过程中，颗粒间各自相对位置保持不变，形成一个多孔性的聚集群体。区域沉降的特点是周围的水和颗粒群体之间会形成一个清晰的泥水界面。区域沉降速度取决于悬浮液中固体含量、液体粘度和排泥速率。

（3）当颗粒絮体之间互相接触，彼此支撑，挤压成团状结构时发生压缩沉降。压缩沉降速度取决于絮体结构中颗粒群体自身沉降和压缩过程中，间隙水被挤出的“沟流”的形成。

关于重力浓缩池设计的主要理论是区域沉降，沉降速度仅取决于固体物浓度这一理想条件。在重力浓缩池中，通过池任一水平断面的固体通量由两部分组成，一部分是由污泥自重压实所造成的固体通量，另一部分为浓缩池底部连续排泥所造成的向下流固体通量。

在污水处理流程中需要对重力浓缩池中的上清液进行回流。要使上清液中的悬浮固体含量和生化需氧量（BOD）降至最低值，从而降低污水处理系统中的固体含量和有机负荷。重力浓缩池运行正常后，其上清溢流液中的悬浮固体（SS）含量通常要小于350mg/L后才能再进入二级处理系统（Metcalf and Eddy，2003）。当重力浓缩池的上清液水质不能达到上述要求时，则需要回流至初沉池（因为它有可能成为强烈的恶臭源）。用二级出水、加氯消毒出水或者剩余活性污泥（WAS）来对浓缩池中的污泥进行稀释，可以提高重力浓缩池的稳定性。

重力浓缩池的负荷可以用固体表面负荷率和上清液溢流率两个指标来表示，一般使用固体表面负荷率。通常初沉污泥浓缩池的固体表面负荷率为100~150kg /（$m^2 \cdot d$），而活性污泥（二沉污泥）浓缩池的固体表面负荷率为20~ 40kg/（$m^2 \cdot d$）。重力浓缩池的上清液溢流率一般在16~32m^3/（$m^2 \cdot d$）之间。当浓缩池中二沉污泥的含量增加时，上清液溢流率将会降低。

以下列出了污泥重力浓缩过程中不同类型污泥的性质和预期的浓缩效果：

（1）初沉污泥

1）易于重力浓缩；

2）沉降速度快；

3）无需投加化学药剂便能形成浓缩污泥。

（2）剩余活性污泥

1）沉降速度慢；

2）压缩沉降不易进行；

3）易分层，造成污泥上浮。

（3）温度

1）当二沉污泥和初沉污泥的比例为4∶1至6∶1范围时，允许的温度范围为15~20℃；

2）当温度较高时，可能需要对被浓缩的污泥进行稀释。

（4）上流工序的粉碎机

将尺寸过大的大块物料进行破碎可提高污泥沉降性能。

（5）添加化学药剂

提高浓缩效率。

（6）独立的浮渣处理工序

减少异味，提高重力浓缩池的感官效果。

29.4.2 设备简介

重力浓缩池（图29–2）通常是圆形的，池边水深为3~4m，直径最大可达25m。浓缩池池底设计坡度在1∶6到1∶3之间。重力浓缩池也可以是矩形的，但是其性能不尽如人意。

与澄清池的机械装置相比，重力浓缩池机械装置的结构强度要求更高，因为其扭矩更大。当澄清池中带有刮泥除泥装置的污泥斗时，重力浓缩池可以设计成澄清池的一个组成部分。当废水中固体物质含量或废水的黏度过高，刮泥扭矩过大时，则需要设置一个提升装置使刮泥泥耙位于污泥层以上。这种装置在石灰沉淀污泥和其他化学沉淀污泥中已有应用。当固体物质从池中被去除以后，扭矩降低，提升装置会使刮泥耙返回至污泥层直至到达其最初位置。通常，这种装置的提升速度在0.08~0.1m/s之间。

重力浓缩池主要包括以下设备：

（1）刮泥臂上安装有栅条、竖管和支撑结构，有助于释放气体并防止沉降不均和形成污泥锥体。但是，如果污水处理厂未有效去除破布和纤维材料等物质时，栅条反倒会影响浓缩过程。

（2）变速驱动器可用于提高刮泥耙的速度并使栅条起到对污泥的搅拌作用，使污泥中的气体得以释放，同时防止污泥沉降不均和形成污泥锥。变速驱动器如果长时间高速运作会降低浓缩污泥的最终浓度和浓缩设备的使用寿命。

（3）浮渣去除设备包括撇渣机和集渣斗。

污泥重力浓缩池辅助设备主要有容积式泵（活塞泵、转子泵、隔膜泵或螺杆泵）。过程控制设备主要包括污泥层测定仪（光控、声控和高度变化的龙头）、进水和底流的在线监测器、污泥耙的扭矩输出装置、污泥泵的自动启–闭或变速时控器。在寒冷地区或对臭气较为敏感的地区，浓缩池一般是加盖的（池盖最常见的形式是圆顶形的，也可以是如图29–3所示的传统型式）。

29.4.3 启动

对于设备的启动来说，确保机器上所有的安全防护装置和盖子的紧固性并确保上锁装置和警告牌被拆卸或移除是至关重要的。以下是污泥重力浓缩池启动过程中的操作步骤：

（1）限制进入浓缩池的物质的体积大小，检查机器设备，确保浓缩池中无异物（如冰块或工具）。

（2）检查驱动设备的报警和电源切断开关，以确保他们能正常运行。千万不要试图去调整这些开关，报警和电源切断系统是由生产厂家设置的，因此，除了生产厂家的客服代表外，切莫在现场调试过程中对其进行调整。

（3）当浓缩池中装满固体物质时切勿对其进行启动。要避免浓缩池负荷过载，在各机械设备启动之前要先将池中固体物质清理掉。

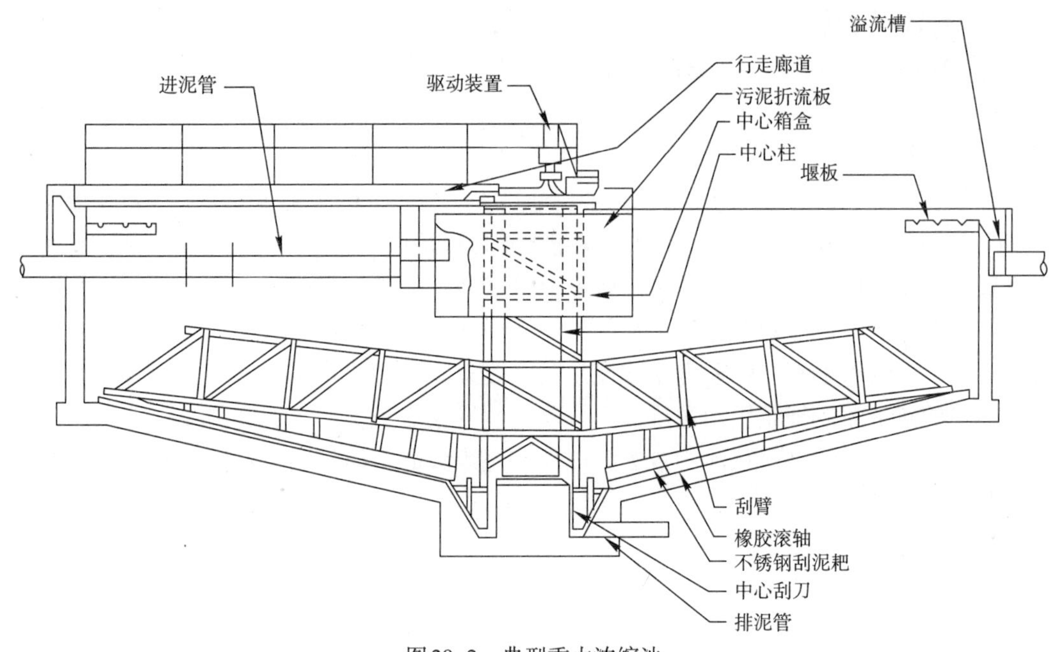

图29-2　典型重力浓缩池

图29-3　封闭式重力浓缩池（位于美国科罗拉多州博尔德市污水处理厂）

（4）根据浓缩池池形，启动时应先投配清水，然后再投配污泥，这样能维持浓缩池和设备的清洁并保持适当的溢流率。

（5）在将浓缩池中的固体物质泵至后续处理单元之前，要保证浓缩池中聚集的污泥能够完全没过污泥斗，以确保排泥管的正常运行。

（6）检查和调整撇渣机以收集更多的浮渣进入到浮渣斗，降低上清液中的浮渣含量。

（7）要避免当污泥浓缩单元结冰时对其进行启动。污泥浓缩系统，包括进泥管（竖管），无论其是否使用都应进行排水，以防冻结。

29.4.4 停车

以下是污泥浓缩单元停车期间的操作步骤：

（1）如果停车时间较短（1~6h），可继续对浓缩池进水（清水或加氯消毒后的出水），这项措施能确保污泥的“新鲜度”。

（2）按原定步骤继续排泥，但是排泥量一般不宜超过原污泥层高度的50%（以池底为准）或污泥斗的顶部（此时排泥量更大）。

（3）污泥浓缩池停车期间，可将上清液溢流速率减小至原来的1/4。如果停车时间在1~6h之内，可不必关闭驱动装置。

（4）假如停车时间大于6h或要对重力浓缩池内部进行维护，可将池内污泥转移至另一并联的浓缩池中，亦可慢慢地将其返回至初沉池。在此期间可将重力浓缩池中充满加氯消毒后的出水，除非浓缩池要闲置一段时间不用。

（5）在对浓缩池进行维护和检查之前，为确保系统的安全，要严格按照上锁/挂牌程序执行。上锁是防止设备运行和危害工人安全的一种方法。美国1991年的联邦规范（CFR）29篇第1910.147条款涵盖了在对机器设备进行维修和维护过程中，突然通电、机器或设备的启动、储存的能量的释放等都有可能对工作人员造成伤害。挂牌是指在安全条件下安装能量分离装置并在其上标明警告语。通常情况下是由工人来张贴标语并注明日期。当机器设备需要重新启动时，标牌和锁定装置也是由同一人来移除或拆卸。

（6）假如浓缩池和设备中有发生冻结的可能性，那么就得将污泥池和裸露管道进行排空，包括进泥竖管和浮渣斗。

29.4.5 过程控制

在理想情况下，进入重力浓缩池的固体物质需要经过格栅预处理或者进行破碎预处理，以防破布或其他纤维材料进入，而且进料过程应该是连续的。如果连续进料难以实现，那么应合理安排进料周期，使其尽量接近连续进料的效果。连续进料不仅能保持污泥层的稳定性，也可降低产气量，防止污泥上浮。重力浓缩池运行成功的关键在于长时间保持较低的进料速率。

若初沉污泥和二层污泥一起进行浓缩，在其进入重力浓缩池之前，两种污泥必须混合均匀，并添加补充水（常称污泥淘洗）。补充水的加入能维持浓缩池中恒定的水力负荷，同时还能保证其中的溶解氧浓度。添加补充水能保持进入浓缩池的污泥的“新鲜度”，污泥性质也更加一致，从而防止污泥分层。初沉污泥较易进行重力浓缩。初沉污泥在重力场作用下，无需添加化学药剂便能迅速沉降并形成易于泵取的浓缩污泥。基于上述特点，初沉污泥常常单独进行浓缩。但遗憾的是，初沉污泥产生量的日变化系数非常大。现在人们已开始逐渐重视浓缩池中的污泥设计泵取率的问题。

目前对剩余活性污泥的重力浓缩的关注度正日益下降，因为在剩余活性污泥的重力浓缩过程中表面负荷过小，导致沉降速度过低，浓缩污泥的压缩性能不佳。在重力浓缩池中，剩余活性污泥继续保持生物活性，产生生物气，致使发生污泥分层和上浮现象。

研究表明，当初沉污泥和二沉污泥进行混合浓缩时，保持二沉污泥和初沉污泥的比例在25%~59%范围内，由此而产生的底流污泥浓度基本保持不变。某些时候，当两者配比高于上述范围时，二沉污泥所占比例的增加将会造成底流污泥浓度的降低。

不管被浓缩的污泥是不是来源于好氧池，一旦活性污泥发生产气和上浮现象，就需要在进泥中加入氯气、高锰酸钾或过氧化氢等来抑制微生物活性，从而降低产气量和恶臭气体产生量。污水处理厂的氯化消毒出水经常用作污泥稀释水，以改善污泥的性质。

污泥的重力浓缩过程对pH非常敏感，目前已发现，处理设施的性能随pH的变化而异。对污泥浓缩过程进行观察和实验可能是目前确定pH的变化对浓缩性能影响和应对措施的唯一方法。

重力浓缩池的运行受温度变化的影响较大；因此，当温度超过15℃~20℃的时候，应该使浓缩池的负荷率降至运行范围内的较低水平，这取决于初沉污泥和二沉污泥含量的比例。较高的温度条件下需要添加稀释水。

厌氧消化池上清液或淹析池上清液等高温循环液将会造成重力浓缩池中温度分层，从而降低沉降速度。另外，循环液中可能会含有活性生物固体，产生生物气体并造成污泥层上浮。通过控制进入浓缩池中循环液的流量或使循环液和污泥在不同点进料，能减小循环液对重力浓缩池的不利影响。

浮渣的处理会显著影响浓缩池的清洁程度。浓缩池上方如果积累了大量浮渣，不但会影响美观还会带来臭气，滋生蚊蝇。有2种室内浮渣处理方法：（1）从污水处理厂澄清池中收集后立即进行处理；（2）泵至浓缩池浓缩后再进行后续处理。第二种方法实施的难点在于一般的重力浓缩池不具备处理大量浮渣的设备，特别是那些聚集程度很高、凝结成块和坚硬的浮渣。

因为浓缩过程是受污泥层厚度影响的，污泥层层相叠，形成的污泥层是促进压缩沉降的关键所在。污泥层还能防止形成污泥锥体，确保沉降均匀，同时也是间歇式进料重力浓缩池运行的必要条件。污泥层高度的允许范围随温度的变化而有所不同。在较高温度下，污泥层厚度一般要求较小。通常需要维持污泥界面距池底外围的深度在0.3~1.5m范围之间，当温度较低以及浓缩池较深时，要求污泥层更厚。

污泥层厚度曾经是由污水处理厂操作人员人工测量的。目前的做法一般是通过污泥层厚度探测仪来测量，并在污水处理厂数据监控和采集系统中直接显示出来。无论哪种方法，污泥界面的被测量位置是至关重要的。如果污泥层厚度是人工测量的，那么每次测量必须在同一点进行。根据重力浓缩池的入口位置和操作方便，一般在离圆形浓缩池的圆心2/3半径距离处的人行廊道下方进行测量。选择在此处进行测量的关键原因是该处位置是不变的，因此有利于设置永久性的污泥层厚度监测点。

重力浓缩池中，污泥排放点的污泥层厚度无疑会影响最终的固体浓度。为充分利用这一现象，操作者应该进行试验以确定最终固体浓度最佳值的污泥层厚度范围。试验结果可能会受到温度的影响。当最佳污泥层厚度范围被确定以后，此时应该调节污泥泵的流量以维持污泥层厚度在最佳范围内。污泥层厚度的确定方法诸多，有电子检测器、污泥探测棒（当为圆柱形塑料管时也叫coretaker），此外还有空气气提泵。在污泥重力浓缩池中，增加污泥停留时间可能会影响其他运行参数的性能。在任何情况下，污泥层都应达到浓缩池污泥井的底部。

对于初沉污泥而言，重力浓缩池中的污泥停留时间视温度情况定为1~2d；对于混合污泥（包括初沉污泥和二沉污泥）而言，停留时间视温度情况定为18~30h。污泥停留时间越长将会影响浓缩池的正常运行，如造成污泥产气或增加后续脱水过程的药剂用量。

和进泥过程相同，浓缩污泥的排泥也必须是连续的过程。排泥速率可根据被排浓缩污泥的固体浓度进行调节。传统的排泥方式是通过污泥泵的启－闭来控制排泥的，这当然不是连续的过程。近年来，价格低廉的变速驱动器在排泥速率的控制上发挥了巨大的作用，使传统的操作方式得到了显著改进。开发制定一套优化、合理的排泥进度的最佳方法是不断改变泵的工作时间和周期，同时核查浓缩污泥的固体浓度直到确定最佳方案。因为这个过程需要大量的时间并做大量的工作，同时还有可能使整个运行系统受到影响，所以一般情况下不采用。操作管理人员一般定期进行排泥或根据系统要求设定自动排泥。为防止固体物沉淀，底流泵泥流速应不小于0.75m/s。当泵取高浓度污泥时，粘度的增加会增大泵的运行阻力。当固体浓度为8%以上时，浓度的微小提高便会给污泥泵的运行带来很大的阻力。

对于浓缩而言，以污水处理厂出水（好氧池或二级出水混合悬浮液）作为浓缩池补充水有几大好处。循环液中的溶解氧有助于降低厌氧微生物的生物活性，降低产气量，减轻浓缩池中发生污泥上浮和散发臭味的可能性。另外，污泥淘洗过程可以去除可溶性糖类、氨氮、磷、油类和脂肪以及微小颗粒。用加氯消毒后的出水进行污泥淘洗可以降低微生物活性，减少产气。污泥淘洗的缺点是淘洗过程中可能会去除盐分，使后续调质的要求提高。

淘洗时补充水流量过大会使污泥絮体变得分散（浓度降低）、增加不必要的污水循环，这对污泥浓缩是不利的。因此补充水流量要适中。在厌氧消化系统中，为维持消化池的稳定性，应避免因污泥淘洗引起的底流浓度的大幅度变化。和所有的稀释情况相同，浓缩池中补充水的加入也稀释了溢流液。如果污泥浓缩池进泥的悬浮固体（SS）浓度是3000mg/L，测得溢流液的悬浮固体（SS）为300mg/L，那么悬浮固体（SS）的去除率为90%。假如改变运行方式，加入和进泥流量相等的淘洗水，此时溢流液流量将会增大1倍，为保证悬浮固体的去除率仍为90%，则溢流液的悬浮固体含量须为150mg/L。

浓缩污泥和刮泥耙之间的黏滞阻力增加了刮泥耙驱动电机的负荷，衡量驱动电机负荷的方法一般是看其通过的电流大小。如果浓缩污泥含固率提高、粘度变大，或有东西堵塞刮泥耙，驱动电机的通过电流就会增大，直至发出过载警报。理想情况下，通过现代控制手段可避免电机过载的发生，一旦刮泥耙电机过载，浓缩池底流的污泥泵排泥速率便会自动提高。污泥泵排泥速率的提高可防止底流泥饼层的形成，降低底流污泥浓度，从而减小刮泥耙的扭矩。

如果刮泥耙驱动电机因过载而停车，则浓缩池应停止进泥，以防情况恶化。在驱动电机保安器运行之前，切勿打开或关闭驱动器，亦不可使其带速运转，因为这些情况都可能使驱动电机过载而损坏。另外，保安器中的熔丝不能用电线铜丝代替，因为这可能会损坏电机。遗憾的是，如果浓缩池中进入异物或污泥浓度过大，则应将其排空，以免刮泥耙扭矩过大。如果因为其他原因造成浓缩池停车1h以上，也应停止进泥，以防刮泥耙扭矩过载。如果浓缩池停车时间超过1d（包括1d），则应排空污泥，补充加入污水处理厂氯化消毒后的出水。

29.4.6 取样

重力浓缩池的取样和分析至少应包括以下内容：

（1）进流溶解氧（活性污泥的浓缩）、总悬浮固体量（TSS）、总固体量（TS）和流量；

（2）溢流总悬浮固体量（TSS）、总固体量（TS）和流量；

（3）底流（排泥）总固体量（TS）和流量；

（4）根据取样器不同，污泥层高度的测量可有“快速测量法”和其他测量方法，快速测量法有光控和声控之分，此外还由可调高度的龙头（空气提升）测定。据报道，污泥层高度（DOB）是指浓缩池2/3半径处的污泥界面距浓缩池底部的距离（采样点位于离圆形浓缩池圆心2/3半径距离处的人行廊道上）。

29.4.7 故障排除

该部分主要叙述污泥重力浓缩运行过程中出现的典型问题及其处理方法。针对运行过程中出现的问题，表29–1列出了主要故障排除指南和可能的解决方法。每一个问题都是诸多重力浓缩池中普遍存在的，另外该表中还叙述了可能的补救措施。

重力浓缩池运行问题指南 表29–1

显示/观察到的现象	问题原因	检查或检测	解决措施
散发恶臭气体，污泥上浮	浓缩污泥排泥速率过低	检查浓缩污泥泵是否运行正常； 检查浓缩池收集系统是否运行正常	提高浓缩污泥排泥率； 提高污泥收集速度，进行设备维修
	浓缩池上清液溢流率过低	核查溢流率	提高浓缩池进料流量； 必要时往浓缩池中泵入部分二级出水悬浮液，使浓缩池溢流率提高到10~15L/（$m^2\cdot d$）
	浓缩池中污泥发生腐败	检测浓缩池中溶解氧浓度	往浓缩池进泥中加入氧化剂，维持溶解氧浓度在0.5~1mg/L
污泥浓缩性能不佳	上清液溢流率过高	核查溢流率	降低进泥流量
	浓缩污泥排泥速率过大	检测污泥浓度	降低浓缩污泥排泥速率
	浓缩池中发生短流	使用染料或其他示踪剂对污泥流进行示踪实验	检查出水堰，进行维修或重设高度；检查进水挡板，进行维修或重新安置
污泥收集装置的扭矩过大	污泥大量积累	沿着刮臂正面检查	用水射器搅动刮臂正面的污泥层；提高污泥去除率
	异物堵塞机械装置	用拴在绳子上的磁铁检查	可尝试用抓斗去除异物，如果还未解决就排空浓缩池进行检查
	机械设备校准不恰当	校准	重新校准机械设备

续表

显示/观察到的现象	问题原因	检查或检测	解决措施
流量波动	进泥泵工作程序不佳	检查泵的循环周期	改变泵的循环周期；减小流量，增加进水时间
浓缩池表面和出水堰生物体过度生长（黏液）	清理工作不充分		经常彻底清理浓缩池表面
漏油	油封失效	检查油封	更换油封
噪声过大，轴承或万向接头发热过大	校准不恰当	校准	根据需要校准轴承或接头
	缺少润滑油	检查润滑油	添加润滑油
泵过载	污泥密实度调整不当	检查污泥密实度	重新调整污泥压缩程度
	泵堵塞	检查泵中是否有垃圾	对泵进行清理
溢流液中含有较多微小污泥颗粒	剩余活性污泥（WAS）	核查进泥中剩余活性污泥（WAS）的比例	调整剩余活性污泥（WAS）的比例至最佳；对剩余活性污泥（WAS）进行气浮浓缩

浓缩池中产生过量浮渣的原因是由于污泥停留时间（SRT）过长。将好氧池中的剩余污泥直接加入到浓缩池中能使污泥保持“新鲜”，降低浮渣产生量，或是维持浓缩池中较低的污泥层高度或增加污泥的淘洗水量亦能解决这一问题。在某些情况下，澄清池表面去除的浮渣也会进入到浓缩池中进行浓缩，但由于浓缩池的浮渣处理系统不具备处理大量浮渣的设备和能力，这种方法并不提倡。浮渣处理的一个辅助手段是在靠近浮渣斗的池子上方设置一个能覆盖部分池子的喷淋系统，使浮渣软化，便于泵吸。对于由诺卡式菌引起的浮沫，用加氯水进行喷淋是有效的方法。如果浮渣大量积累，则可能需要用高压水枪将其冲碎，以便撇沫设备将其去除。在严重的情况下，聚集的浮渣可能需要真空吸入拖车后运至厂外进行妥善处理。

如果浓缩池污泥下降管中积聚油脂，可能会影响污泥处理系统的正常运行。为驱除排泥管中的油脂，可使用高压水对排泥管进行反冲洗。防止油脂积聚的另一方法是使排泥管中充满消化污泥，维持其不受外界干扰1d以上，然后再将消化污泥和驱除的油脂从排泥管中排除。如果污泥管可从管线系统中分离并具备相应的清理手段，则可使用蒸汽清洗，以减少停车时间。在严重的情况下，一种被称为“jet sodden”或“hydro”的自行式液压装置可用于清除淤塞。或者，利用污泥泵或水的压力将一种特殊设计的插头推进管线中，对其进行清洗。

污泥腐败的特征是发生污泥上浮、溢流液中携带大量固体物质、散发恶臭，同时底流排泥浓度降低。污泥浓缩池和上流的澄清池中的污泥停留时间过长都会造成污泥腐败。加氯或加过氧化氢可暂时抑制污泥腐败。对进入浓缩池的污泥进行曝气或淘洗，增加其中的溶解氧，也能减轻腐败问题的发生。如果将二级出水返回至重力浓缩池作为污泥的淘洗液，那么溢流率必须控制在32m^3/（$m^2 \cdot d$）之内。

污泥膨胀的标志是污泥层高度的增加。污泥分散导致上清液水质变差，并使底流排泥浓度降低。在很多污水处理厂中，污泥膨胀是污水处理系统出现问题的迹象，因此，重力浓缩池中一旦有发生污泥膨胀的征兆就需要对其进行处理。污泥膨胀需要进行源头控制。对污泥膨胀的控制应该予以高度重视，以避免消耗过多的化学药剂、减小对全厂污水处理系统的影响。由于受运行费用的限制，对重力浓缩池中污泥膨胀的控制都是短期的。往进泥中加入氯气或过氧化氢能够使污泥絮体分泌的胞外聚合物减少，而胞外聚合物是引起黏性污泥膨胀的主要原因。对于那些利用一般方法还不能沉降的污泥，可以通过加入膨润土等增重剂来促进沉降。有时也会使用聚合物来控制污泥膨胀。在最糟的情况下，当需要提高污泥的特性时，浓缩池中的膨胀污泥可能需要泵至干燥床进行处理。

上清液抽取过程中，如果抽到污泥层，则会造成污泥沉降不均或形成污泥锥体，同时降低底流的排泥浓度。污泥层高度的增加能够降低污泥下陷发生的可能性。如果污泥排泥速率过大，排泥时间过短会使污泥层下陷。污泥层下陷的解决措施有：（1）更换污泥泵的电机，改用变速驱动装置；（2）将污泥泵和驱动装置一并更换。这两种方法都将增加污泥泵的抽泥时间。

29.4.8 重力浓缩池的性能

在重力浓缩过程中，当浓缩池中只有初沉污泥时，产生的底流浓缩污泥的含固率可达4%~8%。当被浓缩的污泥为初沉污泥和二沉污泥的混合污泥时，产生的底流浓缩污泥的含固率将降低至3%~6%。表29-2描述了各种污泥的来源以及经重力浓缩后产生的相应的浓缩污泥的含固率。据文献报道，重力浓缩池中底流浓缩污泥的浓度与进入浓缩池的污泥浓度并没有显著的关系。重力浓缩池中的污泥捕获率期望达到90%~95%。污水处理厂内，浓缩池是污泥回收的主要方式（如图29-4所示）。污泥回收作为污水处理厂的一项运行成本的概念常常被人忽视，有人会问：“到处都是污泥，多一点有什么关系？”这种想法是不对的。污泥回收的成本至少应为排水管理部门向消费者收取的往污水处理厂倾倒固体废物的费用。

图29-4　污水处理厂中作为污泥回收主要方式的浓缩池

污泥的各种来源和相应的总固体含量表　　表29-2

污泥来源	低黏度条件下总固体（TS）含量（%）	高黏度条件下总固体（TS）含量（%）
初沉生污泥	<6	6~12
二沉生污泥	<2	2~6
初沉和二沉混合生污泥	<3	3~8
消化污泥	<4	4~10

续表

污泥来源		低黏度条件下总固体（TS）含量（%）	高黏度条件下总固体（TS）含量（%）
化学污泥	石灰污泥	< 15	15~40
	铝盐和铁盐污泥	< 2	2~6
化学泥浆		1~30	—
焚烧灰烬		5~20	—

29.4.9 定期检修

重力浓缩池需要进行定期检修，日常维护项目主要包括以下几方面：

（1）检查驱动装置是否过热、噪声和振动是否过大；

（2）检查是否发生堰螺栓松动等异常状况。

每周维护项目主要包括：

（1）检查油位并确保加油孔打开；

（2）检查排水、排泥管道是否畅通，排空积水或泥水混合物；

（3）检查驱动装置控制及限位开关；

（4）目视检查撇渣器是否与浮渣挡板和浮渣斗接触良好。

每月维护项目主要包括：

（1）检查撇渣刮渣器是否受磨损；

（2）调整驱动器的传动链或皮带。

年度维护项目主要包括：

（1）拆开驱动装置，对所有的齿轮、油封和轴承进行检查。应检查齿轮和轴承表面是否有磨损、刮痕、斑蚀和毛边。滚珠也应该进行检查，及时更换有刮痕和破碎的滚珠。

（2）检查机油中是否含有金属，这可能是问题隐患。浓缩池应排空，并对所有机械设备的淹没部分进行检查。应高度重视对机械设备的外部涂层、软管连接、螺栓连接和橡胶滚轴（如有使用）的检查。

（3）更换预期使用寿命小于一年的任何部件。在定期维护中更换这些零部件比在发生故障时更换要容易得多（美国水污染控制联合会，1987）。

其他例行维护项目主要包括以下内容：

（1）使用防腐材料以提高浓缩池抵抗不良环境的能力。

（2）在重力浓缩池的人行廊道上安装脚踏板以防异物掉入池内。如果底流排泥管或机械设备中有大块异物会使浓缩池的运行迅速受阻。

（3）浓缩池中一旦有异物坠入，应立即停止运行，以防刮泥设备扭矩过大。

（4）在污水处理厂运行过程中，定期观察和记录驱动器扭矩，这是判断机械出现故障的最好依据。

（5）定期检查底流污泥泵的输出能力，因为在泵取浓缩污泥时，污泥泵的磨损率较大。

（6）按照推荐的润滑操作手册和使用推荐的润滑产品，通常在系统运行启动250h后首次更换润滑油，以后每6个月更换1次。

29.4.10 安全防护措施

良好的安全防护措施包括以下步骤。

对于浓缩池来说，要严格执行上锁/挂牌程序，以确保机械设备处于断电状态。上锁是防止设备运行和危害工人安全的一种方法。1991年的美国联邦规范（CFR）29篇第1910.147条款涵盖了在对机器设备进行维修和维护过程中，突然通电、机器或设备的启动、储存的能量的释放等都有可能造成工作人员受伤。挂牌是指在安全条件下安装能量分离装置并在其上张贴警告标语。通常情况下是由工人来张贴标语并注明日期。当机器设备需要重新启动时，标牌和锁定装置也由同一人来移除或拆卸。

无论扭矩计显示的扭矩多大都不要轻易断开驱动装置，因为当能量储存在激发扭矩计的弹簧上时，释放弹簧可能会对工作人员造成伤害。这也是上锁/挂牌程序的重要内容。

对重力浓缩池来说，安全防护措施还应遵循第5章中的有关规定，包括禁止进入含有硫化氢、甲烷等有毒有害气体的区域和某些处于缺氧环境或含有易燃易爆气体的区域。

29.5 加压溶气气浮浓缩（DAF）

29.5.1 工艺简介

加压溶气气浮系统主要由气浮池和饱和溶气罐组成，如图29-5所示。气浮池的主要功能是进行固液分离，饱和溶气罐的主要功能是在加压条件下，使罐内空气充分溶于水中。高压溶气水通过减压阀释放到气浮池中。气浮池中的压力处于常压状态，这使得由减压阀释放的高压溶气水相对过饱和，这时溶解于水中的过饱和空气以微小气泡形式在池中逸出并和废水相互混合。微小气泡随后于废水中的微小颗粒接触，形成整体密度小于水的“气泡-颗粒”复合体。

如果要投加聚合物等化学药剂，一般来说投加点位于饱和空气和污泥进入气浮池的混合处。气泡、污泥和化学药剂混合要适当，以确保化学药剂在气浮池中混合均匀，同时避免剪切力过大，形成最佳的“气泡-污泥颗粒”复合体。有试验表明，在气浮池进泥和从过饱和溶气中析出的气泡混合之后随即加入聚合物，此时形成的“气泡-污泥颗粒”复合体的性能最佳。

加压溶气气浮浓缩的突出优点有以下几个方面（Bratby等，2004）:

（1）能够同时对初沉污泥和二沉污泥进行浓缩；

（2）能够对初沉池和二沉池的浮渣收集系统产生的浮渣进行浓缩；

（3）允许浮渣和污泥以最大流量进入气浮浓缩池；

（4）当浓缩初沉污泥和二沉污泥的混合污泥时，若被浓缩的污泥是通过底流排泥的方式去除的，那么气浮浓缩可对其中的沉砂进行分离并去除；

（5）能够不断产生性质均匀的混合浓缩污泥，作为污泥消化器的理想原料；

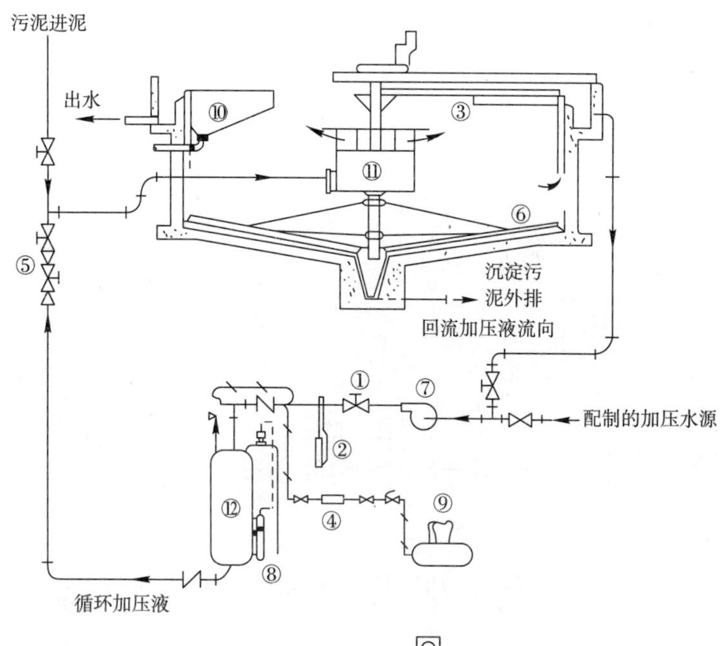

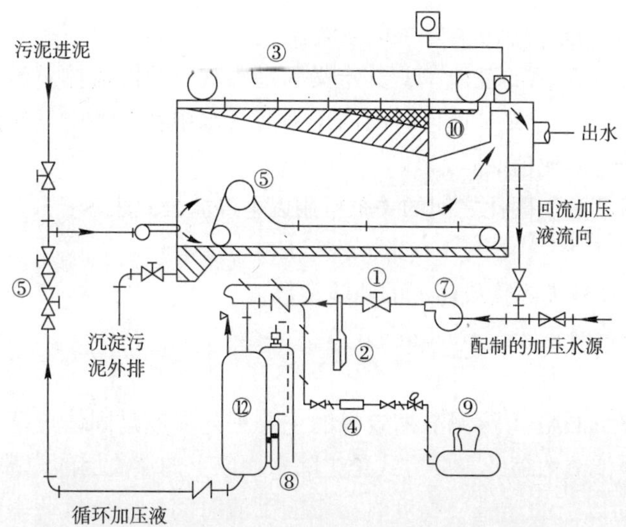

图29-5　典型圆形和矩形DAF浓缩池的详细示意图

1—液体控制阀；2—流量计；3—撇渣机；4—气体旋转流量计；5—泄压阀；6—底部刮渣机；7—循环加压泵；8—液位控制器；9—空压机；10—淹水浮槽；11—进气口；12—压力罐

（6）允许所有的固体处理循环负荷集中在一个系统内；

（7）能够显著降低加压溶气气浮浓缩处理后的清夜中的可溶性BOD含量。

在气浮池中，“气泡-污泥颗粒”复合体受到浮力的作用浮升至水面并聚集成为浮渣。气浮法就是通过这种方式实现固液分离的。由于水和浮渣之间存在密度差，随着“气泡-污泥颗粒”复合体不断浮至水面，气浮浮渣逐渐积累，当浮渣量达到气浮池水面以上某一位置时，浮渣便由刮渣机不断刮除，同时达到稳态状态。将气浮浓缩池中浮至水面的浮渣中的孔隙水去除后能提高浓缩污泥的含固率，上述过程被称为气浮浓缩。

在此过程中，气浮有两项基本的功能：（1）进行澄清或固液分离；（2）对分离的固体进行浓缩或脱水。图29–6是加压溶气气浮浓缩系统的示意图。

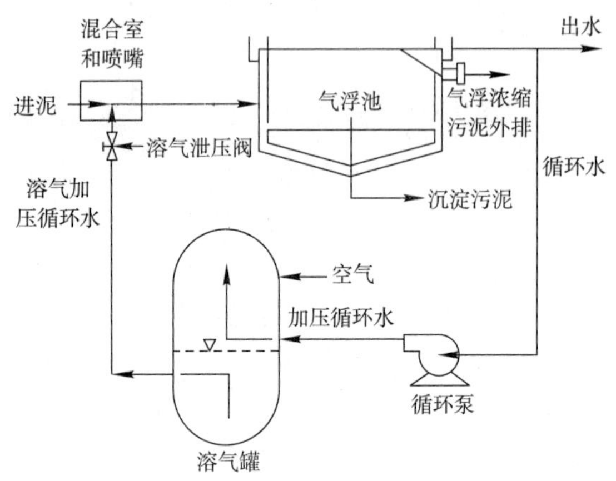

图29–6　加压溶气气浮浓缩池示意图

影响溶气气浮系统（DAF）澄清效果的主要工艺参数是表面负荷率和气固比。气浮池的表面负荷率类似于沉淀池的溢流率，其定义为进入气浮池的流体总流量除以气浮池的有效平面面积。气固比的定义是单位时间内压力溶气水中释放的空气质量与进入气浮池中总的固体物质的质量的比值。

气浮池的表面负荷率和气固比之间的关系可用以下经验公式表示：

$$V_L = K_1(a_s)^{K_2} - K_3 \tag{29-1}$$

式中　K_1，K_2，K_3——某种废弃物或污泥的经验常数；

V_L——表面负荷率（m/d 或 $m^3/(m^2 \cdot d)$）

a_s——气固比。

影响溶气气浮系统（DAF）污泥浓缩效果的主要工艺参数是固体负荷率和气浮浮渣超过水面的高度。气浮浮渣浓缩的主要方式是去除水面以上的浮渣层的内部孔隙水。

固体负荷率和水面以上的浮渣层高度直接影响刮渣时间。固体负荷率的定义是单位时间内进入气浮池单位面积内的固体质量，它决定了水面以上的浮渣层高度的上升速率，水面以上浮渣层高度决定了浮渣从单元中被去除所经过的距离。

以下经验关系式描述了加压溶气气浮浓缩（DAF）系统的浓缩性能（Bratby, 1978; Bratby 和 Amhrose, 1995）：

$$C_F = K_4(d_w)^{K_5} \cdot (Q_s)^{-K_6} \tag{29-2}$$

$$d_T = (d_B + d_W) = d_W\,[(a_s)^{K_7} + K_8] \cdot (a_s)^{-K_7} \tag{29-3}$$

式中　K_4，K_5，K_6，K_7，K_8——某种废弃物或污泥的常数；

C_F——气浮池上部（此处气浮浮渣被刮除）浮渣的含固率（%）；

Q_s——固体负荷率（$kg/(m^2 \cdot d)$）；

d_W——水面以上的气浮浮渣层高度（m）；

d_B——水面以下的气浮浮渣层高度（m）;

d_T——气浮浮渣层总高度（m）。

从式（29-2）和式（29-3）可以看出，气固比（a_s）并不影响气浮浮渣的浓度，但影响气浮浮渣层总高度。

当气固比（a_s）低于某一特定值时，用式（29-3）来表述气浮浮渣层总高度不够准确。实际运行经验表明，当气固比（a_s）较低时，气浮浮渣层总高度比式（29-3）预测的值要大。对于活性污泥，无论投加或不投加聚合物，气固比都不应低于0.02；对于废水原水，在投加铝盐等混凝剂的条件下，气固比应不低于0.06；对于稳定塘中藻类的气浮分离，在使用金属盐类混凝剂的条件下，气固比应不低于0.03；对于高色度废水处理过程中产生的污泥的混凝气浮浓缩，气固比应不低于0.03。

考虑到刮渣机将水面以上气浮浮渣层刮除到浮渣斗所需的实际时间，Bratby 和 Ambrose于1995年对上述公式进行了校正和完善。污水处理厂工作人员可控制的操作参数为刮渣机的运行速度和运行周期。

水面以上气浮浮渣层刮除所需的有效时间（t_E）可用下式（Bratby和Ambrose, 1995）表示:

$$t_E = (t_C/t_{ON}) \cdot (L/v) \tag{29-4}$$

式中 t_C——刮渣机的运行时间周期（min），为运行时间和闲置时间之和;

t_{ON}——在一个运行周期内刮渣机的运行时间（min）;

t_{OFF}——在一个运行周期内刮渣机的闲置时间（min）;

L——矩形溶气气浮浓缩池（DAFT）的有效周长或圆形溶气气浮浓缩池（DAFT）的有效圆周（m）;

v——刮渣机的运行速度（对圆形浓缩池来说为边缘速度，m/d）。

因此，在考虑有效刮渣时间（t_E）的情况下，气浮浮渣层含固率和总高度可用以下公式表示:

$$C_F = K^* \cdot t_E^{[K_5/(1+K_5)]} \tag{29-5}$$

$$d_T = (d_B + d_W) = Q_s \cdot t_E^{[1/(1+K_5)]} \cdot (1+K_8/a_s^{K_7})/(10 \cdot K^*) \tag{29-6}$$

式中 $K^* = [K_4/Q_s^{(K_6-K_5)} \cdot 10^{K_5}]^{[1/(1+K_5)]}$

在有效刮渣时间（t_E）较长的情况下，气浮浮渣层中颗粒间的孔隙水被排出的机会更大，由此得到的浮渣的含固率相对更高。但在实际工程运行中，t_E不能超过其上限值。对于某一固定d_w值，往往要求d_B的值更大，以便能提供足够的浮力来支持其上层的浮渣。

因此，当有效刮渣时间（t_E）增加时，水面以上气浮浮渣层高度（d_W）也随着增加，同时浮渣层的总高度（d_T）也相应提高。对有效刮渣时间（t_E）进行限制能够避免浮渣层高度过大引起的底流排渣、出水水质恶化情况的发生。

综上所述，气浮浓缩池运行性能的主要控制参数为有效刮渣时间（t_E），该参数可以通过以下方法进行控制:

（1）调整刮渣机的运行时间;

（2）调整刮渣机的闲置时间;

（3）调整刮渣机的运行速度。

在前述讨论中，我们指出影响气浮浓缩池气浮过程的主要因素为水面以上浮渣层的刮除时间。基于这一因素，浮渣层内固体浓度随浮渣层高度的变化如下：水面以上的浮渣层中，最顶部的浓度最高，随着离水面的高度下降，浓度迅速降低；水面以下的浮渣层中，随着没入水中的深度增加，浓度缓慢下降，并于浮渣层最底部处降至最低。浮渣层内固体浓度随浮渣层高度的变化情况详见图29–7(*a*)和29–7(*b*)（Bratby, 1978）。

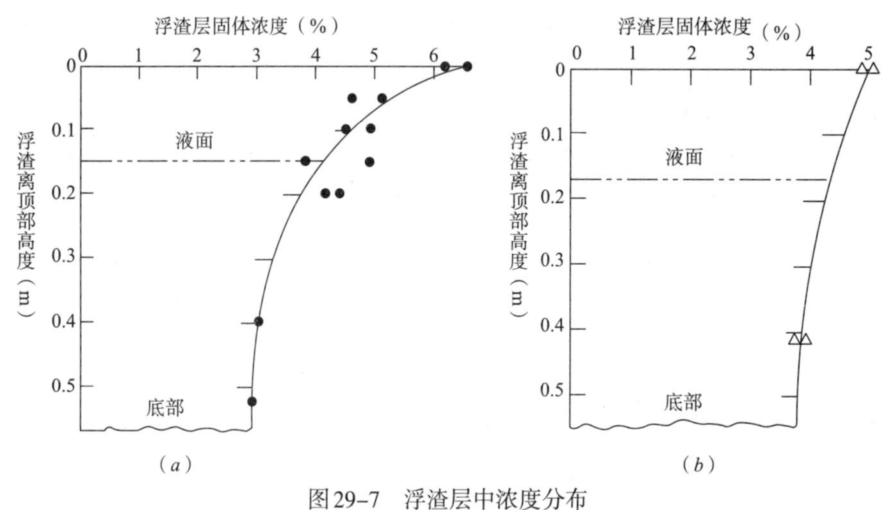

图29–7 浮渣层中浓度分布

图29–7（*a*）中的结果是在中试试验中，通过测量浮渣层中不同高度处的浮渣含固率而得到的。在该中试试验中，气浮浓缩池的表面固体负荷率为55kg/（$m^2 \cdot d$），气固比为0.036，在气浮浓缩池顶部安有水平刮渣机。图29–7（*a*）中的浓度分布曲线是气浮过程中几乎不受扰动的理想情况下得到的。但是，现场生产性装置中，对于相同的污泥，得到的气浮浮渣中浓缩污泥浓度分布情况如图29–7（*b*）所示。现场生产性试验中，气浮浓缩池的表面固体负荷率为60kg/（$m^2 \cdot d$），气固比范围为0.036~0.10。中试试验和现场生产性试验得到的浓度分布曲线形状有较大的差异。比较发现，与中试试验相比，在相同条件下，现场生产性试验获得的浮渣含固率并没有显著下降。

中试试验中获得的浮渣含固率约为6.5%，而生产性试验中获得的浮渣含固率约为5%，造成这种差别的原因是两者所采用的刮渣方法不同。对于中试试验来说，刮渣机只刮除了浮渣层最顶部的浮渣；对于生产性试验来说，刮渣机的刮刀一般深入到浮渣层178mm处，这是压力溶气气浮浓缩系统的代表性浮渣深度。

在生产性装置中，刮渣机刮刀位置的布置对系统有两方面影响。首先，它使浮渣层顶部的位置始终处于同一高度（发挥从气浮池中刮除浮渣的功能）；其次，刮刀对浮渣层会造成一定的扰动，这种扰动作用的影响不仅仅局限在刮刀深度范围内。刮刀的搅拌、扰动作用会使底部含固率较低的浮渣和顶部含固率已到最大值的浮渣发生交换作用。

综上所述，刮渣机运行过程中应尽量降低刮刀对浮渣层的扰动作用，同时应只刮除最顶部的浮渣层，因为浮渣的含固率是随着浮渣高度的下降而迅速降低的。因此，在可操作的条件下，需要使刮渣机刮刀的位置尽可能高于水面，同时在刮刀沿着气浮浓缩池作直线或圆周运行过程中，其运行方向的正面不能积聚过多的浮渣。

29.5.2 设备简介

1. 气浮浓缩池

气浮浓缩池为全钢结构或混凝土结构，池形为矩形或圆形（如图29–8所示）。通常情况下，全钢结构的矩形浓缩池尺寸较小，一般为2~3m，混凝土结构的圆形浓缩池的尺寸较大。只有少数城市污水处理厂的圆形浓缩池为全钢结构（WPCF，1980）。

气浮浓缩池一般都配有表面刮渣机和底部刮泥耙。表面刮渣机用于去除浓缩池表面的漂浮物，以维持稳定的气浮浮渣层平均高度。底部刮泥耙对于那些沉至池底的、不可漂浮的、较重的固体物质的去除是至关重要的。

大多数气浮浓缩池都安有挡板和溢流堰。经固液分离后的清夜流经矩形浓缩池的末端挡板或圆形浓缩池的周边挡板后，经溢流堰流入出水槽。溢流堰可视浮渣斗的大小来控制气浮浓缩池的液位高度，并可调节气浮单元的处理能力和处理效果。

一个完整的气浮浓缩池系统还含有大量的附属设施，包括污泥和化学调质剂的进料设备，以及各种各样的控制元件。

2. 过饱和系统

加压溶气气浮浓缩（DAFT）系统的核心为空气过饱和系统，在该系统中，空气先是在高压下溶于水中，形成空气过饱和水，然后在常压下释放，形成微小气泡。

图29–8　圆形气浮浓缩池（美国科罗拉多州利特尔顿/恩格尔伍德污水处理厂）

过饱和系统一般包括循环加压泵、空压机、过饱和溶气罐和释放减压阀。虽然通过循环加压泵的溶气水是循环利用的，但也可利用补充水。减压阀主要控制压力损失，使过饱和高压溶气水与进泥混合，以使混合液中充满溶解空气。当压力迅速下降至常压时，溶解空气立刻从溶液中逸出或形成大量微小气泡。

真空抽吸泵系统作为另一种气浮系统在前几年一直被人们冷落，但近年来人们又逐渐对其产生了兴趣。新改进的真空抽吸泵系统能够克服传统系统中气–固结合这一普遍问题。对这种新系统，目前还缺乏相应的性能数据。但与加压溶气气浮法相比，其明显的优点是无需加压溶气罐，系统也更为简单。

以下是加压溶气气浮系统运行过程中的重要原则和操作规范（Bratby等，2004）：

（1）气体溶于溶剂是一个简单、直接的过程，主要影响因素为压力、温度、气体在溶剂（该处为水）中的溶解度，此外还有气液传递的表面接触面积。

（2）氮气在水中的溶解度约为氧气的1/2。

（3）在78%的氮气和21%的氧气中，水更容易吸收氧气。溶气罐密封的顶空部分（在按标准设计的溶气罐中一般都有）的设计体积为加入大量空气时，在充分接触溶解过程中，未被水吸收的氧气和被水吸收的氮气的体积之和。

（4）在密封的容气罐顶空中，根据加压水中吸收的气体体积的测量结果可知，当溶气罐中顶空部分的气体压力接近于大气压时，其溶气效率迅速降低为原来的2/3左右。这意味着处理能力减小了33%。因此，为保持系统的处理能力，应不断地释放大量的氮气。因为在加压溶气气浮系统中，超过80%的能耗用于过饱和溶气加压泵系统所需要的电能，这也意味着可通过调整系统操作程序来降低能耗。

加压溶气气浮系统（DAFT）中，其他重要的设备主要为气浮浮渣处理系统和泵系统。当气浮浮渣从加压溶气气浮系统（DAFT）中去除以后，暂时放置在浮渣斗中，然后泵至后续单元进行处理。这部分环节需要特别加以注意，因为气浮浮渣具有以下特点：

（1）气浮浮渣层位于液面之上；

（2）气浮浮渣在表面坡度较小时不易流动，特别是当表面粗糙，摩擦阻力较大时，流动更困难。

基于上述两点，使传统的通过控制浮渣斗的水平面来控制浮渣的方法变得更难实施，因为泵的控制是基于液面高低的，当液面较高时启动泵，当液面较低时关闭泵。这种控制方法可能会使浮渣中的水分得以去除，含固量提高，而不仅仅是泵除浮渣。如果浮渣在浮渣斗表面的停留时间过长，并暴露于空气中，就有可能干化成泥饼，使通过泵系统来泵除浮渣的工作变得更加困难。污水处理厂工作人员不得不花费大量的时间，经常用高压水枪来冲浮渣，以使干化的浮渣变湿，降低浮渣固体浓度，便于泵系统抽吸。

较为可取的解决方法是将泵的吸入口连接管固定在浮渣斗底部的泥井中，使污泥聚集浓缩的表面积仅仅局限在泵吸入口的正上方。在此过程中，泵的启闭不是由液面高低来控制的，而是通过间歇式抽吸来控制的，以确保浮渣物质到达泵的吸入口。

29.5.3 运行性能

参考其他气浮浓缩系统的运行经验，污水处理厂工作人员可以确定出自身系统运行的最佳操作参数的范围。表29-3和表29-4列出了几个污水处理厂（WWTPs）的运行参数，并对其运行性能进行了比较。

不同加压溶气气浮浓缩系统生产性装置的运行参数表 表29-3

地点	进料种类	进水SS（mg/L）	清夜SS（mg/L）	去除率（%）	气浮浓缩污泥含固率（%）	表面固体负荷率（kg/(m^2·h)）	表面水力负荷率（L/(m^2·s)）	备注
Bernardsville,N.J.	好氧池混合液	3600	200	94.5	3.8	10.54	0.81	气浮浓缩前未调节，气浮过程也未加药剂
Bernardsville,N.J.	回流污泥	17000	196	98.8	4.3	20.74	0.34	气浮浓缩前未调节，气浮过程也未加药剂
Abington, Pa	回流污泥	5000	188	96.2	2.8	14.64	0.81	调节池中停留12h，气浮过程中投加药剂
Hatboro, Pa	回流污泥	7300	300	96.0	4.0	14.40	0.54	气浮过程中投加药剂
Morristown, N.J.	回流污泥	6800	200	97.0	3.5	8.30	0.34	气浮浓缩前未调节，气浮过程也未加药剂
Omaha, Nebr.	回流污泥	19660	118	99.8	5.9	37.38	0.54	调节池中停留24h，气浮过程中投加药剂
Omaha, Nebr.	好氧池混合液	7910	50	99.4	6.8	15.13	0.54	气浮过程中投加药剂
Belleville, Ill	回流污泥	18372	233	98.7	5.7	3.83	0.27	气浮过程中投加药剂
Indianapolis, Ind.	回流污泥	2960	144	95.0	5.0	18.69	1.00	调节池中停留12h，气浮过程中投加药剂
Warren, Mich.	回流污泥	6000	350	95.0	6.9	25.38	1.19	气浮过程中投加药剂
Frankenmuth, Mich.	好氧池混合液	9000	80	99.1	6.8	31.72	0.88	气浮过程中投加药剂
Oakmont, Pa.	回流污泥	6250	80	98.7	8.0	14.64	0.68	气浮过程中投加药剂
Columbus, Ohio	回流污泥	6800	40	99.5	5.0	16.10	0.68	气浮过程中投加药剂
Levittown, Pa.	回流污泥	5700	31	99.4	5.5	14.15	0.68	气浮过程中投加药剂
Nassau Co., N.Y.								
Bay Park 污泥处理厂	回流污泥	8100	36	99.6	4.4	23.91	0.81	气浮过程中投加药剂
Bay Park 污泥处理厂	回流污泥	7600	460	94.0	3.3	6.34	0.22	气浮浓缩前未调节，气浮过程也未加药剂
Nashville, Tenn.	回流污泥	15400	44	99.6	12.4	24.89	0.45	气浮过程中投加药剂

不同加压溶气气浮浓缩系统生产性装置的其他运行参数 表29-4

地点	污泥类型	表面固体负荷率（kg/(m^2·h)）	浓缩污泥含固率（%）	SS捕获率（%）	气固比
Albany, Ga.	初沉污泥+剩余活性污泥组成的混合污泥	4.00	6~9	88	0.013
Mankato, Minn.	初沉污泥+剩余活性污泥组成的混合污泥	2.44	5~8	90~95	0.013
Menomonie, Wis.	初沉污泥+剩余活性污泥组成的混合污泥	3.27	4.8~6.7	97	0.013
Waukesha, Wis.	初沉污泥+滴滤池腐殖污泥组成的混合污泥	6.34	6~8	85	0.013

续表

地点	污泥类型	表面固体负荷率（kg/(m² · h)）	浓缩污泥含固率（%）	SS捕获率（%）	气固比
Hagerstown, Md.	初沉污泥+纯氧曝气剩余活性污泥组成的混合污泥	4.68	6	97	0.016
Scranton, Pa.	初沉污泥+剩余活性污泥组成的混合污泥	6.34	5~6	85	0.016
Oconomowoc,Wis.	二沉池剩余活性污泥	1.95~2.93	4.0	95	0.150
Marshalltown, Iowa	二沉池剩余活性污泥	2.00	4.0	98	0.030
	添加化学药剂的剩余活性污泥	3.90	4.3	99	0.018
York, Pa.	纯氧曝气剩余活性污泥	2.73	5.8	91	0.010
San Jose, Calif.	二沉池剩余活性污泥	2.05~3.03	3.5~5.5	99	0.015
	添加化学药剂的剩余活性污泥	4.88	3.5~5.5	99	0.015
Huntington, Ind.	二沉池剩余活性污泥	1.85	4.5~5.0		
Glenoco, Minn	二沉池剩余活性污泥	1.07	4.0	95	0.015
Ocean City, Md.	添加化学药剂的纯氧曝气剩余活性污泥	3.90~5.86	4.5	99	0.013
Erie, Pa.	添加化学药剂的剩余活性污泥	10.98	6.5~7.5	99	0.013
Albany, N.Y.	添加化学药剂的剩余活性污泥	2.54	4.5	99	0.034
Brewer, Maine	添加化学药剂的剩余活性污泥	15.86	3.5	97	0.010
Middletown, N.J.	添加化学药剂的剩余活性污泥	6.10	4.5	99	0.030

注：混合污泥指两种不同污泥按一定比例混合而成。

对不含初沉污泥的污泥进行气浮浓缩时，得到的气浮浮渣的含固率最小值一般为4%，在最佳操作条件下，含固率可达5%~6%。从表29-3可知，在这些污水处理厂中至少有一个厂日常污泥表面负荷率在580kg/（$m^2 \cdot d$）以上，被浓缩的污泥为传统活性污泥法和高纯氧曝气活性污泥法剩余污泥的混合污泥，经气浮浓缩后，气浮浮渣的含固率高于4%。

活性污泥体积指数（SVI）是气浮浮渣含固率的一个影响因素，但不是最主要的因素。气浮系统的设计、刮渣机的运行以及浮渣层的排除方法可能是更重要的影响因素。

当被浓缩的污泥为50%的初沉污泥和50%的二沉污泥组成的混合污泥时，经气浮浓缩后得到的气浮浮渣的最小含固率一般可达6%。在最佳操作条件下，最小含固率可达6%~8%（Bratby等，2004）。

29.5.4 过程控制

气浮浓缩过程中，为使操作系统稳定运行，需要保持较低的进料速率和污泥浓度的稳定性。在间歇操作系统中，为保持稳定性，进泥一般先在调节池中进行充分混合。大多数的气浮浓缩系统为连续操作单元，而有些气浮浓缩系统在周末短暂停车，还有的系统只是在一天中的某个时间段运行。

气浮浓缩系统的水力负荷包括进泥流量和回流量。气浮池根据水力学原理进行设计，以降低进料流速，进而减小对气浮污泥浮渣可能造成的剪切力。

气浮浓缩系统过程控制包括以下几方面：

（1）如前所述，调整、控制刮渣机，确保只刮除水面以上的浮渣层（Bratby等，2004）。

（2）气浮浮渣层被刮除到浮渣槽中的速率取决于气浮浓缩污泥刮渣机刮臂的行进速度和数量，原因已在上文中进行了解释。

（3）应该对刮渣机的运行速度和启闭时间进行设置和调节，以使浮渣层的含固率达到最大，但运行速度也不宜过慢，以防浮渣积聚，浮渣层高度过大。

（4）操作压力控制在350~790kPa，尽可能使操作压力低一些，但不要低于350kPa，压力低于350kPa会造成气浮浮渣高度的增高（Brafiby 1978, Bratby 和 Ambrose 1995）。

（5）控制过饱和溶气罐溶气水的释放速率以维持必要的气固比。

（6）定期清理气浮池的底流污泥以防其腐化、发酵产气，避免浮渣层密度和溶气气浮系统整体性能的下降。

气固比（空气和固体物质的质量比）会影响污泥的上升速率，进而影响气浮浮渣层的总高度。如前所述，气固比取决于污泥的性质，一般取0.02~0.04（Bratby等，2004）。

对污泥进行稀释可降低颗粒间的干涉效应对分离效率的影响。随着污泥层停留时间的增加，浓缩污泥的含固率逐渐增大，出水悬浮固体（SS）的浓度逐渐降低。

29.5.5 系统启动

通常，对于一个加压溶气气浮系统的来说，其常规启动步骤如下：

（1）往气浮浓缩池中充入过滤后出水或污水处理厂内的非饮用水（自来水），直至溢流。

（2）启动上部刮渣机和底部刮泥机。确保泥、渣收集装置正常运行，然后将其设置为自动运行模式。

（3）继续往加压溶气气浮系统中充入非饮用水（自来水），并且启动循环系统，适当情况下可开启空气压缩机，将压力和水量调整至适当值。运行正常后，继续下一步操作。

（4）启动浮渣泵和潜流污泥泵，进行抽水试验，确保泵能正常运行。

（5）如有需要，应准备好聚合物，当停车时间较长、系统刚启动或处理工艺变化时应投加聚合物，投加量应由小试试验或烧杯试验确定。

（6）逐步排除气浮池中的非饮用水，逐渐向系统中引入剩余活性污泥流，对操作流程和运行参数作必要的调整，以维持气浮浮渣层高度。

29.5.6 系统停车

通常情况下，污水处理厂工作人员对加压溶气气浮系统（DAF）进行例行停车时应遵循以下操作步骤：

（1）停止投加聚合物（如有应用），同时停止剩余活性污泥（WAS）进料。

（2）如果停车时间较短（0.5h左右），则无需关闭循环系统（包括空气压缩机）。但是如果停车时间大于0.5h，则应关闭循环系统。

（3）在气浮浮渣全部被刮除至浮渣斗并被泵至后续处理单元之前，刮渣机的时控器不必关闭。

（4）假如停车时间超过一昼夜，用非饮用水置换污泥，或将系统排空，对气浮池、所有排水槽和管线进行清洗。

（5）当系统停车时，一般来讲只需关闭循环泵和溶气罐的释放阀。除了排空管的阀门外，所有其他的阀门不必关闭。

29.5.7 取样和检测

加压溶气气浮系统（DAF）的取样和检测至少应包括以下内容：

（1）进水总悬浮固体（TSS）、总固体（TS）和流量；

（2）出水总悬浮固体（TSS）、总固体（TS）和流量；

（3）浮渣层（刮除的浓缩污泥）的含固率和产生量；

（4）底部污泥层的高度，无论是通过“快速测量法”还是污泥探测棒法测得的。取样点应位于污泥被刮入浮渣斗附近靠近池子边缘处；

（5）如可能，测定聚合物的总固体量或进行混凝剂质量保证试验；

（6）不定期测定饱和溶气水中的溶解空气量，以评估运行过程中的气固比参数。测定方法见相关文献报道（Bratby和Marais, 1975, 1977）。

29.5.8 故障排除

表29–5列出了气浮浓缩池最常见的故障原因和解决措施（美国国家环保局，1978）。

气浮浓缩运行故障排除　　表29–5

显示/观察到的现象	问题原因	检查或检测	解决措施
污泥浮渣层过薄	撇渣器运行速度过快	目视检查	按要求进行调整
	气浮池负荷过载	检查污泥上升速度	停止进泥，清洗气浮池（利用辅助循环水系统）
	聚合物用量过低	检查和校正聚合物进料泵	按要求进行调整
	气固比过大	检查浮渣的泡沫化程度	降低增压溶气系统中的空气流量
	溶气量低	参见“溶气量低”	
容气量低	循环泵关闭、堵塞或出现故障	检查循环泵的运行状况	按要求进行清理
	射流器堵塞	目视检查	清理射流器
	供气系统出现故障	检查空压机、管线和控制面板	按要求进行维修
出水固体含量过高	气浮池负荷过载	检查污泥上升速度	停止进泥，清洗气浮池（利用辅助循环水系统）
	聚合物用量过低	检查和校正聚合物进料泵	按要求进行调整
	撇渣器停车或运行速度过低	检查撇渣器的运行状况	调整撇渣器运行速度
	气固比过低	形成的浮渣是否分散、质量变差，是否形成污泥沉淀	提高增压溶气系统中的空气流量
	底部污泥发生腐化		定期清理底部沉淀污泥

续表

显示/观察到的现象	问题原因	检查或检测	解决措施
撇渣器刮刀脱离气浮池边缘	撇渣器位置调整不当	目视检查	按要求进行调整
	导轨的固定位置过高	目视检查	按要求进行调整
撇渣器刮刀卡在池子边缘	撇渣器位置调整不当	目视检查	按要求进行调整
溶气罐中液面过高	供气压力过低	检查空压机和空气管线	按要求进行维修
	液面控制系统运行异常	检查液面控制系统	按要求进行维修
	供气量不足	检查空压机和空气管线	按要求进行维修
溶气罐中液面过高	循环泵运行异常或堵塞	检查循环泵的运行状况	按要求进行检查或清理
	液面控制系统运行异常	检查液面控制系统	按要求进行维修
循环泵流量过低	溶气罐内压力过高	检查背压	调整背压阀
污泥上升速度过低	气浮池负荷过载	检查污泥上升速度	停止进泥，清洗气浮池（利用辅助循环水系统）
	溶气量低	参见溶气量低	
	聚合物用量过低	检查和校正聚合物进料泵	按要求进行调整

29.5.9 定期检修

制定有效的定期检修规程可以降低设备发生故障和损坏的可能性，日常维护项目主要包括以下几方面：

（1）检查驱动装置（电机）是否过热、噪声和振动是否过大；

（2）检查是否发生堰螺栓松动等异常状况。

每周维护项目主要包括：

（1）检查油位并确保加油孔是打开的；

（2）检查排水、排泥管道是否畅通，排空积水或泥水混合物；

（3）检查驱动装置控制及限位开关；

（4）目视检查撇渣器是否与浮渣挡板和浮渣斗接触良好。

每月维护项目主要包括：

（1）检查撇渣刮渣器是否受磨损；

（2）调整驱动器的传动链或皮带。

每半年检查设备主要元件是否磨损、腐蚀，适当调整相关设备元件，主要包括：

（1）驱动装置（电机）和齿轮减速器；

（2）链条、皮带和链轮齿；

（3）导轨；

（4）一旦气浮浓缩性能变差，应及时检查过饱和系统的喷射器（如有应用）或喷嘴是否磨损或清洁，或每半年定期检查；

（5）聚合物（絮凝剂）加料系统；

（6）机械设备系统，包括轴承和轴孔、轴承支架、偏转器、栅栏和撇渣器、污泥抽吸管线、污泥井和污泥泵等。

29.5.10 安全防护措施

以下安全防护措施适用于加压溶气气浮系统（DAF）的相关设备：

（1）遵从第5章中的安全防护一般准则，包括切勿进入含有硫化氢、甲烷等有毒有害气体的密闭空间。

（2）在没有扶栏的地方进行作业时，必须保证有2人以上在场。

（3）保持人行道和工作区域清洁，清除油污、树叶和积雪。

（4）在现场要保留防护装置，除非机器和电器设备都遵循安全上锁/挂牌程序。上锁是防止设备运行和危害工人安全的一种方法。1991年的美国联邦规范（CFR）29篇第1910.147条款涵盖了在对机器设备进行维修和维护过程中，突然通电、机器或设备的启动、储存的能量的释放等都有可能造成工作人员受伤。挂牌是指在安全条件下安装能量分离装置并在其上张贴警告标语。通常情况下是由工人来张贴标语并注明日期。当机器设备需要重新启动时，标牌和锁定装置也由同一人来移除或拆卸。

（5）保持溶气罐内的压力在其工作压力范围内。

（6）确保溶气释放阀正常工作，定期检查是否受腐蚀。

29.6 重力带式浓缩

29.6.1 过程简介

重力带式浓缩机（见图29-9）的工作原理是在重力作用下，将经调质后的污泥中的自由水通过多孔带滤除。重力带式浓缩机的滤带通常是水平的，在某些情况下也有可能是倾斜的。污泥在进行重力带式浓缩之前通常要进行化学调质，以对污泥进行絮凝并去除其中的自由水。化学调质可以通过射流泵注入化学药剂并进行搅拌混合而进行。污泥在注入化学药剂后进入停留池，粘度降低，进行充分的絮凝，然后在重力作用下溢流至重力带式浓缩机的传送带上。在传送带传输污泥的过程中，污泥耙齿会清除移动带上的部分污泥，以保持良好的过滤性能，同时轻翻污泥，以使污泥中更多的自由水得以过滤。大多数的重力带式浓缩机在污泥排放口之前都安有各种样式的挡板或可调节的斜坡，这就迫使污泥要么翻越斜坡，要么穿越挡板。在某些情况下，由于受到剪切力的作用，部分污泥会发生回卷现象。这种剪切力作用进一步促使获得性能更佳的浓缩污泥。浓缩污泥通过挡板或斜坡后从重力带式浓缩机上排放，残余固体通过刮泥机刮除。然后用高压水喷淋系统对传送带进行清洗。重力带式浓缩机的过滤水和传送带清洗水统一收集后再进行进一步处理或返回至污水处理厂最前端。在某些情况下，清洗水可进行循环使用，以提高固体捕获率。影响重力带式浓缩机处理能力的影响因素众多，主要包括污泥类型、污泥浓度、添加的聚合物种类和用量，此外还包括重力带式浓缩机的传送带类型、运行速度，以及浓缩机的长度和宽度。

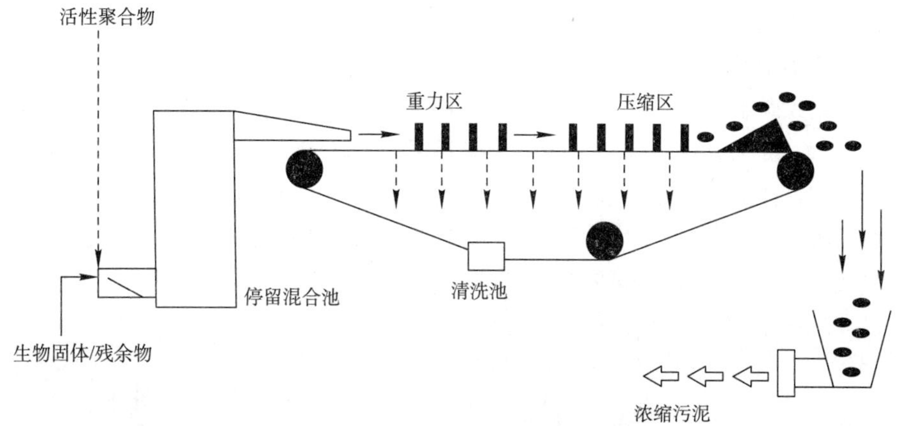

图29-9　重力带式浓缩机处理流程图

29.6.2 设备简介

以下是关于典型的重力带式浓缩系统的简单描述。

1. 聚合物投加系统

聚合物通常是通过多口的配注环注入投加的。当污泥通过管线内的混合装置时，与聚合物发生混合。在某些情况下，聚合物和污泥可能在停留池进行机械混合，但这样需要消耗更多的聚合物。

2. 絮凝池

污泥进入絮凝池后，搅拌/混合速度下降，使其在溢流至重力带式浓缩机的传送带之前能进行充分絮凝。絮凝池设计的关键是要防止池内出现短流。

3. 传送带和支撑物

传送带通常是聚酯纤维材料。当被浓缩污泥的pH值较高或有其他特殊要求时，则需要由特殊的材料制作。传送带底部由一系列网格带支撑，这些网格带同时起到对传送带底部进行刮渣的作用，这种作用强化了传送带的过滤能力。

4. 传送带张紧系统

与带式压滤机不同，带式浓缩机的脱水性能并不取决于传送带的张紧程度。为防止传送带从驱动轴上脱落，当传送带过于宽松时，需要将其张紧。另外，带式浓缩机移动带的张紧程度也不取决于污泥类型和污泥负荷。因此，相对于带式压滤机而言，重力带式浓缩机传送带的张紧程度要低得多。通常情况下，每英寸（2.54cm）宽度上只需要20磅（9.07kg）的张力（拉力）就足够了。所有的传送带上的张力都是两个驱动轴相对运动的结果。驱动轴的相对位移可以通过液压、气动或机械操作方法得以实现。一旦传送带被张紧，则无需松动，直至被更换。

5. 传送带驱动装置

所有的重力带式浓缩机都安有变速驱动装置（见图29-10），其运行速度一般在8~40m/min范围之内。传送带的运行速度可以通过控制面板进行机械或电动调节。通常情况下，传送带驱动装置是和橡胶驱动轴相连的。

6. 传送带调偏控制系统

在带式浓缩机的操作过程中，传送带应该保持在正中位置，不应偏离驱动轴。即使传送带不会偏离驱动轴，在带式浓缩机系统中还是会安装某些调偏装置，最常见的类型为液压缸、气缸和气动波纹管。其他不太常用的类型主要包括在机械装置或驱动轴上设置引导装置，比如在驱动轴轴承箱上或可进行重新配置的驱动轴上设置定位螺栓，以对传送带进行调偏控制。带式浓缩机传送带在很大程度上是和运输带类似的，几乎所有的调偏控制系统都是源于传送带或造纸业。

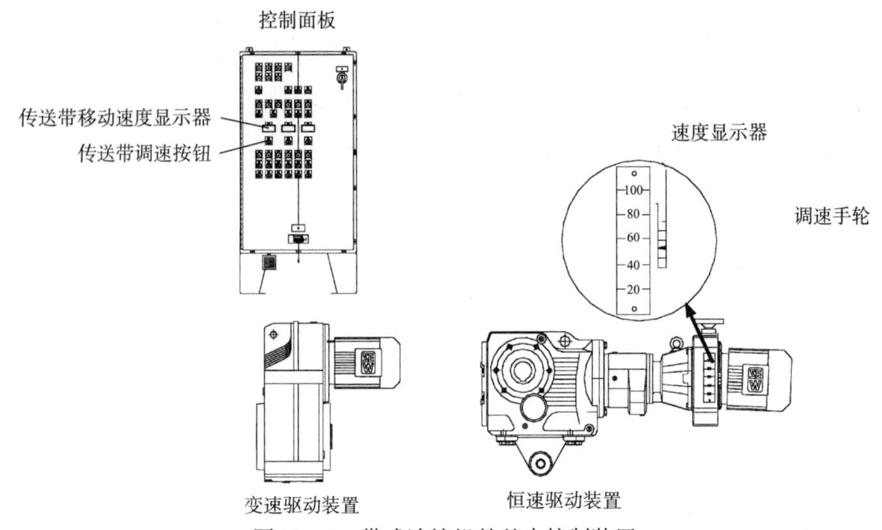

图29-10　带式浓缩机的基本控制装置

7. 减速弯

带式浓缩机上的减速弯（或称犁刨机）如图29-11所示，可为带式浓缩机提供多种功能。当污泥刚进入重力带式浓缩机时，污泥相对分散，含固率很低。减速弯为传送带清除了障碍物，提高其滤水性能。随着污泥的浓缩，犁刨机开始对每一排的污泥进行翻转。这种翻转作用使得更多的自由水得以过滤，并有利于消除重力平台上的积水。有些犁刨机也会造成部分浓缩固体在重力平台上回卷，形成剪切作用。这种剪切作用和重力浓缩机上的斜坡所造成的剪切力是相同的，都能提高系统浓缩性能。

8. 可调节的斜坡

大多数高性能的重力浓缩机在其末端平台上都安有各种不同类型的斜坡，其作用是使污泥翻越或穿过末端平台。设置斜坡坡道的目的是促使污泥固体沉积在重力浓缩机工作台上，延长污泥固体在传送带上的停留时间，提高滤水性能。另外，斜坡还有可能会造成浓缩污泥回卷，提高系统工作效率。

9. 刮刀

当系统运行正常时，大多数的浓缩污泥都能从浓缩机工作平台尾端掉落，但是也会有一小部分黏在脱水滤带上。刮刀的作用就是从传送带上将这些粘附的污泥固体轻轻刮

图29-11 减速弯位置图

除，刮除粘附污泥后的传送带再用高压水进行冲洗。

10. 滤带清洗系统

大多数的重力带式浓缩机都带有高压冲洗系统。一般是每米宽度的传送带需要585~620kPa的高压水110m^3/d（20gpm）冲洗。虽然冲洗水要求相对干净，但有些情况下也可以使用污水处理厂出水甚至重力带式浓缩过程中产生的滤液。如果使用滤液，那么应使用滤网滤除其中的固体物质，以防堵塞高压水管喷嘴。一般是清洗和污泥接触的一面，但也可以清洗不和污泥接触的一面。在某些情况下，也可两面同时进行清洗，此外，还可以借助肥皂液或其他清洁剂进行冲洗。经过适当的冲洗以后，传送带可以持续运行3000~4000h。

图29-12 浓缩污泥排放斜坡坡道

11. 污泥泵

对于任何污泥脱水装置来说，污泥泵都是至关重要的，重力带式浓缩机也不例外。污泥絮凝性能主要取决于污泥上方的水头压力以及污泥和聚合物之间的搅拌混合强度。因此，为了克服混合过程中的压力损失，选取足够扬程的泵非常重要。污泥泵在进水过程中应避免脉冲流，以消除对泵的冲击。尽管目前可以在污泥泵中设置机械式变速驱动装置来消除脉冲流，但是更常用的方法是通过带式浓缩机上的控制面板来控制变速驱动装置，从而进行调速。另外控制面板上还应显示泵的流量。

另外，浓缩后的污泥可泵至或运至下一个处理单元。浓缩污泥泵的速度应根据污泥斗中的污泥量进行控制，而不应固定在一个速度上。

12. 控制系统

重力带式浓缩机的典型控制系统包括自动和手动控制系统，这取决于污水处理厂的自动化水平。但无论采用哪种控制系统，都至少应包括以下内容：

（1）传送带驱动器的启/闭；

（2）冲洗水泵的启/闭；

（3）进泥泵的启/闭；

（4）浓缩污泥泵的启/闭；

（5）液压动力单元的启/闭（或空压机的启/闭）；

（6）聚合物投加系统的启/闭。

或者，可按照以下建议进行配备：

（1）传送带调速器；

（2）污泥泵调速器；

（3）聚合物流量泵调速器；

（4）浓缩污泥泵调速器；

（5）紧急停车按钮或拉绳。

此外，出现以下情况时还应进行报警：

（1）传送带偏差；

（2）传送带损坏；

（3）冲洗水压力过低；

（4）液压或气压过低；

（5）操作平台上污泥界面过高；

（6）浓缩污泥界面过高；

（7）浓缩污泥界面过低。

29.6.3 过程控制

重力带式浓缩过程受诸多参数的影响，以下列出了其中的大部分参数及各参数之间的关系。

1. 进泥

污泥的进泥流量取决于设计固体负荷、单位时间内单位长度带宽的固体量（kg/(h · m)）以及进泥中的固体浓度。污泥进泥的性质主要取决于被浓缩污泥的无机成分（灰分），生物固体含量和其他化学成分。以下是不同类型的城市污水污泥的适用固体负荷限值（kg/(h · m)）。

（1）100%的生初沉污泥：907~1361kg/(h · m)；

（2）50%初沉污泥和50%剩余活性污泥的混合污泥：680~907kg/(h · m)；

（3）厌氧消化污泥混合污泥（含50%初沉污泥）：590~794kg/(h · m)；

（4）厌氧消化污泥混合污泥（含50%初沉污泥和50%剩余活性污泥）：590~794kg/(h · m)；

（5）好氧消化后的剩余活性污泥：500~680kg/(h · m)；

（6）100%的剩余活性污泥：300~544kg/(h · m)。

2. 聚合物

为达到最佳浓缩性能，选用何种聚合物至关重要。无论选用哪种聚合物，污水处理厂工作人员都应验证所选的聚合物是否适用于指定的污泥絮凝系统。混合性能差、活性过低或者存放时间过长都会造成聚合物的过量使用。污泥调质过程中所需要的最终聚合物的投加量范围如下所示：

（1）聚合物干投量为0.05%~0.2%（质量百分数）；

（2）聚合物的乳浊液或分散液为0.1%~0.5%（体积百分数）；

（3）改性聚合物为1%~3%（体积百分数）。

需要注意的是，假如所配备的聚合物分散液的浓度比建议值要高好多，那么絮凝浓缩的成本可能会提高，因为聚合物在浓度较高的情况下不利于在污泥中有效分散。另外，投加过量的聚合物也会使污泥浓缩性能恶化。

3. 聚合物用量

对于某一给定的污泥，聚合物的用量主要取决于污泥含固率（如进泥含固率较低时，所需的化学药剂量相应增加）。换言之，相对于沉降性能好的污泥，沉降性能差的污泥需要更多的聚合物。注入污泥中的用于污泥浓缩的聚合物的用量应尽量少，投加过量的聚合物是一种浪费，它会随滤液被排走，这是不经济的，同时也会影响处理效率。

聚合物种类和最佳用量的选择与确定是通过烧杯实验和实验室模拟进行的，随后要在重力带式浓缩机上进行验证。

利用各种仪器和控制系统，能通过各种方法对聚合物的投加量进行自动控制。与各种不同控制方案相关的信息可以从设备制造商和工艺设备厂家那里获得。

4. 混合强度

混合强度是指使聚合物和污泥中的悬浮固体发生瞬间混合所需要的能量。最佳混合强度通常是在现场通过调节孔流混合器内的喉宽来测定的。例如，要增加混合强度就需要通过增加可调节平衡锤来减小喉宽，拧开停车阀杆上的可调螺栓，使得重臂向下移动。混合强度过大或过小都不能形成最佳的絮体，并可能影响后续浓缩效果。

5. 停留时间

此处所说的停留时间是指聚合物和污泥中生物固体/残余物悬浮液发生聚合反应所需要的时间。在大多数以浓缩为目的应用中，停留时间一般为15~20s，以保证充分絮凝。停留时间太短的话所形成的絮体非常小，停留时间过长会形成大的块状絮体，因此停留时间太长或太短均不利于浓缩。理想的浓缩过程是形成大块的、大小均匀的絮体。

6. 传送带速度

工作人员既可以使传送带速度加快，也可以使其速度减慢。传送带速度越慢，则污泥在重力带式浓缩机上的停留时间越长，污泥就会有更多的时间来排除自由水，可获得含水率越低的浓缩污泥。相反，传送带速度越快，则单位时间内通过的污泥量就会增加（污泥进料速度增加）。操作过程中，应通过逐渐调整传送带速度，使得到的浓缩污泥的含水率和污泥负荷之间达到一个较为平衡的关系。一般来讲，传送速度控制在8~40m/min之间比较合适。对大多数重力带式浓缩机而言，主要有两种不同的传送带驱动装置：由变频驱动器（VFD）控制的变速电机和由机械变速驱动器控制的恒速电机。通常，由变频驱动器（VFD）控制的驱动装置可以通过传送带速度电位器或控制面板进行控制。对传送带驱动器而言，显示的是占最大转速的百分比（0~100%），而对机械变速驱动器控制的驱动装置而言，可以通过调整控制手轮来改变传送带速度。

7. 传送带张紧程度

通过调节液压单元的压力阀，单位长度传送带的初始张力应设置在3.57kg/cm左右。由于不同污水处理厂的污泥性质存在差异，故最佳的张力应在重力浓缩池开始运行时决定。为了防止传送带从驱动轴上脱落，应保证传送带上有足够的张力。另外，张力还有助于保证传送带平整，但张力过大则会降低传送带使用寿命。

8. 传送带类型

传送带滤孔孔径和制作材料决定其对污泥的浓缩性能。厂家最初提供的传送带应该是根据类似工艺的工程经验进行选择出来的。

9. 倾角

在重力带式浓缩机操作平台的尾端一般都会设置一个可调节的斜坡以提高脱水性能。通过尾端横向斜坡的拦截作用，迫使污泥推向斜坡，造成旋转和翻滚，这种作用强化了固液分离的效果。对于干燥污泥而言，斜坡的倾角应尽量提高。当对污泥进一步脱水的要求不高时，也可以将斜坡从传送带上撤除，使污泥自然排放。

10. 浓缩系统之前的影响因素

在重力带式污泥浓缩机之前还有其他几个影响浓缩性能的参数。以下介绍的有关内容是为了说明其中有些因素可能影响重力带式浓缩机的整体性能。

11. 污泥泵的选择

在污泥浓缩过程中，一般推荐使用容积式泵（正位移泵）。工程应用中首推螺杆泵、叶轮泵和齿轮泵。这些泵的优点在于能使污泥在管线中流动以保证悬浮固体能和聚合物混合均匀，另外可保证孔流混合器的压降维持在一个定值。其他常用的泵型主要为自吸式离心泵，但是这种泵型在使用过程中需要注意管线内聚合物混合器的压降。

12. 污泥特性

此处所描述的污泥特性主要是指在浓缩过程中污泥的特性。

（1）污泥浓度

污泥浓度直接影响污泥调质方法的选择。污泥含固率越高，则调质要求就相应降低。被浓缩污泥性质的相对稳定对于维持和控制重力带式浓缩机的良好运行是至关重要的。如加入污泥的含固率提高30%（如从2%提高至2.6%），以下参数之一就必须进行调整，以保证重力带式浓缩机的正常运行：

1）聚合物用量；

2）传送带速度；

3）污泥流量（以维持恒定的固体负荷）。

（2）生物污泥成分

对于生物污泥而言，一般对阳离子聚合物的要求较高。当对剩余活性污泥进行浓缩时，有一点必须注意，即当生物处理过程中遇到平均污泥龄较短、低溶解氧、低温等问题时会使得污泥比阻上升，此时需要提高污泥负荷，以避免好氧池中发生丝状菌污泥膨胀、导致重力带式浓缩机浓缩性能变差的现象。一旦发生丝状菌污泥膨胀现象，聚合物的用量就会增加，并会使浓缩过程中的污泥负荷和浓缩污泥的含固率降低，因为此时大量的水留在细菌细胞内。另外，污泥中有大量溶解性固体时，聚合物的用量也会相应增加。

（3）无机成分（灰分）

污泥中灰分含量越高，形成的泥饼的含固率也越高。生物固体中的灰分一般为15%~35%，消化污泥中的灰分含量可高达30%~50%。采用石灰稳定的生物污泥或化学污泥的灰分含量一般较高。在这些情况下，为使污泥浓缩性能更佳，调质过程一般采用阴离子或非离子调质剂。

（4）污泥贮存时间

在污泥进行调质之前，如果延长生污泥（包括初沉污泥和剩余活性污泥）的贮存时间则会提高调质要求。适当曝气可以提高污泥的浓缩性能。

13. 清洗水的性质

为防止重力带式浓缩机的性能恶化，用于清洗传送带的冲洗水需满足以下要求：

（1）TSS ≤ 50mg/L；

（2）总溶解性固体（TDS）浓度≤ 50mg/L；

（3）pH值在6~8之间；

（4）水温介于10~50℃；

（5）水压应≥ 586kPa。

如果TSS偶尔达到200mg/L，在保证高压冲洗管喷嘴处经常用钢丝刷清理（通过不断开/关手动阀的方式实现）的情况下，清洗系统也能正常运行。如果冲洗水水压不能满足要求，就不能有效冲洗掉过滤过程中牢牢粘附在传送带上的污泥固体，造成传送带在一段时间内不能正常运行。

29.6.4 启动

在确保所有的安全防护装置和保护盖到位，并确保上锁/警告程序解除的前提下，方可启动浓缩机。每台机器都有各自不同的启动方式，但无论采取哪种启动方式都应遵循以下启动操作程序：

（1）确保传送带上的残渣清除干净，并保证犁刨、斜坡和刮刀在传送带上安装合适。

（2）启动液压（或空压）装置，确保传送带的张力合适。

（3）启动传送带驱动装置，将初始传送速度设置为20m/min左右。

（4）启动高压清洗泵对传送带进行预湿。

（5）启动聚合物添加泵，确保聚合物新液能到达聚合物注入点。

（6）开启污泥供给泵。

（7）当污泥得以浓缩后，开启浓缩污泥泵（或浓缩污泥传送带）。

（8）系统运行后，通过调整污泥流量、聚合物投加量、混合强度、传动带速度等参数来对浓缩过程进行反复调试，直至达到最佳运行参数。在调试过程中，在某一时间内只调整一项参数，并且在调整另一项参数之前要留有足够的时间，以确保上一项已调好的参数稳定、有效。

29.6.5 停车

污泥重力带式浓缩机停车过程中的操作程序如下：

（1）关闭污泥供给泵。

（2）关闭聚合物供给泵。

（3）当浓缩污泥排尽后，关闭浓缩污泥泵（或浓缩污泥传送带）。

（4）排尽重力带式浓缩系统中的聚合物储料罐。

（5）对重力带式浓缩机进行彻底清洗。

（6）对传送带上的污泥和聚合物进行彻底清洗（这个过程可能需要15~45min）。

（7）关闭冲洗水泵。

（8）关闭传送带驱动装置。

（9）关闭液压（空压）装置。

29.6.6 取样和检测

对于重力带式浓缩过程，其取样和分析至少应包括以下几个步骤：

（1）检测进泥的各项指标，如总固体浓度（TS）、总悬浮颗粒浓度（TSS）、总挥发性固体浓度（TVS）、pH和流量。

（2）检测清洗水的TSS和流量。

（3）检测浓缩污泥的TSS和流量。

（4）检测沥滤液的TSS和流量。

（5）检测所投加的聚合物的流量和浓度。

（6）检测任何用于稀释聚合物的溶液。

对于检测样品，在对其进行检测之前应该将其密封于密封容器内，应按照《水和废水标准检测方法》（美国公共卫生协会，2005年）进行检测。表29-6是追踪重力带式浓缩机性能的检测指标记录表。

重力带式浓缩机运行过程中检测指标记录表　　表29-6

操作年月：____年____月

进泥数据					聚合物数据		浓缩污泥数据		移动带清洗数据		
日期	传送带或转鼓速度（转/分）	进泥速率（m^3/s）	进泥含固率（TSS%）	固体通量[a]（kg/s）	聚合物投加流量（m^3/s）	聚合物投加量[b]（g/kg）	稀释水流量（m^3/s）	总固体含量（TS%）	冲洗水流量（m^3/s）	沥滤液总悬浮固体含量（TSS%）	固体回收率[c]（%）
1											
2											
3											
4											
.											
.											
.											
30											
31											
总量											
平均值											
最大值											
最小值											

注：[a]固体通量＝进泥速率×进泥含固率×1000；
[b]聚合物投加量＝聚合物投加流量×聚合物浓度×1000/固体通量；
[c]固体回收率＝100–浓缩污泥含量×进泥中返回水相中的污泥含量/进泥污泥含量×浓缩污泥中返回水相中的污泥含量。

29.6.7 故障排除

每一个重力浓缩处理工艺都有一整套完整的系统，该系统中的每一部分相互之间都有一定的联系。当对重力浓缩系统进行维修和维护时，掌握尽量多的参数是至关重要的。在故障解决过程中，首先应从系统整体性能出发，然后再解决整个过程中的某个具体环节（见表29-7~表29-12）。

重力带式浓缩机运行问题解决指南　　表29-7

存在问题	问题出现的可能原因	解决措施
污泥絮凝性能差	聚合物流动性能差	检查聚合物投加系统是否开启
		检查聚合物是否能从混合器软管流出
	聚合物用量不足	增加聚合物用量
	聚合物种类不合适	与厂家或客服代表联系
	聚合物过期或丧失活性	配备新的聚合物
	搅拌强度不足	提高搅拌强度，延长管道内混合时间

续表

存在问题	问题出现的可能原因	解决措施
脱水性能差	传送带滤水性能下降	清洗传送带
	絮凝性能下降	增加聚合物用量
	聚合物种类不合适	与厂家或客服代表联系
	污泥负荷过高	降低污泥负荷
污泥捕获率差/过滤液混浊	密封圈损坏	更换密封圈
	聚合物用量不足	增加聚合物用量
浓缩污泥含固率下降	聚合物用量不足	增加聚合物用量
	聚合物用量过量	减少聚合物用量
	聚合物种类不合适	与厂家或客服代表联系
	污泥负荷过高	降低污泥负荷
	传送带速度过快	降低传送带速度
	尾端斜坡过低	加大尾端斜坡角度
污泥粘附于移动带	聚合物用量过高	降低聚合物用量
	混合不足	提高混合强度
操作台上污泥堆积	系统有干扰	清理操作台，优化工艺

重力带式浓缩机主要运行问题解决指南　　表29-8

存在的问题	可能的原因	解决措施
浓缩机不能正常运行	污泥泵不能正常运行	检查污泥泵
	聚合物系统不能正常运行	检查聚合物投加系统
	传送带不能正常运行	解决方法见表29-10
	液压系统不能正常运行	解决方法见表29-9
	水泵不能正常运行	解决方法见表29-11
刮刀不能有效对传送带进行刮泥作业	刮刀未调整好或需进行更换	调整或更换刮刀
	刮刀边缘被纤维状材料（如毛发）纠缠	拆开刮刀并对其进行清理
刮刀损耗速度过快	刮刀过于张紧	减小刮刀张紧力；优化工艺以释放传送带张力
	传送带速度过快	减小传送带速度
滚轴不能正常运转	轴承损坏	更换滚轴
轴承漏油严重	轴承密封圈损坏	更换密封圈
滚轴处运行急促	齿轮传动链损坏	检查传动链减速器，必要情况下进行更换

液压系统运行问题解决指南　　表29-9

存在的问题	可能的原因	解决措施
当按下控制按钮时，液压系统不能启动	控制面板电闸未合上或松动	合上电闸
	电机过载保安器松动	按下电机过载保安器重启按钮
传送带运行不稳定，需要不断进行调偏	驱动轴、阀门未调整好，阀门灵敏度不足或移动带损坏	核查液压系统并进行调整

续表

存在的问题	可能的原因	解决措施
液压系统压力不足	电机转动方向不正确	调整电机转动方向，若不能有效调整则需在电机启动器上安装合格的电子校正器
	压力调节器未调整好	正确调整压力调节器
	压力调整器被外物堵塞，导致液体通过旁路回流至储液器	拆开并清理阀门，检查内部是否受损或有碎片，如有碎片，将储液器排空并进行清理，按要求重新加入润滑油
	传送带调偏阀门的液体通过旁路回流至液压系统储液器	清理传送带调偏阀门中的异物，清理后若不能提高系统性能请与有资质的维修中心或厂家联系
	液压泵损坏或损毁	与有资质的维修中心联系维修液压泵，如需更换液压泵或其零部件，则需与厂家联系
当进行污泥浓缩时，传送带变松弛	压力圆筒旁路内部漏油	维修或更换压力圆筒
	气缸漏气	维修气流管线或更换气缸

传送带驱动器运行问题解决指南　　表29-10

存在的问题	可能的原因	解决措施
接通电源后主驱动器不能启动，传送带不能运行	合适的辅助设施运行后传送带驱动器控制面板方能解锁	顺序查看传送带运行和解锁手册；打开辅助设施使其运行
	传送带驱动器分压计（或控制器）设置于零位	按速度要求重置速度控制器
	变频驱动器（VFD）电控器不正常引发系统过载或保险丝熔断	不断重置系统负荷，同时检查保险丝是否熔断，如有必要需要更改负荷参数或更换保险丝；检查传送带上的是否有干污泥或其他影响驱动器正常启动的障碍物
	假如上述检查和变频驱动器（VFD）的引入电压都正常，则表明变频驱动器（VFD）损坏	与维修中心联系，对变频驱动器（VFD）进行参数重置或更换；与厂家联系

传送带清洗水系统运行问题解决指南　　表29-11

存在的问题	可能的原因	解决措施
水泵不能正常运行	水泵电机未运转	核查水泵开关是否打开；核查是否接通电源；电机烧坏或需要进行维修
水泵扬程降低	旁路阀门因受压而打开	将冲洗水水箱手动轮阀门关闭
	水泵叶轮受损	更换叶轮
	抽吸压力过低	校正抽吸压力
	压力继电器故障	重启系统，同时核查压力是否处于340kPa以上
		通过调整旁路开关和重启系统来核查压力继电器是否运行正常
水箱中水压过低	管线堵塞	检查管线，排除异物
	旁路阀门受压打开	关闭冲洗水水箱手动轮阀门
	管口喷嘴未安上或损坏	安装或更换冲洗水管口处喷嘴
水箱中无水	阀门未打开	打开阀门
旁路管线漏水	阀门未关	关闭冲洗水水箱手动阀门
	冲洗水水管密封性能不好	更换密封圈
冲洗水水质变差	冲洗水喷嘴堵塞	清理或更换喷嘴
	水压过低	提高水压
	固体残留物粘附于刮刀上	清理刮刀

移动调偏过程中运行问题解决指南　　表29-12

存在的问题	可能的原因	解决措施
传送带不能自动调偏	污泥分布不均	校核重力区的污泥分布
	滚轴上污泥堵塞	清理滚轴上污泥
	平衡桨不能沿传送带运行	阀门上的弹簧磨损或损坏；更换阀门
		阀门黏住或冻结；对阀门进行维修或更换
		平衡桨不能调节平衡；调整平衡桨
	传送带一面有破损	从重力带式浓缩机上拆除移动带，翻转180度后再重新安装；若传送带一面损坏，可以使用反面继续使用；若存在微小偏差，系统仍可正常工作
	滚轴发生歪曲	将滚轴调正，用100英尺（30.48m）的平面丝带在滚轴两尾端运行，并保证每端受力均匀（12.7mm），若还不能解决，则报告厂商
	液压/气压系统压力过低	提高压力
	泵体堵塞	人工清理，若不能解决则报告厂商

29.6.8 定期检修

对重力带式浓缩机进行定期检修不但能够延长设备的使用寿命，还能通过提高运行性能来降低运行费用，如降低聚合物用量、提高固体通量等。简而言之，根据检修频率，定期检修措施可分解为一些基本的具体检修任务。在大多数情况下，设备制造商都会被另外要求增加一些检修措施或程序。

1．日常维护措施

（1）开启传送带驱动器，对移动带进行清理，对设备清洗5min以上，以去除剩余的污泥和聚合物。

（2）打开旋转手轮，在清洗槽中对喷嘴进行彻底清洗，洗完后再拧紧旋转手轮。

（3）检查液压装置的油位，按要求进行适量添加。

（4）检查空压装置（如有应用的话）油位，按要求进行适量添加。

（5）人工往复拉动压力圆筒，对压力筒内杠杆进行清理或上油，这会在很大程度延长密封圈的使用寿命。

（6）通过往复运动操纵动作筒，对操纵动作筒内平衡杠杆进行清理或上油，这能在很大程度延长密封圈的使用寿命。

（7）检查所有的报警装置并且人工重置启动开关或拉索。

（8）检查机器任何松动或受损部分，如密封圈、传送带等，如有必要更换之。

2．月份维护措施

（1）使用去污剂/漂白剂混合清洗液对传送带进行清洗。去污剂/漂白粉混合清洗液的制备方法为：1杯去污剂、3杯漂白剂和5加仑水进行混合。去污剂可以使用任何用于洗衣的品牌，漂白剂可以是次氯酸钠含量为5.25%的任何普通品牌，水可以使用自来水。在清洗过程中，使用电动增压清洗系统来喷洒混合清洗液，喷洒压力约为7000kPa，最大不能超过10300kPa。

（2）检查传送带连接处的缝合线是否断裂，一旦断裂则需更换。

3. 季度维护措施

（1）清洗（或更换）液压滤网。

（2）检查驱动电机齿轮箱的油位。

（3）对所有轴承添加润滑油。

（4）检查聚合物注入环组合物，有需要时进行清理。

（5）更换传送带缝合线。

4. 年度维修措施

更换驱动装置的机油。

5. 安全防护措施

与污水处理厂的任何其他处理单元一样，通过采取适当的防范措施能够将潜在危害降至最低。对于污泥带式重力浓缩系统而言，主要的危险为：

（1）聚合物溅出后可能会造成地面打滑；

（2）润滑液溅出后可能会造成地面打滑；

（3）污水溅出后可能会造成地面打滑；

（4）有些系统中可能会有酸等化学药剂的接触危害；

（5）过滤液中存在细菌；

（6）与有害气体（如硫化氢）接触的危害；

（7）提升聚合物和传送带时与材料接触的危害；

（8）控制系统、驱动系统存在电击危害。

此外，污泥重力带式浓缩系统存在的特殊的危害为：

尽管对身体进行保护，但拖动脱水传送带时仍存在接触危害。

应该通过合理的健康和安全计划将这些危害的程度降至最低，具体的执行程序可以参照美国1991年制定的联邦规范（CFR）29篇第1910.147条款，也可参照职业安全与健康委员会的有关规定或者其他相关条款。对于污泥重力带式浓缩机而言，关于健康和安全的维护项目应给予足够的重视，这些维护项目诸如：机械防护、紧急停车按钮、紧急提车拉索、气体监测装置等，此外还应有较为详尽的上锁/挂牌程序。

29.7 离心浓缩

29.7.1 工艺简介

卧螺式离心机内部设有螺旋输送机，能够沿着离心机筒壁将污泥输出（如图29–13和图29–14）。卧螺式浓缩机是唯一集污泥浓缩与脱水功能于一体的设备。对离心浓缩而言，其工艺过程都是相同的，不同之处在于其离心程度。离心浓缩的工作原理与污水处理厂处理末端污泥沉淀的工作原理大体是相同。但是对于污泥沉淀而言，其固液分离的驱动力是污泥固体与其周围的液体的密度差。我们知道，地球表面的重力加速度为$9.8m/s^2$，为方便起见，我们定义这一数值为1个“g”。在污泥离心浓缩过程中，离心机筒壁离心力可达2000×g，这表示此时离心机筒壁的加速度是地球引力的2000倍。从严格意义上说，离心机筒壁1kg质量的物体能够产生2000kg的偏心力，从而导致固液分离。在任何污泥重力浓缩过程中，污泥固体沉降的加速度均为1×g，而离心浓缩的加速度是重力浓缩的上千倍，因此固液分离进行地更彻底。当污泥只进行离心浓缩时，其运行速度一般要比离心脱水的运行速度要低。

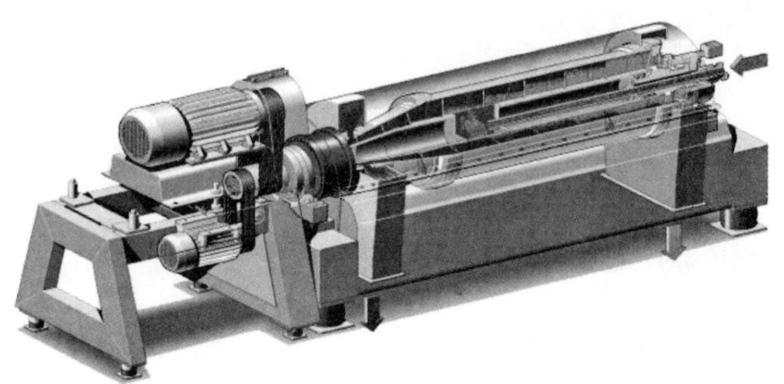

图29-13 离心浓缩机（新泽西州Northvale市，Westfalia分离机公司）

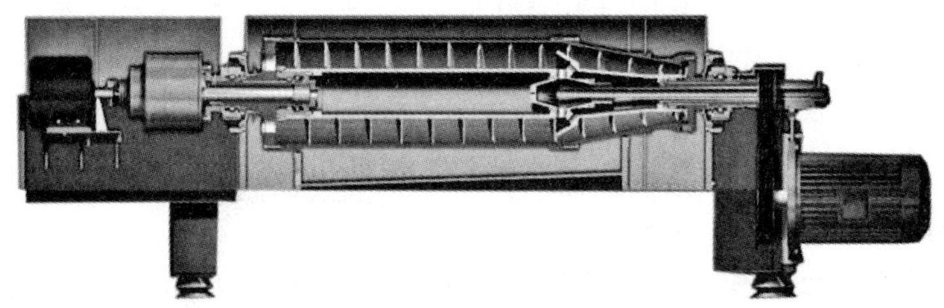

图29-14 典型的离心浓缩机剖面图（弗吉尼亚州，里士满，Alfa Laval公司）

29.7.2 设备简介

在离心浓缩过程中，污泥先通过静止的进料管进入离心机，经离心浓缩后再掉落到与离心浓缩机转速稍有差异（每分钟相差几圈）的传送带的中部。离心浓缩机和传送带之间的转速差异称为“每分钟转速差（ΔRPM）”。污泥进泥沿着上述压实污泥固体上清液池的池子内壁流动，直到到达污泥堰板，如图29-16所示。污泥堰板的液位调节是污泥离心过程中的一个重要控制过程。通过对污泥澄清池堰板的设置可以控制离心浓缩过程中的液位，在机器每次安装和运用时都需进行调整。作为澄清池，堰板必须设置成相同直径，以免造成短流。正是因为澄清池中堰板的作用才确保了流量分布均匀，消除了短流现象，同时控制了离心机内的液位。由于污泥固体是沿着进泥区移至液相排放尾端，解决了污泥固体向离心机筒壁移动的问题。被浓缩的污泥固体随后被螺旋输送机输出，越过污泥挡板，形成污泥堆体。污泥澄清池堰板和污泥挡板之间的半径差称作压差（ΔH）。在大多数离心浓缩过程中，工人需要通过定期移动或更换不同半径的挡板来调整压差。

图29-15显示了这一过程的工作原理。此外，在筒体交界处还会安装一隔板，有时也称为液压升降盘，这曾经是一项专利技术，如今已在大多数的离心浓缩机中运用。

注：压差定义——污泥澄清池堰板和污泥挡板之间的半径差

图29-15　离心浓缩过程中ΔH示意图

如前所述，在污泥重力浓缩过程中，底流泵泥速率决定了沉降的污泥层厚度。增加抽吸速率将会使底流污泥层变薄、浓度降低。这对离心浓缩而言也是一样的，当重力浓缩机排放口的排泥速率增加时，将会降低浓缩污泥的含固率。对于大多数离心浓缩过程而言，浓缩污泥排放速率（底流排泥速率）可用式（29-7）表示：

$$\text{浓缩污泥排放速率} = \Delta RPM + \Delta H \tag{29-7}$$

式中　ΔRPM——离心机和传送带之间的转速差；

ΔH——污泥澄清池堰坝和污泥挡板之间的半径差，亦称作压差。

对于大多数离心浓缩机而言，操作人员需要定期调整堰板以保证离心机和传送带之间的单位时间（min）转速差（ΔRPM）保持在中性范围内（如10~15r/min）。这确保了浓缩污泥排放速率和含固率能够按要求上下调整。所有的污泥离心浓缩过程的污泥排放速率都是通过改变转速差（ΔRPM）、压力差或同时改变两者来调整的。有制造商将离心机性能加以完善，使其在运行过程中就能对堰板进行调整。这为操作人员提供了最大的灵活性以优化离心浓缩性能。

在不投加絮凝剂的条件下，有些离心浓缩机可以对同质污泥进行离心浓缩。因为同质污泥的颗粒物组成都是相同的，它们有相同的密度，而且颗粒物的大小尺寸也差不多。离心机的浓缩过程可以看成是一个固液分离过程。

设有初沉池的污水处理厂中的二级好氧生化池产生的剩余污泥（WAS）是典型的同质污泥。较大的和较沉的颗粒在初沉池中得以去除，使得进入二级好氧池的大多是为密度相近的胶体物。虽然在不投加聚合物的情况下离心浓缩也能对上述污泥达到较好的浓缩效果，但是投加絮凝剂后能使絮体颗粒增大，提高浓离心浓缩性能，从而可以减少离心浓缩机的购买投资和运行费用，而这一般大大超过投加絮凝剂的成本。

如果被浓缩的污泥是初沉污泥和二沉剩余活性污泥组成的混合污泥，那么从定义上来说就不属于同质污泥了。初沉污泥的浓度一般比剩余活性污泥的浓度要高，这就意味着离心浓缩性能会下降，或是通过投加絮凝剂使不同颗粒尺寸的污泥结合成大的絮体来提高浓缩性能。

1. 设计标准

污泥浓缩机有两种设计形式：一种是既能用于脱水也能用于浓缩的脱水离心机，还有一种是不能用于脱水的浓缩离心机。

2. 可用于浓缩的脱水离心机

脱水离心机作为一种能同时进行浓缩和脱水作业的新型污泥处理设备在污泥同时浓缩和脱水过程中发挥了重要作用。多功能脱水离心机的运行费用低，设备构造也无需额外的费用，唯一增加的费用是将浓缩污泥输送至污泥储罐或运输车辆产生的费用（图29-16）。正如可以对污水处理厂产生的大部分污泥进行脱水一样，脱水离心机也可以对大多数污泥进行浓缩。脱水离心机在污泥脱水过程中一般处于扭矩控制运行模式（有时也称负荷控制模式）。扭矩控制模式下进行脱水的好处是形成的脱水污泥的含固率或多或少与扭矩成正比，则通过控制扭矩值可以控制污泥的干燥程度。但遗憾的是，浓缩污泥产生的扭矩值非常小，扭矩控制模式不能对污泥浓缩过程进行有效控制。离心浓缩一般在不同的控制模式下运行。

图29-16 完整的脱水离心机系统

3. 自动控制

有两种方法对浓缩污泥进行自动控制，这两种方法都需要使用仪器来测量浓缩污泥的悬浮固体颗粒（SS）或黏度。一般来说，浓缩的后续步骤（如厌氧消化或生物固体的液态压注）取决于污泥的黏度，因此黏度是浓缩过程中非常重要的参数。图29-17反映了污泥的含固率和黏度之间的关系。当污泥的含固率在4%~5%之间时，黏度和污泥浓度变化之间的关系并不是很明显，这使得在这一浓度范围内浓缩的自动控制过程较为困难。当污泥的含固率达到5%以上时，这一关系曲线斜率变得非常大，这使得浓缩过程变得非常稳定有效。另外，现在也有比较合适的悬浮固体浓度仪来测量悬浮固体浓度。无论采用哪种控制方法，都需要通过仪器输出值来改变ΔH或ΔRPM，以维持离心浓缩机设定值。

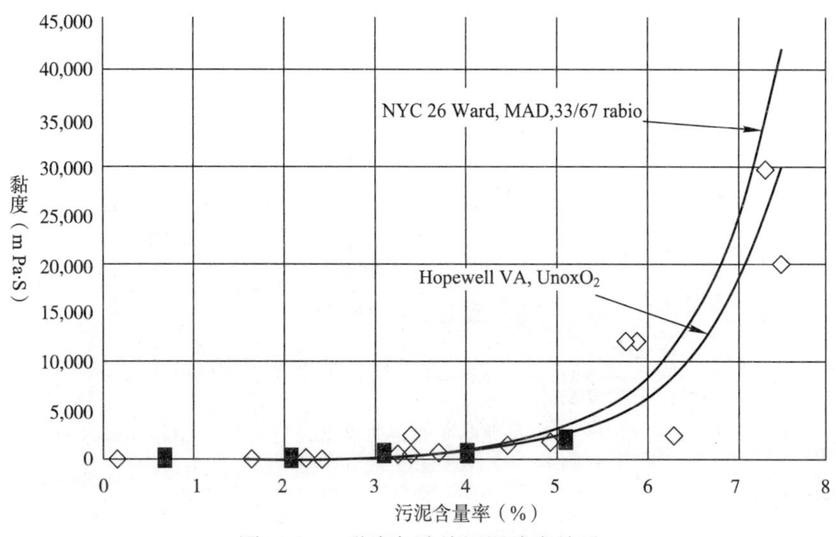

图29-17　黏度与浓缩污泥浓度关系

4. 专门用于浓缩的离心机

离心机的设计是基于成本考虑的。最经济的做法是减少固体排放的直径，从而增加澄清池的池深。最初，这种做法用于污泥的离心浓缩，但现在也通常用于污泥的脱水离心浓缩。降低固体直径可降低离心机的能耗，同时，较大的体积也增加了离心过程的停留时间。这两个过程共同促进了离心浓缩机的高效运行。此外，直径降低了浓缩污泥与传送带之间的阻力，使得反向驱动装置（电动或液压齿轮箱）可以变得更小，降低费用。有一些离心浓缩机内部设有叶片或斜板，可以提高浓缩性能。因为浓缩污泥是柔性的，因此叶片堵塞不是大问题，但是，也存在堵塞的可能性，这限制了离心浓缩机在污泥脱水过程中的应用。出于脱水要求，即使只是用来进行污泥浓缩的离心机设计时也配备较多配件。尽管离心机的选择是基于经济性考虑，但是关于离心机选型的非经济性因素是所选机型的运行和维护既能满足浓缩的要求，也要满足脱水的要求，同时使用的配件要相同，以简化操作程序。

29.7.3 设备简介

与其他离心机类似，固定进料管将进泥输入离心机内，在离心机尾端得到浓缩污泥或输入另一离心浓缩机。螺旋输送机或卷轴将浓缩污泥从离心机内提升至倾斜排放口，并将其从离心浓缩机内排出。在液相流中，离心分离液经澄清池表面流至液坝或污泥挡板。

与离心脱水过程相似，在离心浓缩机中设置多个聚合物投加点对强化离心效果是不错的选择，但是与离心脱水不同之处在于离心浓缩达到最佳性能时的聚合物用量相对要少一些。聚合物投加点应尽可能接近离心浓缩机。有些离心浓缩机（如图29-18所示），在设计过程中设置了一个内部聚合功能区，此处的进料管有一个由外管和内管形成的环形空间。聚合物进入点看上去像似一个“T”形，但是事实上是流向环形空间，在加速至离心机的运行速度后最终达到与污泥混合的效果。此外，还有一种比较经济的做法是将进泥管适度调低，以便在当聚合物泵至离心机时，首先在进泥区与污泥进行混合。

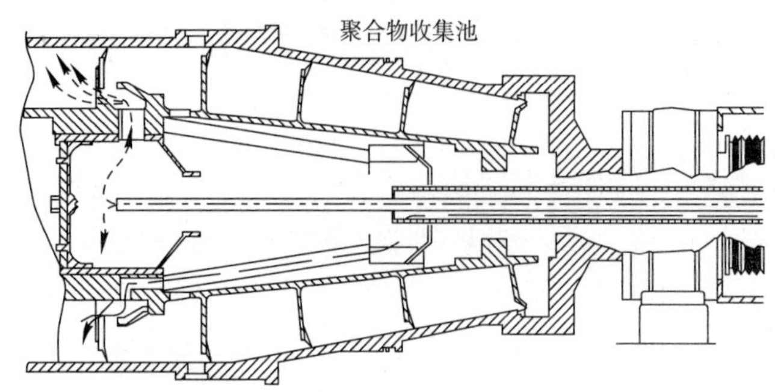

图29-18 聚合物内部投加示意图（弗吉尼亚州，里士满，Alfa Laval公司）

29.7.4 系统性能

由于离心浓缩机的性能受到污泥性质、离心机的设计和操作过程的影响，所以很难真实评价其性能。一般来说，与污泥离心脱水相比，相同的污泥其离心浓缩过程所需的聚合物量相对较少，而且现在已经有大量的设备只需投加少量聚合物，甚至不用投加聚合物也能达到很好的浓缩效果。因为当污泥含固率在4%至25%和30%的范围内时，离心浓缩机的性能所差无几。离心浓缩可以按照操作人员的需要产生不同含水率的污泥，这一点是其他浓缩过程所不能比拟的。

29.7.5 过程控制

1. 进泥特性

在所有污泥浓缩系统中，污泥性质的稳定性直接影响设备的运行性能，离心浓缩机也不例外。常见的问题是进泥中初沉污泥与二沉污泥所占的比例不同或进泥已腐化，关于腐败污泥其浓缩性能较新鲜污泥差的原因较为复杂；将进泥贮存在无控制措施的储罐中是一种无奈之举，会影响后续的浓缩性能。当浓缩性能变差时，可以通过测量储罐内的pH值的下降来反映其原因。

2. 水力负荷

离心浓缩机可以处理的污泥进泥负荷为6~340m^3/h。虽然目前关于污泥进泥的稀薄程度没有内在的下限值，但是黏度非常高的进泥是难以进行离心浓缩的，可能是因为高分子聚合物难以与高黏度的污泥进行充分混合。

此外，还值得一提的是进泥速率的变化会改变越过离心机中澄清池挡板的液相峰值，因此改变水头压力，其结果是进泥速率的微小变化都可能造成污泥离心浓缩性能的急剧恶化。为保持系统性能的稳定，需要维持其进泥速率在稳定值，同时在必要情况下增加或去除离心离线以保证系统的正常运行。如果进泥速率确实一直在变化，那么就有可能需要改变澄清池。

3. 离心机转速

离心浓缩机的转速一般在生产过程中由厂家设定，随后就很少改动。离心浓缩机的转速在几年以前是合适的，但并不表明现在也合适。污水处理厂操作人员应该定期对离心浓缩机转速进行调整和校正，即使检查结果表明转速合理也要告诉操作人员转速其实是个变量。当离心机的转速发生变化时，最好的解决方法是及时与厂商联系。

4. 澄清池深度（堰坝调整）

离心浓缩机澄清池高度变化的响应很小。澄清池堰坝的平均高度变化为1.5mm。对澄清池堰坝进行调整的目的是使离心浓缩机的每分钟转速差（ΔRPM）维持在中性范围，以确保其正常运行。假如每分钟转速差（ΔRPM）变化范围在±5rpm之间，那么澄清池堰坝高度就应有所降低，使每分钟转速差（ΔRPM）提高至9~15rpm范围内。如果进泥速率变化较大也需要对澄清池堰坝进行适当调整。例如，进泥速率增加时，水头压力（ΔH）会相应提高，从而降低浓缩污泥含固率。如果通过调低转速差的措施仍不能解决上述问题，那么就要降低澄清池堰板高度以降低水头压差。现在有一种关于离心浓缩机的设计能使其在运行过程中对其浓缩池堰板高度进行调整。Westfalia分离机公司（奥尔德，德国）已有此项技术的专利产品Vari-pond™。其原理非常简单：三个螺旋驱动器将一个不转动的挡板推向分离液排放口，当挡板被推至离心浓缩机附近时，挡板间距逐渐缩小后限制了分离液的流动，堰板运动受到限制后就促使堰板后面的液面逐渐升高。然而事实上，在调节过程中，每分钟转速变化（ΔRPM）和澄清池堰板高度在某种程度上是可以交互变换的，但是通过调节澄清池堰板高度的措施来维持离心浓缩机的稳定运行效果较快，而通过改变每分钟转速差的措施来调节浓缩机的稳定运行则需要一个较长的过程。

5. 聚合物投加量

在离心浓缩过程中投加适量聚合物能提高污泥固体捕获率，从而减少污泥固体的厂内循环率。很难评价污泥厂内循环发生的费用，一般来说将其定价为工业排污户向污水处理厂排放悬浮固体（SS）所需缴纳的费用。投加适量聚合物能够提高悬浮固体捕获率并提高浓缩污泥的含固率。此外，为了维持浓缩污泥含固率相对稳定，还需同时提高每分钟转速差或澄清池高度。经验丰富的操作人员能够在改变聚合物投加量的同时改变转速差或澄清池高度，但是经验相对不足的工人可能就需要反复对参数进行调整和平衡。因此，很难通过对聚合物投加量的自动控制来对产生的浓缩污泥的含固率进行自动控制。

29.7.6 启动

离心浓缩机的启动程序与脱水离心机的启动操作程序大同小异。大多数的现代离心机都具有一键启动功能。手动系统虽然启动时间可能耗费几分钟，但操作程序也并不繁琐。当离心浓缩机的运行速度达到预设值时，控制系统会打开污泥进料泵和聚合物投加泵，此时离心机可进行工作。启动步骤如下：

（1）打开进泥泵和聚合物投加泵，将其运行速度控制在正常值的1/3；

（2）将每分钟转速差和澄清池高度降至最低；

（3）当产生的浓缩污泥含固率达到正常要求时，开始提高每分钟转速差和聚合物投加量。有些污水处理厂，当产生的浓缩污泥的含固率达到一定要求时，离心浓缩机会自动跳转至正常运行状态，而有些污水处理厂则相对较慢。

29.7.7 停车

离心浓缩机的停车程序与脱水离心机的停车操作程序差不多。与启动程序一样，大多数的现代离心机都具有一键停止功能。停车步骤如下：

（1）关闭进泥泵和聚合物投加泵，同时打开冲洗水泵；

（2）当离心浓缩机的进出口两端都显现为清水时，按下离心机停车键；

（3）在某些情况下，离心机在逐渐减速过程时，冲洗水可能会在进泥管中发生回水现象，或集中在套管密封圈内。因此要注意按下停车按钮和发生水涌之间的时间间隔，以便下次可以提前一两分钟按下停车按钮；

（4）当按下停车按钮后，离心浓缩机会自动缓慢停下来，此过程无需人工操作。

29.7.8 取样和测试

取样和测试项目主要包括进泥和浓缩污泥的总固体含量（TS）、总悬浮固体含量（TSS）以及离心分离液的总悬浮固体含量（TSS）和氨氮含量，某些情况下还需测试总磷含量。

29.7.9 故障发现、预防维护措施与安全防护措施

关于离心浓缩机的故障问题发现、预防维护与安全防护措施等问题在实质上与离心脱水机无差异，关于这方面的内容请参阅本手册离心脱水机的相关章节。

29.8 转鼓浓缩

29.8.1 工艺简介

转鼓浓缩机是利用不同规格的转鼓进行污泥浓缩作业的，转鼓所用的鼓筛的材料一般为带孔楔形线、不锈钢丝网或由不锈钢丝网和合成材料混合而成。转鼓外部框架由中心支架或耳轴支撑。转鼓浓缩机的变速驱动装置的运行速度约为5~20rpm。

经调质后的污泥进入转鼓后，产生的自由水（过滤水）由出口排入下部排水暗槽。转鼓内连续运转的螺旋或万向输送机将污泥沿转鼓排放口排出。转鼓内部和外部需要定期用清洗水进行清洗，以清除转鼓筛网上的残留污泥固体。定期清洗措施有利于维护转鼓浓缩机的高效污泥捕获率和脱水性能。

29.8.2 设备简介

转鼓浓缩机的设备构型如图29-19、图29-20和图29-21所示，主要包括以下构件：带有内部螺旋输送机的内部污泥筒、润滑耳轮轴、变速或恒速驱动器、进泥管、过滤液收集和排放槽，此外还有转鼓清洁转刷可供选择。图29-21为冲洗水系统，图29-20为齿轮箱和驱动器装配图。

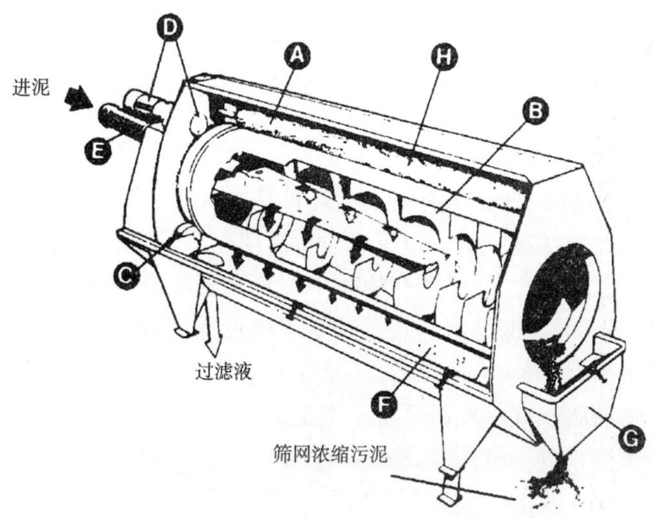

A-筛网转鼓
B-内部螺杆传送器
C-轴轮
D-驱动系统
E-进泥管
F-过滤液收集槽
G-浓缩污泥排放槽
H-转鼓清洗装置

图29-19　转鼓式筛网浓缩器

图29-20　转鼓浓缩器（边上的控制面板已挪走）

图29-21　转鼓浓缩机（边上的控制面板已挪走）

转鼓浓缩机辅助设备主要包括污泥进泥泵（包括浓缩污泥泵、传送机和传送带）以及聚合物混合和供给系统。

29.8.3 启动

对于设备的启动来说，确保机器上所有的安全防护装置和盖子的紧固性并确保上锁装置和警告牌被拆卸或移除是至关重要的。以下是设备短期停车以后的启动步骤：

（1）对转鼓浓缩系统进行检查，确保所有的防护装置和筛网清洗盖都处在正确的位置。从排放口一端目视检查内部筛网是否与设备接触或接近任何配件。检查工具、浓缩污泥以及进水槽筛网上是否有异物。

（2）目视检查链条上油装置，确保润滑系统工作正常。

（3）确保絮凝或混合室开口处于打开状态。

（4）开启喷洗系统。

（5）开启转鼓。

（6）开启聚合物投加泵，在确保新的聚合物准备好的情况下对系统进行稀释。

（7）当往絮凝池中加入聚合物后迅速启动污泥泵，此时污泥泵和聚合物投加泵的流量都设置为正常值的25%，直至其达到稳定状态。

（8）当污泥泵进入絮凝池后立即关闭排出口，开启搅拌机（如有应用，因为绝大多数的絮凝池都没有机械搅拌装置，只有静态搅拌器）。

（9）为达到预期效果，需注意调整聚合物投加泵和污泥进泥泵的流量。逐渐提升流量直至达到预期效果。

（10）在必要的情况下适当调整转鼓转速。

29.8.4 停车

转鼓浓缩系统运行过程中应遵循典型的停车程序。需要注意的很重要的一点是当遇到特殊情况时，系统应紧急停车并清理干净。转鼓浓缩系统停车程序如下：

（1）关闭污泥泵和聚合物投加泵。

（2）采用污水处理厂内的非饮用水对进泥管进行清洗，保持聚合物稀释水连续进水几分钟直至将聚合物冲洗干净。

（3）当筛网上的残留污泥固体被清理干净后关闭冲洗水泵和聚合物稀释水泵。

（4）停止对絮凝池的冲洗并打开排水管。

（5）使用软管从转鼓浓缩机排出口对内部筛网进行清洗，仔细清洗转鼓设备。

（6）当筛网清理干净后，关闭喷洗水系统、转鼓驱动器以及其他动力装置。检查所有的阀门是否关闭，确保污泥和聚合物不从污水处理厂流失。

29.8.5 过程控制

污水处理厂操作人员可以通过污泥进泥速率、聚合物投加速率、澄清池高度和转鼓转速四个参数来对浓缩过程进行优化。以下将逐个讨论这4个参数。

1. 污泥进泥流率

污水处理厂每天产生的污泥量不同，转鼓浓缩机的进泥速率也是每天变化的。操作人员应根据污水处理厂当日产生的污泥流量来对进泥系统运行参数进行设定，以达到预期要求。

2. 聚合物投加速率

聚合物投加速率取决于污泥进泥速率及浓度、挥发性和沉降性能。聚合物投加速率以单位质量的干污泥所需聚合物的量表示，转鼓浓缩过程中所需的聚合物量与进料污泥的挥发性固体含量和污泥体积指数（SVI）值成正比。

3. 澄清池高度

澄清池高度受转鼓倾斜角度的控制，该倾斜角可以调至水平线6° 以上。增加倾斜角度能提高浓缩污泥含固率还能降低转鼓浓缩系统的处理能力。降低倾斜角虽然能提高系统的处理能力，但是形成的浓缩污泥含水率较高。在工程运用中，转鼓所需的合适角度应根据现场的实际情况确定。设备安装时，最佳初始角度范围应为与水平面成2~3°。

4. 转鼓转速

操作人员可以通过改变转鼓转速来提高或降低进泥浓度，以此来获得预期的浓缩污泥。接下来要介绍的“故障排除指南”描述了如何通过转速变化来解决产生的各种操作问题。

29.8.6 取样

转鼓浓缩机的取样和检测至少应包括以下内容：

（1）对进泥进行取样，检测总固体含量（TS）和污泥流量。

（2）对过滤液进行取样，检测总固体含量（TS）及其流量。

（3）对浓缩污泥进行取样，检测总固体含量（TS）和流量。

（4）如果有必要，可以检测聚合物的总固体含量（TS）和其他任何认为有必要进行质量控制的检测项目。同时测其流量和使用量（固体或液体）。

（5）通过检测MLSS来分析SVI。虽然这一检测指标不是和转鼓浓缩机直接关联，但是MLSS的SVI值（沉降性能）却直接影响转鼓浓缩机的浓缩性能。SVI值过高或过低都会影响浓缩性能。

29.8.7 故障排除

表29-13介绍了转鼓浓缩机的故障识别并对可能出现的问题提出解决措施。

转鼓浓缩机故障排除指南　　表29-13

问题	可能的原因	解决措施
混合絮凝池中不能有效形成絮体	聚合物投加量不足	增加聚合投加量或降低污泥通量
	聚合物失效	重新配置聚合物
	使用的聚合物种类不对	通过实验重新选择聚合物
	聚合物和污泥的混合絮凝反应时间不够	适当增加聚合物注入点离污泥泵前的距离
	聚合物投加量偏高	提高污泥通量或减少聚合物投加量

续表

问题	可能的原因	解决措施
混合絮凝池中絮体形成效果好但是排出口发生跑泥现象	转鼓堵塞	打开清洗水阀门
		打开增压泵
		对清洗水和洗刷系统进行清理
	污泥通量过高	降低污泥通量
		提高转鼓转速
过滤液水质较差	污泥絮体不稳定	提高/降低聚合物投加量
		调整聚合物注入点至离混合絮凝池较近的地方或设在混合絮凝池内
	形成的污泥絮体过小	同上
		降低搅拌速度
	转鼓扰动过大	降低污泥固体通量
		降低转鼓速度
污泥从转鼓进泥口溢出	转鼓转速过低	提高转鼓转速
	污泥固体通量过高	降低污泥固体通量
	脱水筛网堵塞	对清洗水系统进行清理
		经常对清洗水系统进行清理

29.8.8 系统性能

典型的系统预期性能参数范围如表29–14所示。表29–15显示了转鼓浓缩机的典型流量范围。美国的转鼓浓缩机运行参数及性能的相关数据如表29–16所示。

在每一个污水处理厂内，无论转鼓浓缩机是否处于运行状态都应有人监控，并能够针对进泥流量波动变化的特点进行连续的参数调整，从而使系统性能处于最佳状态。对24h连续运行的转鼓浓缩系统而言，可能需要5名全职人员对转鼓浓缩机进行监控。表29–16中的所有数据均是针对新的装置设备而言的，由于在浓缩过程中会获得更多的实验数据和操作经验，因此对于调整过程所需要的时间会大为降低。

转鼓浓缩机的典型运行参数范围 表29–14

污泥类型	进泥总固体含量（TS，%）	脱水率（%）	浓缩污泥含固率（%）	污泥回收率（%）
初沉污泥	3.0~6.0	40~75	7~9	93~98
剩余活性污泥	0.5~1.0	70~90	4~9	93~99
混合污泥（初沉污泥+剩余活性污泥）	2.0~4.0	50	5~9	93~98
好氧消化污泥	0.8~2.0	70~80	4~6	90~98
厌氧消化污泥	2.5~5.0	50	5~9	90~98
造纸纤维	4.0~8.0	50~60	9~15	87~99

转鼓浓缩机的典型流量范围　　表29-15

转鼓直径（m）	水力负荷范围[a]（m^3/s）
0.6	5.55~14.27
1.5	28.54~38.05

a假设城市污水污泥的进泥浓度含固率为1%。有一点需要特别注意的是对于某一给定的转鼓浓缩机，进泥浓度、聚合物投加量、转速和澄清池高度都会影响水力负荷。

转鼓浓缩机的相关性能数据（美国）　　表29-16

转鼓直径（m）	进水流率（m^3/s）	进水固体浓度（%）	出水固体浓度（%）	聚合物价格（美元/吨干重）
0.6[a]	平均值=6.66	平均值=1	平均值=6	范围=11~12
	范围为检测	范围=1~2	范围=5.5~6	
1.5[b]	平均值=38.05	平均值=0.9	平均值=5.5	范围=17~18
	范围=20.61~47.56	范围=0.001~1.5	范围=4~9	

a由于污水处理厂运行方式的变化，这种尺寸的转鼓浓缩机已经逐渐停止使用，故上表的信息只是基于一台正常运行的设备。
b该栏信息基于四台正常运行的机器。

29.8.9 定期检修

转鼓浓缩机的检修和维护项目主要包括以下内容：

1. 日常检修维护项目

（1）检查驱动装置是否过热，噪声和振动是否过大；

（2）检查是否发生筛网和侧盖松动等异常状况。

2. 每周检查维护项目

（1）冲洗转鼓；

（2）添加润滑油；

（3）检查冲洗管喷嘴（按要求进行清理）；

（4）检查油位。

3. 每月检修维护项目

（1）检查转刷；

（2）检查减速电机的油位；

（3）检修润滑系统中的润滑油是否耗尽；

（4）检查转鼓筛外壳是否完好；

（5）检查驱动系统是否正常运行。

4. 季度检修维护项目

检查所有的连接点是否完好，同时检查转刷轴承是否完好。

29.8.10 安全防护措施

与任何其他的污泥处理工艺类似，转鼓浓缩处理过程中可能会产生硫化氢等有毒恶臭气体，必须严格遵循通风、检测和其他安全防护措施，这在第5章中已有详细论述。转鼓浓缩机在污泥浓缩过程的操作和维护程序主要包括以下内容：

（1）在设备处于停车状态，为防止意外启动，必须对设备进行润滑和维护。上锁是防止设备运行和危害工人安全的一种方法。1991年制定的美国联邦规范（CFR）29篇第1910.147条款涵盖了在对机器设备进行维修和维护过程中，突然通电、机器或设备的意外启动、储存的能量释放等都有可能造成工作人员受伤。挂牌是指在安全条件下安装能量分离装置并在其上标明警告语。通常情况下是由工人来张贴标语并注明日期。当机器设备需要重新启动时，标牌和锁定装置也由同一人来移除或拆卸。

（2）当污泥和聚合物溢出时会使地面打滑，造成安全隐患，因此溢出的污泥和聚合物应立即清除。在聚合物贮存池周边安装一个提升式粗糙的过道能有效减轻其打滑程度。

（3）在进行污泥浓缩的过程中必须保证通风和空气监测。

（4）当产生的硫化氢恶臭气体浓度较高时，可考虑采用添加高锰酸钾或过氧化氢对进泥进行控制。

（5）除非机器已经处于挂牌/上锁程序或在维修中，否则千万不能将手指、胳膊或脚等伸入转鼓浓缩机内。

（6）千万要注意链轮和转轴外壳链条的铰合点，一旦手指或手掌被铰合点所伤将会对人体造成严重伤害。

（7）在转鼓浓缩机附近不能佩戴首饰，也不能穿宽松肥大的衣服。

（8）除非机器已经处于挂牌/上锁程序或在维修中，否则千万不能将工具、取样器或探针等伸入转鼓浓缩机。

第30章　厌氧消化

30.1 引言

厌氧消化是一个多级生化过程，在这个过程中各种不同类型的有机物得以稳定。消化分三个阶段进行（Zehnder, 1978）。在第一阶段，复杂的固态有机物如纤维素、蛋白质、木质素和油脂在胞外酶（细胞外起作用的酶）的作用下，分解成溶解性（液态）有机脂肪酸、酒精、二氧化碳和氨。进入消化池的复杂有机物包括初沉污泥、污水处理过程好氧段增殖的微生物以及胶体物质。第二阶段，微生物（通常指产乙酸菌或产酸菌）将第一阶段的产物转化为乙酸、丙酸、氢、二氧化碳和其他低分子量有机酸。第三阶段通过两种不同类型的产甲烷菌作用，一类将氢和二氧化碳转化成甲烷，另一类将乙酸转化成甲烷和碳酸氢盐（溶解态二氧化碳）。由于这两类产甲烷菌均是厌氧菌，故消化过程中要注意消化池的密封以防止氧气进入。厌氧消化三阶段示意图如图30-1所示。

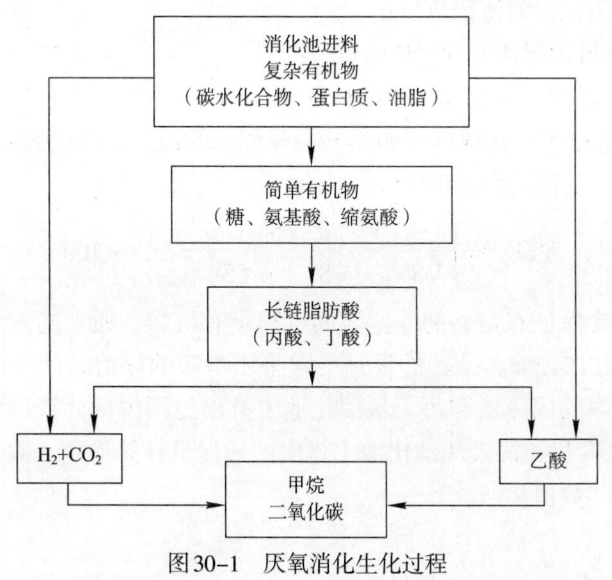

图30-1　厌氧消化生化过程

大多数情况下，产甲烷菌控制厌氧消化过程。产甲烷菌对环境因素极为敏感（高氨浓度、低磷浓度、低pH、温度、有毒物质的存在），并且增殖速度非常缓慢。因此产甲烷菌难以生长，易受抑制。所以传统厌氧消化工艺的设计和运行都要以满足产甲烷菌的需要为前提。

30.1.1 传统中温厌氧消化

目前应用的厌氧消化系统多为传统中温厌氧消化池，系统中各个阶段的生化反应过程均在同一反应池中进行，并在中温32~38℃（90~100℉）下运行。传统消化池可分为低效消化池（无搅拌）和高效消化池，后者增加了搅拌和加热，从而整个消化池内条件均一，比低效消化池停留时间更短，运行更稳定。因此，市政消化系统多采用高效消化池。

厌氧消化通过减少挥发性固体（VS）量而稳定固体物质，减量通常为40%~60%。挥发性固体减少量（VSR）可基于消化池进出料的质量计算得到，计算公式见式（30-1）。

$$\mathrm{VSR},\%=\left(\frac{\mathrm{VS}_{进料}-\mathrm{VS}_{消化污泥}}{\mathrm{VS}_{进料}}\right)\times 100 \tag{30-1}$$

美国环境保护局（U.S. EPA）的出版物《污水污泥中病原体及其传播媒介的控制》（1999）中提出并讨论了几种计算VSR的方法，包括近似质量平衡（AMB）法和Van Kleeck 公式。AMB法假定每天消化池的进料量一定，成分一致且池内污泥呈完全混合，计算公式见式（30-2）：

$$\mathrm{VSR},\%=\left[\frac{(Q_{进料}\times \mathrm{VS}_{进料})-(Q_{消化污泥}\times \mathrm{VS}_{消化污泥})}{Q_{进料}\times \mathrm{VS}_{进料}}\right]\times 100 \tag{30-2}$$

式中 $Q_{进料}$——进料污泥体积流量；

$Q_{消化污泥}$——消化污泥体积流量；

$\mathrm{VS}_{进料}$——进料污泥挥发性固体浓度；

$\mathrm{VS}_{消化污泥}$——消化污泥挥发性固体浓度。

Van Kleeck法适用于消化池内无明显砂石累积的情况，计算公式见式（30-3）。除了计算的VSR，式中其他值均表示挥发性固体含量。

$$\mathrm{VSR},\%=\left[\frac{\mathrm{VS}_{进料}-\mathrm{VS}_{消化污泥}}{\mathrm{VS}_{进料}-(\mathrm{VS}_{进料}\times \mathrm{VS}_{消化污泥})}\right]\times 100 \tag{30-3}$$

消化池的大小要保证有足够的停留时间以稳定有机物。通常高效消化池的平均固体停留时间（SRT）为15~20d。欧洲的设计中常采用略短的停留时间（12d左右）。固体停留时间根据消化池中的固体量和每天从消化池中排出的固体量计算得到。水力停留时间（HRT）根据消化池容积和每天从消化池中排出的污泥量计算得到。对于无分离装置的消化池，其SRT和HRT数值相同。

30.1.2 高效消化工艺

高效消化工艺基于改进传统消化装置从而实现更彻底地消化，减少病原体以及优化工艺运行。几乎所有报道过的高效消化工艺都比传统中温消化取得了更佳的挥发性固体减少量（Schafer等，2002），从而增加了脱水循环流中可溶性营养元素（氨氮和磷）的含量，进而增加了污水处理系统中的营养元素负荷。

1. 产酸/产沼气消化

产酸/产沼气消化，又称两相消化，分别在两个反应系统中进行，为产酸菌和产甲烷菌提供独立环境，从而各自可以发挥最优效果。从而各自可以发挥最优效果。第一阶段，基质水解产生挥发性脂肪酸（VFAs），在第二阶段VFAs进一步转化为甲烷和二氧化碳。通常产酸阶段的SRT控制在1.5~2d，而产甲烷阶段的最小SRT为10~15d。产酸/产甲烷系统已被用于处理“难于消化”固体，包括全部剩余活性污泥（WAS）或大部分无泡沫的剩余活性污泥。

2. 高温消化

高温消化是在高温［≥55℃（131℉）］下进行的消化过程，包括一个或多个阶段。高温消化的主要目的是杀灭更多的病原微生物，但该过程同时也能增加挥发性固体的去除率并减少所需的停留时间。高温消化能影响消化污泥的气味特性，导致脱水过程和泥饼装载过程的臭味增加。高温消化也可能影响消化污泥的脱水性能，但报道结果存在差异。一些报道称高温消化中使用较高剂量的聚合物，但另一些报道则称聚合物用量减少，而泥饼固体含量增加（Haug等，2002）。由于加热到高温消化的温度比中温消化需要更多的能量，因此高温消化过程的热回收至关重要。可以使用热交换器将高温消化池释放出的热量对消化池进料进行预热。

30.1.3 多级消化

多级消化包括中温和高温消化的各种组合。温度分段厌氧消化（TPAD）由至少一个高温段和后续中温“深度消化段”组成。TPAD的目的是充分利用高温消化的优势（病原菌去除率高和污泥减量更多），同时联合高温消化后续的中温阶段可以减少高温消化所带来的臭味并减缓脱水性能不好等问题。一些多级消化工艺也包括利用高温消化的产酸或产甲烷段进行产酸/产甲烷，其中一些工艺已经申请了专利，如得利满Infilco公司（美国弗吉尼亚州里士满市）的2PAD™工艺和Monsal（英国）的酶水解工艺。

30.1.4 厌氧消化的预处理工艺

预处理是“附加”在传统厌氧消化之前的处理过程，目的是提高消化池性能、提高挥发性固体减量率、杀灭病原微生物以减少污泥上浮可能。典型的预处理有利用超声波、热、压力等不同形式的能量，或是这些能量的组合。很多预处理工艺都拥有专利。

1. 超声波预处理

超声波处理（超声波降解）对进入厌氧消化池前的剩余污泥进行调理以提高消化效果，提高挥发性固体减量率以及减少消化池污泥上浮。通过安装在消化池进料前的一系列超声波探头实现剩余活性污泥超声波预处理。产生的超声波形成“空穴”，产生的微气泡破裂后释放出能量，从而破坏剩余活性污泥中微生物的细胞结构。超声波降解法可用于处理所有的剩余活性污泥或仅处理其中的一部分。

2. 热解预处理

热解是通过在一定压力下短时间内加热原污泥以杀死更多的病原微生物，改善污泥特性以更好地进行后续消化。热解预处理通过释放结合在污泥细胞中的结合水，以提高消化污泥的脱水性能。热解工艺机理复杂，并会产生有臭味的尾气。热解工艺的设计温度为150~220℃（302~428℉），压力为1380kPa（200psi）左右，反应时间为20~30min。根据系统的具体情况，很多热处理工艺可用于浓缩后或脱水后的污泥。

在污泥进入消化池之前，热解过程一般通过热交换器对污泥进行预热。往消化池内通入蒸汽以维持消化池内温度和增加压力。一个批次的反应完成后，污泥减压并泵送到热交换器降温后进行中温消化。一种热解工艺Czmbi系统（挪威）的原理图，如图30-2所示。

湿式空气氧化是热解的一种，在污泥加热和反应前通入氧气（以空气或纯氧的形式）。可通过几种专利技术实现湿式空气氧化，如西门子公司开发的Zimpro®湿式氧化技术（美国宾夕法尼亚州沃伦代尔市）。

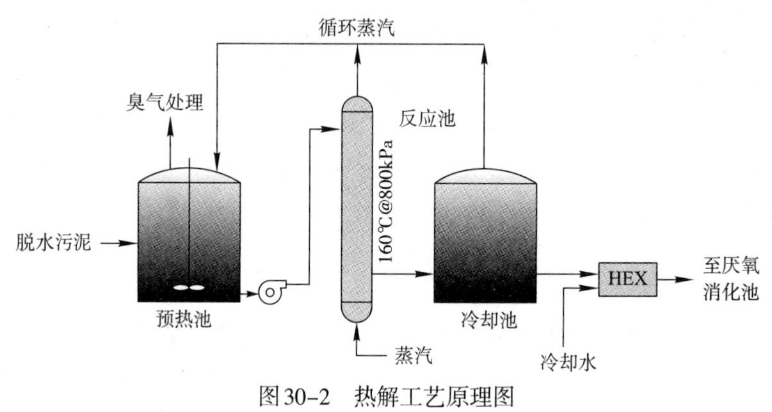

图30-2　热解工艺原理图

3. 巴氏杀菌法

巴氏杀菌法是将污泥加热到70℃（158℉）或更高温度（通常间歇或连续活塞流操作模式下至少加热30min）以杀死病原菌，整个过程不一定影响污泥的消化性能。一般利用多级热交换器对进料污泥进行预热，并回收处理后污泥的热量。热交换器达到目标温度的能力受进料污泥固体浓度的影响。目前有许多巴氏杀菌系统的专利技术，包括Alpha-Biotherm，BioPasteur，Roediger™ 和Eco-Therm™。

4. 匀化

匀化是一个多级过程，对消化前的剩余活性污泥进行调质。在这个过程中，剩余活性污泥中的细胞壁被溶解，从而提高厌氧消化过程中的VSR值。MicroSludge™ 开发的一种匀化工艺就是利用苛性碱溶液，使剩余活性污泥中的细胞壁变薄，并降低浓缩剩余活性污泥的黏性。将匀化处理后的剩余活性污泥过筛去除较大的残渣后进入高压均化器，随着压力的骤降使细胞溶解。

30.1.5 高负荷厌氧消化

通常厌氧消化进料总固体浓度为3%~5%，但也有一些厌氧消化装置的进料总固体浓度为7%~8%，这在欧洲尤其常见。这类装置的消化池中通常装有置于池顶的机械搅拌器或具有内喷嘴的泵搅拌系统。高负荷消化会产生泡沫，因此应配置防泡系统。高负荷消化包括再生浓缩过程，其中一部分消化后污泥需循环至侧流或上流浓缩器。

高负荷消化可减少消化池容积，有效提高现有消化能力。将总固体浓度浓缩至6%~7%可显著提高污泥固体黏度，并改善固体混合特性。泵送和搅拌系统设计进料总固体浓度为3%~5%以维持消化过程，但未必适用于更高的进料浓度。因此，高负荷消化系统所有组件的设计都应能支持高负荷消化的运行。高负荷消化还能有效提高消化池的挥发性固体负荷，并且因为进料浓度高度浓缩，可能会加剧高负荷消化的毒性效应。

法规规定：有机污泥的土地利用遵循EPA 40 CFR第503章（《美国联邦管理法规》，1993）。然而该法规的很多规定，如场地管理和利用率等均超出厌氧消化工艺的范围，但关于病原菌和带菌体的吸收、减少的要求能通过厌氧消化达到。

30.1.6 减少病原菌的A级标准和B级标准

EPA 40 CFR 第503章设立了针对减少病原菌的两级标准：A级标准和B级标准。其中A级标准更严格，其目标是减小沙门氏菌、肠道病毒和活体寄生虫卵的密度以使其低于检出限。满足A级标准的有机污泥的应用基本不受限制，在多数地方可以直接供给或卖给公共场所或作土地利用。该法规确定了满足A级标准的6种方法，其中任何一种方法都对处理后的有机污泥在其利用、出售或弃置的过程中粪便中大肠杆菌或沙门氏菌的密度有以下要求：

（1）粪大肠菌群——小于1000MPN（最大可能个数）/g干污泥总重。

（2）沙门氏菌——小于3MPN/4g干污泥总重。

下面列出的6种方法中有5种可应用于消化过程，更详细的信息参见EPA503章有机污泥标准简明英文指南（美国环境保护局，1994）。值得注意的是，为达到A级标准，实现病原菌减少必须先于或同时减少带菌体吸收。

（1）方法1——热处理。该方法适用于利用高温减少病原菌的处理系统。依据处理温度和污泥固体浓度，可采用几个等式确定出所需加热时间。

（2）方法2——高pH/高温处理方法。该方法不适用于厌氧消化。

（3）方法3——其他已知的处理方法。该方法用以验证新的处理方法是否满足减少病原菌的A级标准。该方法要求对病毒和寄生虫卵进行实时监测，直到处理过程中病原菌持续达到A级标准。一旦处理过程显示已达到A级标准，须监控工艺参数以实现该处理过程的稳定运行。

（4）方法4——未知的处理方法。不同于方法3，该方法需要对每个反应器中的有机污泥进行病原菌测试，而不是对工艺参数进行监测。该方法用于未知的或不满足A级标准其他要求的实际处理过程。

（5）方法5——进一步减少病原菌的方法（PFRP）。PFRP确定了7种满足A级标准的方法，除了巴氏杀菌法（已列出的技术之一）可用于预消化处理以满足A级标准外，其他方法均不能应用于厌氧消化。

（6）方法6——PFRP的等效方法。该方法允许官方判定其他处理工艺和PFRP是否等效，不管该方法是应用于具体的装置还是在全国范围内。

B级标准对病原菌的限制不如A级标准严格，B级标准的有机污泥中病原菌浓度比A级标准的高，有机污泥不可被出售或弃置，应用场所受限制。下面3种有机污泥处理方法可满足病原菌B级标准：

（1）方法1——监测指示性生物。基于7个样品的几何平均数，每克污泥总重的粪便大肠杆菌浓度必须小于2×10^6MPN或2×10^6CFU（菌落形成个数）。

（2）方法2——显著减少病原菌的工艺（PSRP）。该方法包括5种PSRP工艺，只有其中一种适用于厌氧消化，这种工艺需保持厌氧消化池中细胞停留时间平均最少为15d且温度为35~55℃（95~131℉）。

（3）方法3——与PSRP等效的方法。该方法允许权威机构确定其他处理工艺与PSRP工艺是否等效，无论该工艺应用于具体的装置还是全国范围内。

30.1.7 带菌体吸收减少的要求

满足A级标准和B级标准的有机污泥都必须满足带菌体吸收减少（VAR）的要求，以减少有机污泥的腐烂。易腐烂的污泥更易吸引例如苍蝇和啮齿动物等带菌体。有机污泥带菌体吸收减少方法有11种，下列两种适用于厌氧消化：

（1）方式1——实现挥发性固体含量减少38%。挥发性固体的减少可以在有机污泥离开污水处理厂前通过消化和其他减量工艺实现。

（2）方式2——厌氧消化污泥的进一步消化。如果进料污泥中的有机物在厌氧消化前进行了某些稳定化处理，则VSR很难达到38%。在这样的情况下，可以采用实验室规模的厌氧消化池以符合带菌体吸收减少的要求。若VSR值小于17%，控制温度为30~37℃（86~99℉），40d实验室规模的厌氧消化试验结果表明，有机污泥可以达到带菌体吸收减少的要求。

30.2 消化池装置及设备

厌氧消化装置可以建成各种池型，采用各种不同类型的设备。

30.2.1 消化池的外形

目前在北美应用最广泛的消化池形状是立式圆柱形池，即“煎饼”消化池。圆柱形池的底部通常建成圆锥形，以利于收集和去除重的污泥和砂石，常用的坡度为1：4~1：6。圆柱形池通常用混凝土建成，并配有集气罩收集贮存消化气。在欧洲，圆柱形池的高度与直径之比通常为1：1。

蛋形消化池（ESDs）与圆柱形消化池相比，底部坡度更大（至少为1：1）。蛋形消化池通常为混凝土或钢筋混凝土构造，有几种不同的形式，如图30-3（*a*）和图30-3（*b*）所示。蛋形消化池的共同特点是底部呈圆锥形，顶部呈半球形。蛋形消化池的优点是：在几何学上，底部建成圆锥形，可以更有效地进行搅拌，减少能耗并减少砂石的积累；

其顶部液面面积较小，可以减少浮渣的积累。蛋形消化池的不足之处是池内缺少气体存贮空间，并由于形状的原因使池体隔热保温更困难。此外，由于蛋形消化池外形高大，在某些地方会影响美观。蛋形消化池在欧洲应用广泛，在美国也越来越普及。虽然蛋形消化池基建成本明显高于圆柱形消化池，但是由于其搅拌效率更高且清洗费用减少抵消了一部分费用，运行成本相对较低。

(*a*)

(*b*)

图30-3　蛋形消化池

Imhoff池即双层消化池，上层作污泥沉淀和收集之用，下层则用于沉降污泥的厌氧消化。Imhoff池是一项古老的技术，目前在市政污水处理厂已不多见。

厌氧消化塘由土地塘配置用于收集消化气的浮动隔膜盖组成。消化塘通常无需加热和搅拌。由于无加热系统，其消化效率多变，因此设计时一般取较长的污泥停留时间。消化塘经常应用于工业废水，而较少用于市政污水。

30.2.2 两级消化池

大部分大中型消化装置一般分为一级消化池和二级消化池。污泥的稳定和产生消化气主要在一级消化池中进行。整个消化系统的设计负荷和SRT取决于一级消化池的体积，但是，如果二级消化池有加热和搅拌，计算实际的工作负荷和SRT时要考虑二级消化池的有效容积。

一级消化池进行搅拌和加热不仅优化了消化过程，还满足了病原菌减少的要求，二级消化池可设或不设置搅拌和加热装置。消化-加热系统通常是当一级消化池停止运行时利用热交换器将一级消化池的热量提供给二级消化池。

无加热装置的二级消化池有如下功能：消化后污泥的贮存池，作为一级消化池的备用池以及接种污泥的来源。另外，当需要增加消化池中污泥浓度时，滗析消化池上清液，这时二级消化池可作为上清液静置池。

由于二级消化池的主要作用是贮存消化污泥，故它一般都设有浮动盖或隔膜盖。当消化池内污泥体积发生变化时，通过盖子的上下浮动来改变消化池的存贮容量。在浮动盖或集气罩停靠在枕梁上之前，应停止污泥排出。过度的排泥会在盖子下方形成真空，致使空气吸入消化池，可能引起爆炸。隔膜盖由于其搅拌系统的构造能允许较大幅度的浮动。

30.2.3 消化池的盖子

消化池的盖子可以防止氧气进入，维持消化池内厌氧环境并且避免消化气和臭味逸入大气，减少由消化气中甲烷引起的爆炸，同时对消化池顶部进行保温。消化池的盖子有四种基本类型，分别是固定盖、浮动盖、集气罩和隔膜盖（见图30-4）。不同类型消化池盖子的特点见表30-1。

不同类型消化池盖子的特点　　表30-1

	固定盖	浮动盖	集气罩	隔膜盖
浮动能力	无	有	有	有
贮气能力	无	无	有（有限）	有
产生臭味可能性	低	中等	低至中等	低
推荐用途	一级消化池	一级消化池 或二级消化池	一级消化池 或二级消化池	一级消化池 或二级消化池

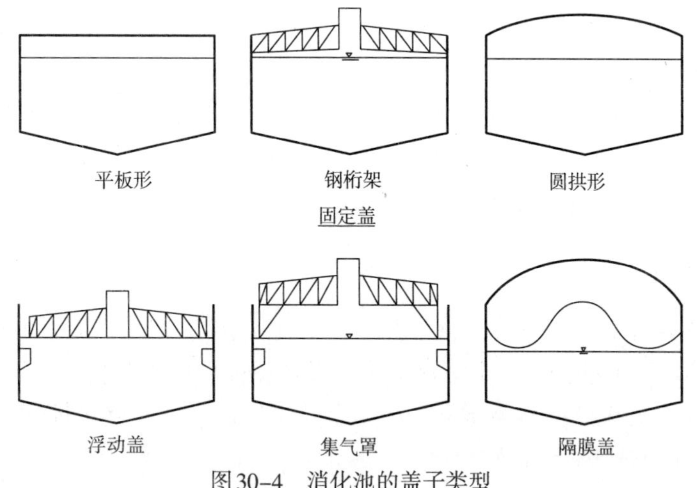

图30-4　消化池的盖子类型

1. 固定盖

固定盖有几种不同的构造类型。钢筋混凝土盖可以是平板形或圆拱形，并可利用不同厚度的材料设计成单跨度或柱撑结构。

一些固定盖是利用钢板焊接到上弦杆、桁架或弓形梁支撑构架，支撑构架通过滑行装置再与消化池墙体上部相连。温度变化时，消化池盖子相应膨胀或收缩。

固定盖消化池要求操作人员在进泥和排泥时要引起注意。若消化池体积已充分利用，则污泥流入量必须等于流出量。进泥而不排出等体积的污泥会引起超压，导致盖子升起与墙体脱离；排出污泥而未进入相应体积的污泥则会形成真空，导致盖子损坏或倒塌。通过安装安全减压阀均可减缓超压和真空条件，但即使安装了安全阀，固定盖与消化池墙体界面处的气体泄漏也是相当普遍的。

2. 浮动盖

浮动盖，即消化池的盖子直接浮于液面，由沿消化池墙体的滚柱轴承和导轨系统控制盖子的垂向和横向运动，防止过度倾斜。导轨系统可以是垂直或螺旋形的。垂直导轨系统比较简单，但螺旋导轨系统对盖子做垂直运动的控制更为有效。浮动盖的垂直运动范围一般在1.5~3m（5~70ft），能适应排泥时消化池体积的变化。

与固定盖相比，浮动盖具有不少优点，其中最重要的一点是，消化池内的液面发生变化时，盖子会上下浮动，从而避免消化池内形成超压或负压。正是由于浮动盖能随着液面上下浮动，不仅补偿了排泥形成的负压，同时也减少了进泥时形成超压的可能性。

3. 集气罩

集气罩和浮动盖类似，但集气罩的设计还考虑了消化气的贮存和消化液排出。集气罩浮于消化气上而不是浮于液面上。集气罩还配有延伸在液面下的裙板，以供集气用，裙板下部的混凝土压载环起固定盖子和控制气压作用。

操作人员应定期检查集气罩，保证集气罩水平且能自由移动。盖子倾斜说明负荷不均匀，可能是因为消化池上部空间因雨雪累积或黏附在墙体与裙板处而导致水的累积。

盖子检查时也常见泡沫积累。

4. 隔膜盖

隔膜盖提供了气体贮存空间，并使厌氧消化池与大气隔离。图30–5所示为一张已安装的隔膜盖照片。隔膜盖由内膜和外膜组成，两层隔膜均覆于消化池墙体上，防止消化气逸出。固定的外膜由鼓风系统送气膨胀。内膜随着消化池顶部气体体积的变化膨胀或紧缩。内膜通常可在消化池的整个深度范围内上下移动，使消化池的体积得以充分利用。

30.2.4 防腐

由于消化气中硫化氢的浓度很高，厌氧消化池的接触面容易被腐蚀。若消化池是在低pH条件下运行，那么二氧化碳可以形成碳酸，也具有腐蚀性。易受腐蚀的区域包括未被浸没的表面，如消化池盖子的内侧，液面上部的墙壁，以及暴露于大气中的盖子外表面。若盖子有任何泄漏，气体集中于顶部，盖子的结构部件可能也会被腐蚀。通过使用防腐建筑材料、涂保护层和阴极保护法可以减少腐蚀。

盖子外表面应每个季度检查一次。如有必要，金属盖子应重新涂保护层，涂层品种可由盖子厂商推荐或根据工程说明书的要求选择。通常情况下，根据消化池所在地及当地气候条件，盖子需每5~10年涂层1次。当消化池检修或放空时，应对盖子的内侧进行检查。修护包括动力冲洗、喷砂和涂层。被严重腐蚀的盖子应对其结构的完整性进行评估。消化池盖子的顶部易积累消化气而受到腐蚀，除非具有正确防范和安全法规知识，一般厂内工作人员不允许进入。

图30–5　隔膜盖（西门子水技术）

30.2.5 臭气问题

固定盖直接与消化池墙体连接，形成密封，防止消化气和臭味的逸出。为了方便盖子运动，浮动盖和集气罩与消化池墙体间有一个约8cm的小空隙，消化池内的液体在这个区域形成水封，减小气体的逸出。但是，如果形成泡沫，泡沫会破坏水封使消化气逸出。最常见的臭味源头来自固定盖、浮动盖和集气罩的减压阀。密封不好，消化气也会逸出，引发臭味。对减压阀进行检查和适当的维护能降低消化气逸出的可能性。

隔膜盖直接与消化池墙体连接，从而减少了气体逸出的可能，但是气体也可能进入内、外隔膜之间的空间。隔膜盖中的空气可以通过调压释放出来。此外，如果发生小孔泄漏或渗流，消化气进入内外隔膜中间，气体中含有硫化氢、挥发性有机物和伴随而来的臭气。故可以在空气释放系统中安装活性炭吸附装置去除硫化氢，减少臭味。

30.2.6 消化池的混合搅拌系统

基本原理：高效消化系统的混合与加热、恒定的进料速率和消化污泥浓缩可为微生物提供最佳的环境条件以完成厌氧消化过程。有效混合有如下优点：

（1）进料污泥在消化池内充分混合；

（2）进料污泥与微生物充分接触；

（3）防止热分层；

（4）减少浮渣累积；

（5）减少可沉降物质在消化池底部累积；

（6）稀释消化抑制剂，例如进料中的有毒物质、不适宜的pH和温度；

（7）促进消化气从消化液中的分离。

以上效果可分为稳定工艺、控制浮渣和泡沫、防止污泥沉积三类。根据工艺需要，消化池内进料、污泥浓度、温度和细胞代谢产物不应出现较大波动。大部分厌氧消化池都会有浮渣累积，易发生在液体紊动流速较低的区域。一般通过将浮渣与消化液混合可以控制浮渣累积，但直径大的消化池浮渣可扩散摊开至一个较大的区域，使浮渣难于与消化池内物料混合。消化池搅拌设备的合理配置可有效减少或消除浮渣累积。砂石在厌氧消化池底部累积会导致消化池有效容积减少、增加清理费用和清理工作，延长检修期。砂石累积在传统平底消化池中最常见，而在底部倾斜的消化池中，砂石和可沉降固体滑落于某个位置，砂石和较重的固体被排出，较轻的物质再悬浮。如果砂石和固体物质在消化池中停留时间较长，那么它们将浓缩形成固体块，很难再悬浮或泵抽吸排出。

30.2.7 无搅拌消化

无搅拌消化是厌氧消化最早的类型，常见于低效消化和常规消化池中。由于其不提供辅助搅拌，消化池内的物料出现分层，液面上部是浮渣层，中部是稳定后的污泥，消化池底部为砂石。由于只能为消化过程提供相对较小的容积，这类消化池的停留时间一般为30~60d，足以实现污泥稳定。低效消化池通常限于处理量小于3.8m^3/h的小型设施，并且已经很少见。

30.2.8 搅拌消化

混合搅拌消化发生在高效消化过程中，控制搅拌和加热、恒定的进料速率和消化污泥浓缩，为微生物生长提供最佳的环境条件。混合搅拌创造了稳定、统一的环境条件，提高了高效消化的负荷。消化池的搅拌系统可以分为机械搅拌和气体搅拌两大类。

1．机械搅拌系统

机械搅拌系统包括泵搅拌系统和叶轮搅拌器。

（1）泵搅拌系统

泵搅拌系统由泵、管道和喷嘴3部分组成，如图30–6所示。泵体通常装有内嵌式粉碎机或同轴研磨机，可以防止由于纤维物质累积引起的堵塞问题。为方便维护，泵安装于消化池外部。高速喷嘴安装于消化池内部，喷射出的水流形态可以使消化池内的物料达到充分混合。各生产商提供的水流形态各不相同，但通常包括螺旋状混合（水流围绕一个中心作螺旋运动）和“双区”混合，即将均向流动和垂向流动结合起来使池内流态趋于一致。

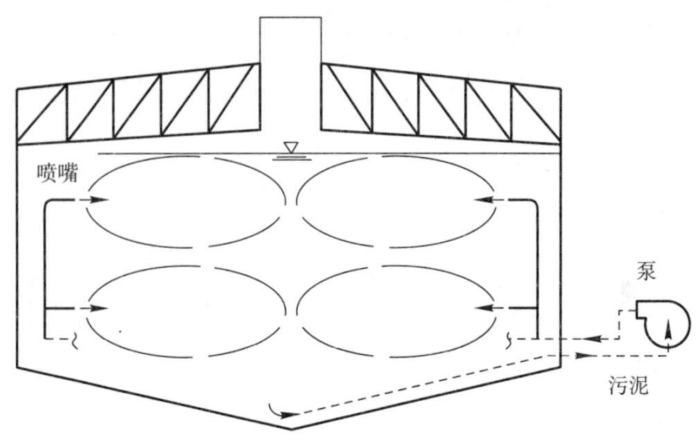

图30–6（*a*）　泵搅拌系统示意图

图30–6（*b*）　泵搅拌系统

图30–6（*c*）　泵搅拌系统喷嘴（Vauhan Co. Inc）

该设计使消化池内部的设备不需要定期维护，但是泵需要定期维护。混合泵的出料端压力剧增说明相应的混合设备可能出现了问题，例如管道或喷嘴堵塞。

（2）叶轮搅拌器

叶轮搅拌器包括叶轮、传动轴和驱动器，如图30–7所示。叶轮可以安装在消化池的导流管上用于导流。导流管上可以安装一个排出喷嘴，在消化池中产生漩涡。通常叶轮驱动器可反转，在导流管顶部或底部均可排泥，或翻转叶轮清通堵塞。为防止低流速区域出现沉积，一些设备每24h叶轮反向工作2h。

叶轮搅拌器有各种不同的构造。叶轮和导流管组件可以安装在消化池内部中心位置、半径中点处或消化池外部。无导流管的叶轮搅拌器一般安装在消化池盖子的中心。

通常叶轮搅拌器面临的问题是碎布条、毛发和其他纤维物质包裹缠绕在叶轮桨叶和传动轴上，影响其运行。生产商提供了“无杂草”叶轮来帮助减轻这个问题。通过测量发动机的电流消耗可以监测碎布条的累积；叶轮堵塞可通过叶轮反向清通；利用起重机吊起叶轮搅拌器或放空消化池切断碎布条以清除大量的沉积物。除了监测碎片等的累积外，还需根据生产商的推荐对驱动装置和轴承进行保养和维修。外部导流管搅拌器可能受震动影响，需要进行设备保养和故障检修。

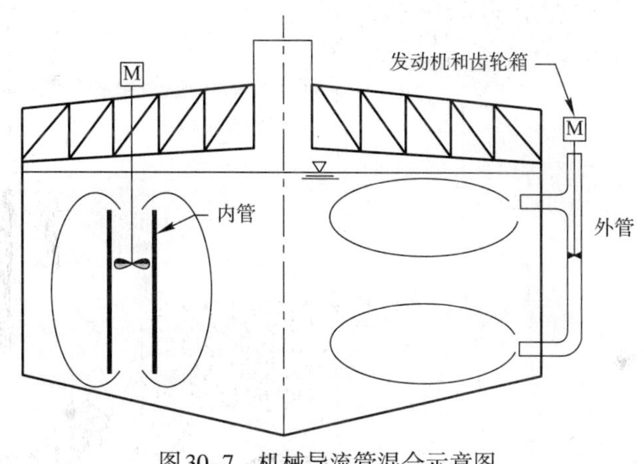

图30–7　机械导流管混合示意图

2. 气体搅拌系统

气体搅拌系统有4种主要类型：底部扩散器、气体喷射器、气泡枪和气体提升。

压缩机是所有气体搅拌系统的核心。目前使用的压缩机包括旋转凸轮、旋转叶片和液环型，详见“气体处理”章节。压缩机提供的上升气流能除去消化气中的水分和沉积物。沉积区应定期清理。底部扩散器、气泡枪和气体提升系统中都配有流量平衡支管，目的是使得气流在消化池内均匀地分布。流量平衡支管的冷凝物应定期除去。位于寒冷气候条件下室外的流量平衡支管应注意保暖防冻。

任何一个气体搅拌系统均有控压措施，比如高压减压阀就是在压缩机排气压力大于临界值时，将气体超越压缩机抽吸管，后者送入存贮。若设置合理，减压阀仅在排出管线堵塞时开启。

当消化池中压力低于预定压力时，通过低压调节器支路输送气体，可有效防止消化池中形成真空，避免空气倒吸产生爆炸混合物。低压安全阀通过直接与消化池相连的管道检测气压。如果传感器与压缩机用同一根管道相连，将会得到错误读数。传感线必须始终保持畅通。

压力开关能够用来控制高压和低压环境，但使用压力开关时一旦压力出现波动，需要操作人员重新启动气体搅拌系统。当气压变化时，启动操作初始化十分繁琐。

（1）底部扩散器

底部扩散器搅拌系统包括扩散器或扩散箱，通常安装在消化池底部中心附近。所有的扩散箱吸收并释放出等量的压缩气体，形成上升的气柱。

因为扩散箱很容易堵塞，为了保证扩散箱中的气体均匀分布，必须对气流进行周期性检查。若发生堵塞，可以改变整个气体流向通过受堵塞的扩散箱或使用高压水冲洗。底部扩散器表面也可能被污泥覆盖，这将会影响消化池中物料的混合。

（2）喷枪

喷枪搅拌系统向位于消化池的几个排放点直接供给压缩空气（如图30-8所示），依次通过各点的气流使整个消化池内处于混合状态。消化池的最大混合深度受气体排放点深度控制。通常情况下，混合发生在气体排放点下的1.8~2.4m，该深度以下容易沉积。

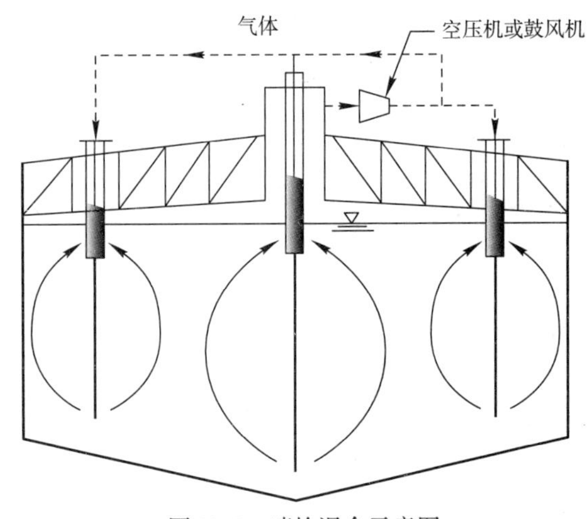

图30-8 喷枪混合示意图

通常喷头在消化池2/3半径处每隔相同的距离排成一圈，消化池中央另设一个喷头。安装在消化池盖子上的喷管直径一般是5cm，排放点位于消化池底部附近。对于多喷枪搅拌系统，气体循环间歇通过喷头，有可能会被固体和碎布条等堵塞。采用直管可以减少堵塞。若发生堵塞，可取下喷头塞子对喷头进行清洗。

喷枪的连续气体流量由一系列电动阀门或由单个的旋转阀控制。在早期系统中，当电动阀门关闭时水分汇集在阀门中。应定期检查这些阀门，避免由于湿度引起的损坏。旋转阀控制气流连续流动，可以减少湿度引起的问题。然而，消化气体接触造成的腐蚀问题仍然比较严重，因此，阀门套筒应每年上一次润滑油。

（3）气泡枪系统

气泡枪系统由气泡发生器和垂直筒组成，压缩空气在位于垂直筒底部的气泡发生器聚集并形成大气泡，气泡穿过管筒上升，类似可膨胀活塞。气泡枪搅拌系统和气泡枪设备如图30–9（*a*）和图30–9（*b*）所示。气泡迫使固体物质在垂直筒内上升，到达顶端后被排出到后续的管筒。气泡离开垂直筒后继续上升到达液面。气泡离开垂直筒的速率与气泡发生器释放气泡的速率相等，从而使固体连续流动，同时建立循环模式。气泡枪的数量和配置取决于消化池尺寸。由于气泡枪系统的垂直筒必须浸没于水中，所以配有气泡枪系统的消化池水位下降的能力有限。

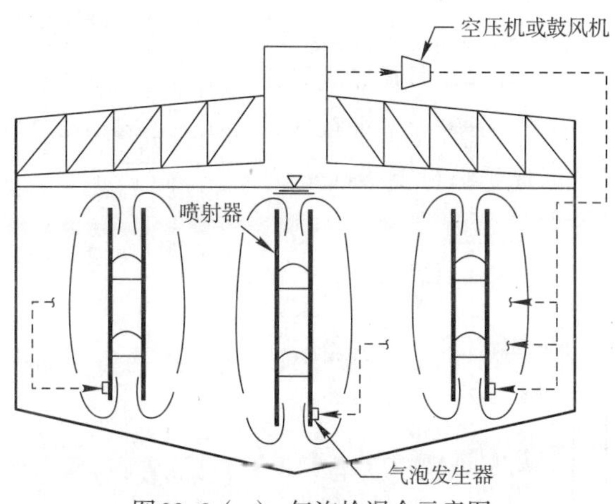

图30–9（*a*） 气泡枪混合示意图

图30–9（*b*） 气泡枪混合系统

气泡枪之间气体的均匀分布对于系统的运行至关重要。为防止管线或气泡发生器堵塞，应定期检查流量平衡控制装置。气泡发生器的虹吸管有许多弯路，也特别容易堵塞。为了清通堵塞，通常要配一条清通管线。增大气流速率也有助于气泡发生器清通堵塞。如果上述方法行不通，必须放空消化池才能对气泡发生器进行清通。

（4）导流管系统

导流管系统的运行方式与气提泵类似（图30–10）。气体经安装在垂直管上的喷头注入导流管，在导流管的中点以下释放微气泡。释放出的气泡携带着固体向上穿过导流管，在导流管的底部聚集更多的固体。离开导流管顶端的固体流向四周。大型消化池配有多根导流管，小型消化池一般只在池子中央配一根导流管。小型蛋形消化池可以采用射流或导流管搅拌系统。喷头搅拌系统易堵塞，见“喷头”一节所述。

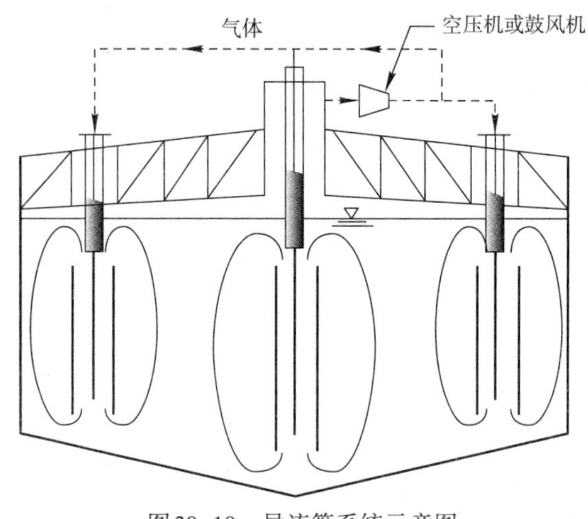

图30–10　导流管系统示意图

3. 搅拌系统性能评价

厌氧消化是完全封闭的，很难直接观察到其混合系统的有效性。目前已开发出几种方法对搅拌系统的性能进行评价，包括固体曲线、温度曲线和示踪研究。

消化池搅拌的目的是使消化池内形成均一条件。评价固体均匀性的一个方法是进行固体曲线分析。该方法要求沿消化池深度方向从上到下每隔0.6m取样，可用弹簧取样器从位于消化池盖子上的取样槽（取样口）进行取样并分析其总固体浓度。若样品总固体浓度与平均浓度相差5000mg/L以上，表明该取样点处搅拌效果不好。若取样固体无分层现象，则固体曲线测试可能是失败的。固体曲线试验应每6个月进行1次。

另一种评价搅拌系统有效性能的方法是温度曲线。其试验方法与固体曲线试验方法相似，每隔一定的深度读取一个温度。如果温度读数偏离平均温度一个特定值以上（通常是0.5~1.0℃），表明搅拌效果不好。若消化池内热量分散，即使无搅拌系统，足够使池内温度均匀，那么温度曲线测试也可能失败。

示踪研究是评价消化池搅拌系统性能的另一个方法。该方法要求向消化池内投入一定量的示踪剂，如锂，在消化池排放口处每隔一定时间取样。分析样品中的示踪剂含量，并与完全混合后的理论含量进行比较。示踪剂方法是评价搅拌系统性能最准确的方法，但同时也是最复杂、繁冗和昂贵的方法。

如果消化池不能通过搅拌系统性能试验结果，应检查搅拌系统是否发生机械故障。

30.2.9 周转时间的计算

消化池中污泥的周转时间可由消化池容积除以泵送速率计算得到。周转时间可以反映搅拌系统所提供的能量。周转时间只能用于分析泵搅拌混合系统，在此系统中测定泵送速率。周转时间的计算公式如下：

$$TR=DV/PR \tag{30-4}$$

式中 TR——周转时间（min）；

DV——消化池容积，可以通过纵向深度、消化池直径和底部锥形容积得到（L）；

PR——泵送速率（L/min (gpm)）。

周转时间通常为2~4h，计算流体动力学也能用来计算周转时间。

通过评估搅拌能量也能反映整个搅拌系统的效果。搅拌能量的范围通常为7~13kW/ L。

30.2.10 消化池的加热系统

加热理论：每一种产甲烷菌均有一个最佳生长温度，如果温度波动范围太大，产甲烷菌就不能形成消化过程所需的较多且稳定的菌群。事实上，消化过程在温度低于10℃时即停止。大部分消化过程在中温（32~33℃）下进行，也有一些在高温（55~60℃）下进行。无论选择进行中温消化还是高温消化，消化池内的温度不应偏离其范围0.6℃ /d。一旦消化池发生变化，最好记录下消化温度，并观察温度变化。

由于产甲烷菌对温度很敏感，所以维持恒定的消化温度是一个非常重要的操控因素，需要一套稳定可靠、维护方便、易操作的加热系统。没有加热系统，消化过程仅能维持几天。

消化过程所需的总热量建立在以下基础上：

1）污泥加热——加热进入消化池的原污泥，使其升高到工作温度的热量；

2）传导损失——补偿从消化池分散到周围环境中的热损失。

（1）污泥加热

进入消化池的污泥温度一般都低于消化过程温度，故必须对污泥加热。污泥加热到消化温度需要的热量一般占总热量的60%以上。供进入消化池污泥加热到消化温度所需的热量计算见式（30-5）：

$$Q=(S)(C_s)(T_0-T_i) \tag{30-5}$$

式中 Q——污泥热负荷（kJ/d）；

S——污泥质量流量（kg/d）；

C_s——污泥比热容（4.2kJ/(kg · ℃)）；

T_0——消化池工作温度（℃）；

T_i——进泥温度（℃）。

对进入消化池的污泥进行浓缩，降低污泥的含水率，可有效降低将污泥加热到消化温度所需的热量。

消化池的进料次数影响污泥加热系统的能力需求。例如，若系统设计采用24h连续进料方式，但实际在3h内就完成一天的进料，那么系统就处于超负荷运行状态。超负荷运行将导致消化池内温度骤降，重新恢复需花费当天剩余的时间。温度波动对厌氧菌不利。

（2）传导损失

弥补消化池传导损失所需热量计算见式（30–6）：

$$Q=UA(T_0-T_i) \tag{30-6}$$

式中　Q——消化传导损失（kJ/d）；

U——传热系数（$kJ/(d \cdot m^2 \cdot ℃)$）；

A——传导损失的消化池表面积（m^2）；

T_0——消化池内污泥温度（℃）；

T_i——环境温度（℃）。

因为消化池内不同区域有独特的热传递条件，如传热系数或周围环境温度都不同。应分别计算出消化池各区域的传热损失，再各项相加估算出消化池的总传热损失。传热系数可根据美国水环境联合会的《市政污水处理厂的设计》（WEF，1998）表22–12、表22–13和《冷却和加热负荷计算手册》（McQuiston和Spitler，1992）以及生产商提供的产品信息估算。若传热损失发生在消化池某一位置，如消化池盖，则传热损失将会特别高，应考虑对该部分使用保温材料。

30.2.11 内部加热系统

内部加热装置在消化池内部传递热量。早期内部加热装置的管道安装在消化池内墙面，混合管装有热水套，如图30–11所示。由于加热设备和管道系统的检修保养很困难，只能在消化池放空的情况下才能进行，内部热交换法应用不多。另外，碎布条和砂石其他碎片等易在管道表面累积，不仅降低了热交换效率，还增加了清理频率。

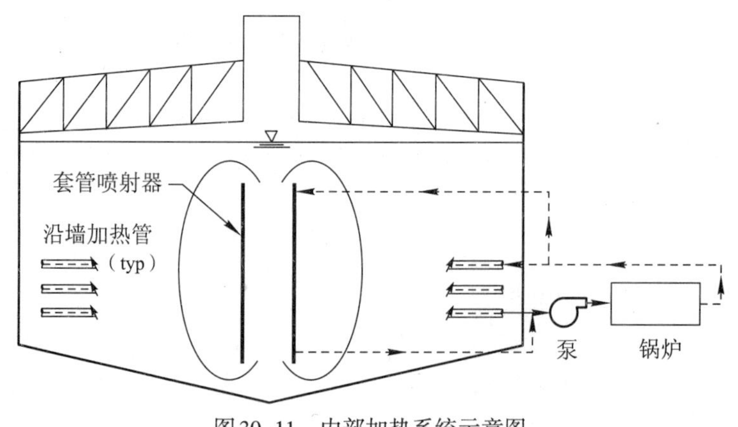

图30–11　内部加热系统示意图

30.2.12 外部加热系统

在外部加热系统中，污泥通过外部热交换器再循环，如图30–12所示。循环泵的流速保持在1.2m/s，在加热面形成紊流，减少结垢。

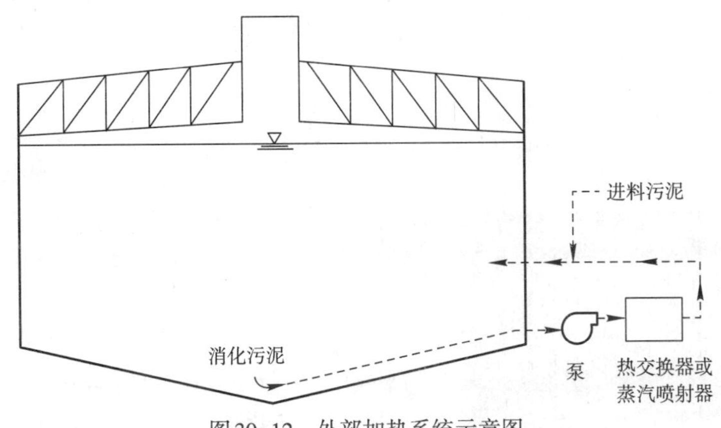

图30–12 外部加热系统示意图

进料泵和循环泵联动，污泥进入热交换器后，循环泵即开始运行。污泥进入消化池前，对进料污泥和活性消化污泥进行混合和预热，可避免造成局部低温和污泥活性不高。进料污泥也可以通过与热交换器排出的热污泥混合进行预热。

应对热交换器的进口温度和出口温度进行监测。若两处温差明显降低，说明污泥泵、热水泵或热水供应可能出现了故障导致热交换量减少。若系统运行正常，也需检查热交换器表面是否出现堵塞或结垢问题。

3种典型的外部热交换器类型是：套管、水浴和螺旋板。下面将对这3种热交换器的运行进行介绍。

1. 套管换热器

套管换热器由弯曲排列的污泥管组成，污泥管外绕有更大直径的水管，如图30–13所示。污泥通过污泥回转弯头在污泥管道内来回流动，与外部水管内的热水交换热量。热水在污水管道和热水管道之间的环形间隙流动，流动方向与污泥方向相反，从而使热传递最大化。为使污泥在管道内表面的累积最小，热水温度通常限于66℃（150℉）。应定期检测通过换热器的压力。压差增加说明可能出现污泥累积或结垢现象，需要清洗污泥管道。通过移除每段螺旋管末端的弯管可进入管道内部。若管道足够大能容纳“清管器”进入，也可用它

图30–13 套管换热器

来清理管道。如果管道堵塞现象严重，那么可在热交换器前安装破碎机，打碎纤维和碎布条等容易在消化池内累积的物质。格栅也可用来去除污泥中的粗大纤维和布条。

2. 管壳换热器和水浴换热器

管壳换热器和水浴换热器由螺旋排列于热水浴中的管道组成，如图30-14所示。在管壳换热器中，热水直接流经挡板，提高了传热效率。用热水泵在水浴锅中形成紊流，从而增强传热。同套管换热器一样，需随时检测通过污泥管道的压力以防管内结块或结垢。

图30-14（*a*） 管壳换热器

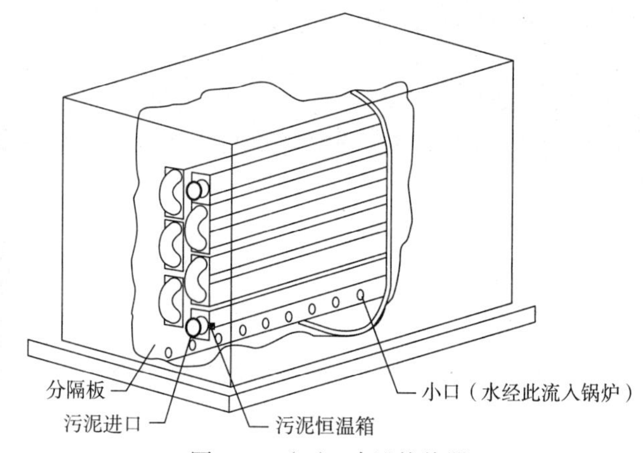

图30-14（*b*） 水浴换热器

3. 螺旋板换热器

螺旋板换热器（图30-15）由两块金属板长条卷成的一对同心螺旋通道装配而成。两个螺旋通道交替关闭，形成污泥和热水各自的通道。为使污泥能顺利通过通道，螺旋通道通常配有铰链门。

应定期检查螺旋板换热器的污泥通道是否堵塞。必须将分离同轴板的长条间的堵塞去除。为监控清通前后的堵塞程度，需要每天读一次压力表读数。压力差的剧增表明通道堵塞。为了有效防止堵塞，螺旋板换热器前一般装有破碎机。

30.2.13 固-固热交换系统

尽管大部分消化系统都未配置从消化污泥中回收热量的装置，考虑选择一些新的设备从消化污泥中回收热量可以减少燃料使用。固-固热交换系统就是这样一种换热系统，它从中温消化池或高温消化池排放的消化污泥中回收热量，对消化池的进泥进行预热。

固-固热交换系统采用固-固热交换器，主要有立方体型（如图30-16所示）、套管和螺旋型换热器3种形式。每种类型的消化污泥和进料污泥分别从换热面的两侧输入，热量通过换热面从消化污泥传给进料污泥。立方体换热器和螺旋换热器还包含进入和清理换热面的装置。

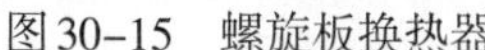
图30-15 螺旋板换热器

图30-16 立方体型换热器

热交换也可以采用2个固－液换热器和互相连接的热水环路组成的系统实现。消化污泥中的热量首先传给套管或管壳换热器内的热水环路，已加热的水再泵入另一个换热器，将热量传给进料污泥。这类系统的操作和维护与套管、管壳和管状热交换器类似。

30.2.14 蒸汽喷射加热系统

蒸汽喷射加热直接向污泥喷射蒸汽，该系统包括内置可调节喷射加热器、污泥循环泵、管道和阀门。蒸汽经喷射器与污泥混合，调节面积可变的喷射器喷嘴大小可控制污泥－蒸汽混合液的温度。蒸汽喷射加热系统可由1个或2个加热器组成。在双加热器系统中，一个加热器对进料污泥进行加热，另一个加热器在再循环管线中替代消化池的辐射热损失。在单换热器系统中，加热器的大小要满足所有的热量需求。

要使蒸汽喷射加热系统正常运行，需满足下列条件：

（1）蒸汽压（一般为103kPa）必须高于污泥压力；

（2）污泥排放管必须保证洁净，以维持较低的操作压力；

（3）进料污泥中的颗粒物必须足够小到能顺利通过喷射器喷嘴，避免堵塞；

（4）补充水必须软化，防止锅炉和蒸汽系统结垢。

30.2.15 热源

可以采用热水或热蒸汽加热消化池，消化池的热源包括锅炉和废热回收。

1. 热水系统

热水系统由热源、循环泵和温度控制阀组成。热水系统通常包括两个分开的循环，一个循环用于污泥热交换器，为减少污泥换热器表面结垢，温度推荐值为66℃；另一个循环用于锅炉，锅炉温度维持在82℃以上，防止形成硫酸腐蚀锅炉。温度控制阀安装于两个循环间，控制锅炉循环热水和换热器循环水的混合，使换热器出来的水温保持在66℃。

为了防止设备腐蚀和结垢，用于热循环的水应添加化学药品进行调节。需要每年检测一次水质，必要时需再添加化学药品。启动期间应该保证足够的时间，调节系统至操作温度。

2. 蒸汽系统

蒸汽系统由补充水调节系统、蒸汽锅炉、蒸汽-水换热器和热水循环或直接蒸汽喷射加热器组成。补充水调节系统对进水进行软化，防止系统结垢。蒸汽-水换热器将热量从锅炉蒸汽传给热水循环，该过程操作温度应低于蒸汽温度以减少结垢。

必须定期检测水质，以确保其被充分调理过。蒸汽系统的维护包括定期检测和按需维修蒸汽阀门。

3. 锅炉

加热管、水管和部分铸铁锅炉为消化池加热系统提供热水或者蒸汽。加热锅炉常用的燃料有消化气、天然气和燃油。以消化气作为燃料时，为防止燃料阀和燃烧区腐蚀，需对消化气进行处理，处理方法将在“气体处理”一节讨论。按照锅炉制造商的建议，应定期检查锅炉，尤其要注意锅炉易被腐蚀的燃烧区域。应遵守包括锅炉年度检查和锅炉操作人员资格认证在内的规范与条例。设备承保方也可能提出确认和遵循专门的设备维护和检查要求。

4. 热回收

消化气通常用作发动机驱动设备的燃料，比如泵或鼓风机，或者用于发电。从冷却水系统回收的废热或涡轮机废气可用来加热消化池或建筑物。热量也可从引擎排气管或燃烧涡轮机中以热水的形式收集起来，热水泵入水-水换热器进行热量交换，把热量传递给消化污泥热交换器的热水循环。通常，从引擎和涡轮机回收的热量已足够维持消化池热补充的需要，无需再添加辅助燃料。但是，最好有备用锅炉，以备燃烧设备维修和停歇之用。

30.2.16 气体处理

1. 产气理论

消化气，也称生物气，是厌氧消化最终阶段的产物，即微生物将有机酸和二氧化碳（CO_2）转化为甲烷（CH_4）和水。气体产量直接与消化的挥发性固体量相关。气体产率通常为0.75~1.1m^3/去除kgVSS。进入消化池的挥发性固体总量减去消化污泥中的挥发性固体量即可得到消化过程去除的挥发性固体量。

正是由于消化气产量取决于消化过程所去除的挥发性固体量，故消化气产量可用来评估消化池的整体性能。应定期测定气体产量和挥发性固体去除量，获得以消耗挥发性固体量计的平均气体产率，分析消化过程的运行状态和效能。

2. 消化气特征

厌氧消化过程产生的气体主要由甲烷（60%~65%）和二氧化碳（35%~40%）组成。

甲烷决定了气体的热值，其物化性质见表30–2。

甲烷的物理和化学特性　　表30–2

物理特性	无色无味
相对密度	0.55（21℃）
密度	0.042kg/m^3（21℃）
危险性	极易燃烧
空气中的自然极限	与5%~15%容积的空气形成爆炸性混合物，当空气中有未燃尽的气体应避免明火或使用产生火花的工具
毒性	高浓度时引起氧气摄入不足而窒息
典型热值	37750kJ/m^3（天然气），沼气仅包含60%~65%的甲烷，因此沼气热值较小，为22400kJ/m^3

消化气通常含有杂质，如泡沫、沉淀物、硫化氢（H_2S）和硅氧烷，在消化池操作温度下亦含有饱和水分。消化气中的各种杂质如下：

（1）二氧化碳

消化气中二氧化碳的存在降低了消化气的内能和热值，但是通常不会采取从气体混合物中去除二氧化碳的方法来提高消化气热值。

（2）水分

消化气中水分在系统管道中冷凝后与硫化氢结合形成硫酸，会加速止回阀、减压阀、气压计和调节阀的损坏。若不清除冷凝水，它可能会在管道低洼处阻塞消化气。若在燃烧前不除去消化气中的水分，将会减少用于加热系统的热量。高温消化产生的消化气中含有的水分比中温消化的高。

（3）硫化氢

硫化氢是一种活性很强的物质，与水结合形成硫酸溶液，对管道、贮气罐、气体使用设备等有很强的腐蚀性。若消化池中存在硫化氢，将大大缩短诸多消化气体系统组件的使用寿命。硫化氢也是一种危险性化合物，超过700ppm即为致死浓度。

（4）硅氧烷

硅氧烷是一类含硅元素的挥发性有机物，广泛应用于商业、个人护理、工业、医药和食品行业中。污水中硅氧烷主要来源于个人护理产品，比如洗发水、护发素、化妆品、除臭剂、清洁剂和止汗剂等，这些物质在厌氧消化过程中以气体形式释放出来。硅氧烷在消化气设备中被氧化成细小粗糙的二氧化硅砂粒，这些砂粒聚积在活动部件或换热器表面，加速设备磨损，降低传热效率。

3. 气体处理

消化气可用于满足污水处理厂的能量需求，是一种有价值的资源，但是使用前必须去除消化气中的杂质，否则将损坏以消化气为燃料的设备，并降低其使用寿命。因此，在消化气作为能源资源利用之前必须经过处理除去其中的硅氧烷、水分和沉积物，并降低硫化氢浓度。

（1）泡沫和沉淀物的去除

为净化消化气，许多厌氧消化系统都装有颗粒物捕集器和泡沫分离器，这些设备使气体管道局部扩大以降低气体流速，从而收集气体中的泡沫和颗粒物并排出聚集的冷凝物。如图30–17所示，泡沫分离器是一个内置挡板的大容器，配备了喷嘴供连续喷射。负载泡沫和沉淀物的气体从分离器顶端附近进入，向下经过喷淋，穿过挡板并向上经过二次喷淋，从分离器的出口排出。喷淋和内部挡板减少了气体中的泡沫，防止气体利用设备中的水分含量过高。

（2）硫化氢的去除

去除消化气中的硫化氢有几种方法，其中海绵铁处理法是使消化气通过海绵铁渗透层（以浸泡水中的铁刨花形式存在的水合氧化铁），当气体透过海绵铁层时，发生放热反应，使硫化氢转变成硫化铁和水。

海绵铁可在更换前反复再生利用，测定处理后的消化气中硫化氢浓度决定是否对海绵铁进行再生或更换。用过的海绵铁通常含有硫化铁和刨花，不属于危险废弃物，可进行填埋处理。

海绵铁的再生是一个高度放热反应，利用水和空气释放铁盐中的硫，改变水合氧化铁结构。若铁刨花没有浸泡在流动水浴中或控制不当，铁刨花可能过热并自燃。

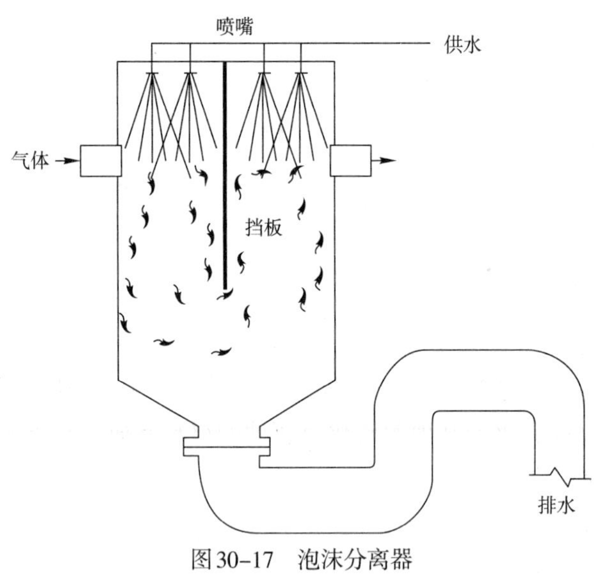

图30–17　泡沫分离器

目前有几项去除硫化氢的专利技术，这些技术都是使消化气通过介质层，介质选择性地与硫化氢发生反应，如图30–18所示。这些系统中采用的介质都是专有的、能自由流动的颗粒物，不能燃烧和再生。

往消化池注入氯化铁，其与硫反应生成不溶性硫化铁，可减少消化气中的硫化氢含量。也可在处理工艺中的以下位置投加铁盐：

1）初沉池（有助于沉淀和改善整体设备的臭味控制）；

2）初沉池和/或进入消化池的剩余活性污泥；

3）消化池污泥循环泵的抽吸口；

4）机械搅拌器的进口。

不应在换热器之前直接投加铁盐，否则将导致蓝铁矿在换热器表面沉积。

图30-18　硫化氢处理装置

（3）水分的减少

消化气中的水分在冷却过程中会形成冷凝水，气体管路的最小坡度为1%，以便收集冷凝水。为了有效地去除水分，消化气在管内的流速应限制在3.7m/s以下，并与冷凝水流形成逆流。

存水弯应位于长管的最低点，不论气体在哪里冷却，冷凝水皆在此被收集。滴水龙头可手动或自动控制，是一种去除累积冷凝水的简便和安全的方法。建议室内使用手动滴水龙头，也可使用浮动式自动滴水龙头，但是需要经常进行检修，以保证阀门正常工作。若没有安装浮动杆，气体可能逸入大气中，从而限制其在室外装置的使用（并在地方法规和安全注意事项允许的条件下）。

气体中的水分也可以通过冷冻式干燥机（图30-19）在冷却温度为4℃条件下去除。冷冻式干燥机通常由不锈钢或其他耐硫化氢腐蚀的材料制成，在干燥前去除气体中的硫化氢可以大大减少腐蚀。冷冻式干燥机还能去除消化气中20%~40%的硅氧烷。

（4）二氧化碳的去除

消化气中的二氧化碳可以通过水洗或化学洗涤、碳分子筛或膜渗透去除，但是，这些技术费用昂贵，只有在将消化气净化到天然气质量以供销售时才可能具有经济效益。

（5）硅氧烷的去除

加热消化池（至35℃）可使污泥中的硅氧烷挥发，以气态形式存在。当其燃烧时，气态硅氧烷转化成细小的二氧化硅微粒，这些微粒很难被普通洗涤器、燃烧设备或燃烧室捕集。为了保护设备，消化气在进行燃烧前需通过气体干燥器或活性炭洗涤器以去除其中的硅氧烷。

图30-19　冷冻式干燥机

1）气体干燥器

硅氧烷是一种相对分子质量较大的挥发性化合物，它容易黏附在消化气流中的水蒸气中，故相当一部分的硅氧烷可以随着气体中的水分被干燥而去除。但是，要去除超过90%的硅氧烷，气体必须干燥到露点温度-29~-23℃甚至更低，这取决于干燥过程中的温度传感器。干燥设备包括冷冻式干燥机，消化气通过其中时被冷却。气体干燥机一般都配有热回收系统，利用消化气释放的热量以提高其出口温度至露点以上。

虽然气体干燥系统原理上相对较简单，但是设备运行至去除硅氧烷的操作温度时，易受大量成冰作用的影响，所以必须除去干燥过程中形成的冰，以保护管道避免爆裂和损害冷却系统。

2）活性炭洗涤器

活性炭洗涤器用于去除消化气中硅氧烷，其操作运行原理与用于污水处理厂臭气控制的活性炭净化器相同。如图30-20所示，消化气通过充满活性炭的容器，在此捕获了消化气中的有机物，如硅氧烷、硫化氢和其他几种化合物。对活性炭进行适当的维护和更换，净化后消化气中的硅氧烷浓度应低于检出限。然而，活性炭对硅氧烷不具有选择性，在除去硅氧烷的同时也会除去气体中的其他化合物。因此，若消化气体含有其他有机物，活性炭需要频繁更换。消化气通入活性炭洗涤器前应先去除其中的硫化氢，硅氧烷去除效果更佳，炭床使用寿命更长。

图30-20　活性炭洗涤器

4. 气体压缩

消化池出来的气体通常压力相对较低（一般在150~300mm H_2O，高压消化池或高达470mm H_2O），这种气体很难直接应用于一些燃烧设备中。而且对于装有气体混合设备的消化池，提供的压力必须克服管道损失和消化液静压头。在这两种情况下，需要进行气体压缩或增加压力。常用的气体压缩设备及其应用条件列于表30-3。

气体压缩设备　　表30-3

类型	应用	操作与维护
液环式压缩机（离心水环密封叶轮）	一般用于气体混合（压力为103kPa或更多）或需要高压贮存而进行高压供气地方或用于发动机或汽轮机。气体循环用于启动或流量控制	能处理脏的气体。大约每2年需要重建一次。可以用处理厂出水，如果会引起沉淀，可使用饮用水用于密封用水。比其他压缩机效率低。当使用气体循环控制流量时过热的机会较小。应特别注意控制分离器的水位以阻止气体逸散。与密封的压缩系统相比，水封的压缩机增加系统的复杂性、较高的侧流流量和污染物质
旋转式正位移鼓风机	气体混合（限制在约103kPa）。通过改变流速控制流量	若处理脏的气体基本需要每年重建。也需要隔音罩。循环气体须有热关闭装置
往复式压缩机	通常应用于低流量高压的情况。可用于向高压的发动机或汽轮机提供气体。压缩机中间冷却器和压后冷却经常需要冷却水系统。一些应用于空气冷却	不能处理脏的气体。要求使用颗粒洗涤器净化气体。效率高。活动部件紧贴需要强力维护
密封式鼓风机	低压（小于14kPa）。通常用作要求高流量低压锅炉的升压机。鼓风机要求气体管道内的气流以冷却密封式鼓风机。通过气体再循环控制有限流量和过热潜能	不能处理脏的气体。可用于气体干燥器后。封闭以减少气体泄漏的可能
多级离心式鼓风机	用于供给气体利用设备，在相近的高压下流量高于往复式压缩机。必须设计为密封式，材料抗应腐蚀且用气安全。通过进口闸板控制流量	不能处理脏的气体。要求使用颗粒洗涤器净化气体。若使用了变速箱，也需要润滑油系统和油冷却

5. 气体贮存

以消化气作为燃料的设备通常需要稳定的气流。因此，如果设备应用消化气供水厂运行或发电的话，那么该设备还需要配备气体贮存装置，以减弱消化气产量的波动。

可利用的贮气柜有几种类型，贮存低压气体最常见的是浮动集气盖，盖子下的贮存容量取决于盖子的有效垂直距离和消化池直径。消化气产生期间，其贮存时间一般仅限于1~2h。膜贮存也是在低压下运行，它可贮存相当于浮动集气盖两倍的气体量。膜贮存可以安装在消化池上同时作为消化池盖子和贮气柜，也可作为单独的构筑物安装在地面上，如图30-21所示。

球形贮气罐是独立的构筑物（见图30-22），可以有多种尺寸，所贮气体的压力为550~700kN/m^2，可以容纳比其他贮气系统更多的气体贮量，但是贮存前气体必须先进行压缩。球形贮气罐的能量利用前景可能会很大。

图30–21　贮气膜（JDV设备公司）

图30–22　钢材料气体贮存罐

30.2.17 气体系统设备

1. 流量测量

气体产量可以衡量消化池性能。可靠的监测设备可提醒车间操作人员处理故障和气体泄漏。气体监测流量计一般分为正位移式、热式和差压式，见表30–4。

因为消化池气体产率各不相同，建议每个消化池使用单独的流量计。也建议利用消化气的设备使用单独的流量计。消化气中可能含有水分和杂质，需要注意计量装置的维护。

气流指示和测量方式　　表30–4

类　型	应　　用	运行和维护
正位移式	很多处理厂都有应用。当大型装置运行时需要旁路。除脏的气体外需要精确测量。为确保精确度不需要上游和下游的直管部件	可少量处理脏的气体。需要定期清洗或重建
热式插入型	由于可处理脏气且设备安装简单而应用广泛。对低流量的测量较精确。对如喇叭口的零流量有一些精确度问题。需要上游和下游的直管有一定的距离以求精确。可通过球阀插入或移除	比大多数计量装置更小。需要定期清洗探头。必须防止液流冲击探头。不需要旁路，因此减少了管道和隔离阀维修的需要
差压式孔口和文丘里管	一般用于老的处理厂。需要上游和下游直管组件	当用于较脏气体时需要频繁清洗。精确度取决于仪器的清洁度。被污染时可使用大量的压缩空气冲洗

2. 气体系统安全和控制设备

气体系统包括安全和控制设备，目的是避免回火、测量和控制系统气体压力以及燃烧未被利用的气体。气体系统的安全和控制设备及其使用说明和维护要求列于表30–5。

消化气系统和控制装置　　表30–5

类　型	应　　用	运行和维护
火焰防止罩（大管） 火焰止回阀（小管）	用于停止管道中的火焰传播。如以下提到的，火焰防止罩安装有热截止阀。安装在发动机、压缩机、锅炉、燃烧火炬或其他点火装置源的气体供应设备。也用于装有减压阀和真空阀的消化池盖	定期清洁，通常每月1次。寒冷天气需要绝缘保温和加热以防结冰。装置中产生的泡沫致使其他装置（特别是减压阀）失效
热截止阀	受载弹簧或压力操作隔离阀可以在火焰温度下断路。必须安装在火焰防止罩和点火装置源之间	当出现偏差时需要定期替换部件。经常包括可显示偏差值的指示器。寒冷天气需要绝缘保温和加热以防结冰
压力和真空阀	所有消化池盖都有配备，以防止池内超压或真空。作为公共部件的阀门通常可调节，有一定重量。设定应低于盖子设计限值。通常每个盖子设置2个，1用1备。通常排放口在阀门周围。可利用管道使排放口远离阀门	定期检查密封部件若有发生泄漏应及时替换。寒冷天气需要绝缘保温和加热以防结冰。消化池盖子的减压阀是防止压力过大或产生真空最终保障。液体泄放不能用这类阀门
止回阀	通常用于废气火炬。通过使火炬超压以维持上游压力。常以重量设定释放压力；然而有些是用弹簧。理论上，上游感测线应在气体收集总管，远离阀门且足够大以减小阻塞的可能性	需要频繁维护以防止黏结（开启或关闭）。这种阀门可调节气体收集管道系统的压力且是防止消化池盖超压的第一级保护
低压止回阀	用于阻止气体回流。通常用皮革或柔韧性好的活板以确保在低压下正常运行。不常用	若不起作用应检查翻板并替换
废气点火或燃烧器	用于过剩气体的处置。经常配备有固定控制器和电子点火器	作为一种稳定的消化气处置方式在所有的处理厂都有设置。未处理的气体不应自由释放
明沟或“烛火”	用于小型且不需要对气体释放严格控制的处理厂。通常为可见火焰气体处置装置	需要供应品质较好的辅助气（可以供应天然气或丙烷）。加热和腐蚀使定期更换成为必须。控制系统需要频繁维护和保养
控制燃烧火炬、地面火炬或发射控制火炬	用于对气体释放要求严格而不能见到明火。控制气体供应以维持气体完全燃烧所需要的足够温度。这种火炬必须在特定温度下运行以实现释放限制。若火炬过大，则需要辅助燃料，但这样也增加了运行成本	需要对控制器和气体风机定期进行系统维护
压力指示器	压力计用于低压情况（760mm水柱或更低）。计量器用于高压情况，特别是气体利用管线	定期清洁压力计，代替流体并校正仪表。压力仪表应装有孤立的隔板以阻止气体污染物污染装置

30.2.18 消化气利用

消化气是一种颇有价值的燃料，传统上一直用来加热锅炉产生蒸汽或热水供给工艺或建筑物，带动燃烧涡轮机或驱动型发电机发电（回收热量产生的热水用于加热）或带动干燥设备去除污泥中的水分（回收热量加热消化池）。近年来，消化气的收集和利用技术逐步提高，目前消化气的能量回收技术被认为是一项成熟和成功的废物变能源的技术。

1. 热能

通常消化池产生的气体除供消化池加热所需外还有富余，多余的气体可以用于建筑物供热或处理工艺。如果消化气用于产生蒸汽而不是将水加热，热量也可通过吸收式制冷机用于建筑物制冷。由于建筑物供热和制冷具有季节性，故其能量需求取决于环境温度。

锅炉对消化气品质要求不高，但是，用于锅炉时，消化气中硫化氢浓度应减少到1000ppm以下，水汽应凝结成冷凝水，以避免气体喷嘴出现问题。

消化气产生的热量也可用于脱水泥饼的干化等过程。通常消化池产生的消化气提供的能量可满足所需干化能量的50%~80%，剩下的能量由天然气提供。从干燥冷凝器/洗涤器回收的热量可用来加热消化池。

2. 发电

消化气可收集起来与现场发电设备联合发电。以热水或蒸汽（仅局限于燃气涡轮发电机）的形式从发电机组回收的热量可用于消化池加热或建筑物供热或制冷。如果所有回收的热量都被利用，消化气总利用率可达到近80%。

发电量取决于消化气产量，但是大部分大中型污水处理设备产生的电力均低于5MW。现场发电系统包括传统驱动型发电机、燃气涡轮发电机（较大的污水处理设施）、微型涡轮机和燃料电池。内燃机是目前最常用的发电设备。

污水处理厂的发电设备大约80%是往复式发动机。根据污水处理厂处理规模，也可以使用燃气涡轮发电机或蒸汽轮机。

用于废热发电设备的消化气质量要求比用于锅炉的消化气更为严格，要求消化气应冷却去除水分，而且通常需要洗涤去除硫化氢和硅氧烷。

3. 通过天然气网络输送

消化气利用的又一类方式是首先去除消化气中的污染物如二氧化碳，使其具有天然气的品质，然后将高品质的消化气通过天然气供应网络输送。这种方式仅适用于大量消化气的场合。

30.2.19 安全问题

消化气具有危险性，因为它的主要成分是甲烷和二氧化碳，两者均无色无味，能与空气置换，易引发窒息。因此，消化设备应安装有气体检测器和分析仪，以及自给式呼吸器以防气体泄漏。

当甲烷与空气混合至甲烷浓度为5%~20%时易燃。为了避免与空气混合，消化气处理系统必须在正压条件下操作。若污泥排出量超过浮动盖或集气罩允许的液面范围，空气会被吸入消化池，所以应采取预防措施防止消化池排水低于推荐值。

消化池内的气体会与消化气混合且最终进入消化气管道系统。如果空气和消化气混合物接近火焰源（废气燃烧器、锅炉或发动机），会在管道内形成回火。管道配有防火罩以消除回火，但是，气体在管道内膨胀引起压力增加，易在阻火器熄灭火焰前造成管道破裂。为避免回火引发的管道破裂，阻火器应安装在离引火点尽可能近的位置，最大距离不超过9m。

消化气泄漏容易有爆炸危险。消化池等设施一般都配有监测仪表测量低爆炸极限和消化气中硫化氢浓度。由于火灾和爆炸危险，消化池等设施所在区域须满足美国国家消防协会（NFPA）标准关于电力分级、建材和防火保护措施方面的规定。关于厌氧消化设施的具体信息参见污水处理与收集设施防火标准（美国国家消防协会，2003年）第6章。根据美国消防协会标准规定，厌氧消化设施的大部分区域被认为很容易发生爆炸危险，因此，必须采取安全措施，包括使用无火花工具，禁止吸烟或明火，提供充足的通风，使用防爆电气设备等。

另一个要考虑的安全问题是消化气的毒性。不同浓度硫化氢的影响列于表30-6。尽管硫化氢具有强烈的臭鸡蛋气味，但暴露很短的时间后鼻子就对臭味麻木，容易误认为危险已经减弱或消失。因此，应该使用硫化氢检测器并定期校准。硫化氢密度比空气大，因此，检测设备应安装在适当的位置，使其能检测到消化池设备的全部高度。

与消化气系统有关的安全设备应定期进行检查，如灭火器，减压阀，煤气灯和控制器，气体压缩机，冷凝槽和检测仪器等。

消化设施所在区域，包括停止运行或放空的消化池以及消化池盖子下部的顶层空间都应被认为是密闭空间。依照美国职业安全与卫生保健署（OSHA）第1910.146部分，密闭空间许可证，或在适用情况下依据类似的安全守则，才能够允许进入这些区域。

不同浓度硫化氢的影响 表30-6

浓度（ppm①）	影响/标准
5	易检测出臭味
10	可允许的暴露极限（PEL②），轻微的眼睛刺激
15	短期暴露极限
50	空气污染物浓度极限，轮班期间任何时候的暴露最大浓度
100	咳嗽、眼睛刺激、2~15min后失去嗅觉
300~500	头晕、恶心、支气管炎、肺水肿，且立即威胁生命健康
600~700	很快失去意识，停止呼吸，然后死亡
1000~2000	立即失去意识，几分钟之内死亡
40000	爆炸范围（大约4%~44%（40000~440000ppm））

① ppm—百万分之一，即每百万份容积的空气中一份容积的气体。1%气体-空气浓度相当于10000ppm。
② PEL—每班工人能够反复暴露且无不利影响的8h加权平均浓度（加利福尼亚职业安全和危险机构标准）。

30.3 消化池运行

30.3.1 启动和关闭

1. 启动

厌氧消化启动的目标是实现消化池稳态运行，同时在尽可能短的时间内实现挥发性固体含量减少目标。欲使生物试运行成功，需在消化池投产前确保各系统和子系统设备的有效启动，包括气体处理系统，热交换器，固体输送泵，混合设备及辅助系统。下列3个参数对确保启动过程顺利进行很关键：

（1）维持一个特定的操作温度；

（2）连续混合；

（3）特定的挥发性固体负荷率，其日变化不超过 ±10%。

为了尽量减少设备或生物过程中的故障，操作者应对消化设备检查和测试，步骤如下：

（1）清除消化池内的全部碎片；

（2）检查所有阀门以确保能正常稳定运转；

（3）检查所有气体的控制、调节及安全装置，包括但不限于沉淀捕获器、泡沫分离器、压力计、废气火炬、防火帽和减压阀等；

（4）检查固体输送泵并上润滑油，检验固体泵内无残余碎片，调试驱动器正确；

（5）清洗热交换器并拧紧所有管道连接接头；

（6）调整消化池搅拌系统（机械式搅拌器或气体搅拌器），并上润滑油；

（7）消化池投产前核查锅炉系统能运行约24h。

消化池的启动可以分为两个阶段：准备阶段和运行阶段。在准备阶段——通常是前4d——消化池的进料以其最低水平运行，达到工作温度并启动搅拌。最初，可以向消化池输入下列任何一种液体：

（1）未浓缩的剩余活性污泥（加聚合物之前）；

（2）二沉池出水（未经加氯消毒）；

（3）初沉池出水；

（4）原污泥和剩余活性污泥的混合物。

有效的生物试运行不需要接种厌氧污泥。消化池试运行一般需要45d，但接种污泥可将试运行时间缩短7~10d。接种污泥中初沉污泥和剩余活性污泥的比例应与消化池进料污泥尽可能类似。在试运行期的前3d里，消化池物料应混合并加热到运行温度。当消化池开始进料时，消化气系统应进入气体主管。

准备阶段末期，消化池应在要求的温度下运行，并准备接收进料污泥。此时，消化池的进料可以是以下几种：

（1）初沉池出水（首选源）；

（2）二沉池出水（未经加氯消毒）；

（3）未浓缩的剩余活性污泥（加聚合物之前）；

（4）原污泥和剩余活性污泥的混合物。

最初有机负荷率约为0.16kgVSS/（$m^3 \cdot d$），应每3d增加1次，但前提是消化过程参数控制在要求的限度之内。启动过程的关键在于对挥发性固体负荷的控制，进料污泥成分或比例不重要。消化池进料应尽量在24h内进行，以避免消化池瞬时负荷率过大，以及减少发泡可能性。

表30–7列出了启动阶段每天需监测的运行参数，利用趋势图分析这些参数，得出正反两方面的趋势并预测消化池可能出现的问题。在指标范围内，单个参数的变化率比其绝对值更重要。

一旦操作参数表明消化池已在稳定状态下运行，有机负荷应以0.16kgVSS/（$m^3 \cdot d$）的增加量每3d增加1次，直到达到设计的挥发性固体负荷率。

消化池监控表　　表30–7

参数	单位	检测方法	指标范围	检测频率	样品位置	
					进泥	回流污泥[3]或消化污泥
温度[1]	℃（℉）	仪表	32~38℃ 90~100℉	每日		×
挥发酸（VA）	mg/L	5560C[4]	50~300	每日		×
碱度（ALK）	mg/L	2320[4]	1500~5000	每日	×	×
VA /ALK	（无）	计算	0.1~0.2	每日	N/A	N/A
pH	pH单位	仪表	6.8~7.2	每日	×	×
总固体[2]	%	2540B[4]	（记录）	每日	×	×
挥发性固体[2]	%	2540E[4]	（记录）	每日	×	×
流量[2]	L（gal）	仪表	（记录）	每日	×	×
消化气产量	cfd	仪表	12~16ft^3/ld 挥发性固体	每日	消化气系统	
消化气构成（CO_2）	%	气体分析仪	低于35%CO_2	每日	消化气系统	

① 中温消化池温度。高温消化池温度根据设计而不同；
② 分别测定所有进泥的总固体浓度、挥发性固体浓度和流量；
③ 原污泥进料口上游取样；
④ 标准方法（APHA等，2005）。

2. 关闭

消化池的关闭应仔细按计划进行。关闭前，应检查压力阀和真空阀是否可正常操作，以避免损坏消化池盖子。消化池关闭前5周应开始逐步减少挥发性固体负荷，而消化池剩余的挥发性固体负荷率递增，保持尽可能高的液面以维持最大的HRT。维持最大的HRT应尽可能减少高挥发性固体负荷引发的生物扰动。在线消化池的挥发酸与碱度之比（VA/ALK）应每天监测，结果以趋势图表的形式来表示，并评估挥发性固体负荷增加的影响。如果VA/ALK变化率超过30%，过量的挥发性固体负荷应通过旁路进入固体储料池，以避免消化过程紊乱。

排水周期开始前至少1周，消化池进料和出料系统应完全关闭，步骤如下：

（1）消化池进料阀关闭；

（2）消化池污泥排出阀保持关闭；

（3）污泥热水泵关闭；

（4）污泥循环泵保持运行，但热交换器接入旁路；

（5）污泥搅拌器保持运行；

（6）消化池所有的气体总管阀均关闭，切断消化池与集气管的连接。

中断消化池进料及加热将显著减少消化气产量。如有必要，需对消化池进行排水，还包括以下步骤：

（1）停止搅拌。

（2）向消化池顶部添加氮气，通过减压阀置换消化气。消化池是一个密闭空间，为维护或建筑活动而进行的清理应遵循承包人或公共事业的密闭空间安全计划。如果需要尽快进入消化池，有效的措施是利用惰性气体排出消化气。可以利用惰性气体置换出爆炸性气体，但并不表示这样进入消化池就是安全的，故必须强制空气通风。

（3）使用远程监控传感器监测气体流量。

30.3.2 进料和排泥安排

1. 消化池进料

消化池运行的关键是使消化池内物料处于均匀一致状态。进料污泥体积或浓度、温度、组分或排料速率的突然变化都会影响消化池性能，并可能导致泡沫。最理想的进料方式是将不同类型污泥（初沉污泥和剩余活性污泥）混合，每天连续24h进料。由于连续进料一般不太可能实现，通常采用5~10min/h的进料周期。8h工作制运营的小型污水处理厂可以采用至少3次的进料计划，即初期、中间和末期。

合理确定消化池处理能力的两个参数分别是SRT和挥发性固体负荷率，二者决定了微生物必须稳定的有机物量和消化这些有机物的时间。通常，进料浓度小于3%时，处理能力受SRT限制；进料浓度大于3%时，处理能力受挥发性固体负荷率的影响。

对于充分混合的高负荷消化池，SRT一般为15~20d。若总停留时间远小于15d，产甲烷菌的增殖速率缓慢，易被排出。短停留时间使消化池的缓冲能力（中和挥发酸的能力）降低。泵入稀释的污泥和消化池内泥沙和浮渣的过度积累都将减少停留时间。尽可能向消化池加入高浓度污泥（在设计挥发性固体负荷允许范围内）能增加有效停留时间，还能减少供热需求。

对于搅拌良好和供热充足的消化池，有机负荷率范围通常为1.0~3.2kgVSS/($m^3 \cdot d$)，通常有机负荷率控制着厌氧消化过程。挥发性固体负荷超出日常限值的10%，即有机负荷过高。通常有机负荷过高的原因如下：

（1）消化池启动太快；

（2）进料不稳定或进料组分变化导致挥发性固体负荷过大；

（3）挥发性固体负荷超出每日限定负荷的10%；

（4）由于砂石积累导致消化池有效容积减少；

（5）搅拌不充分。

2. 排泥

向消化池加入原污泥之前应立即从一级消化池排出一定量污泥以防止短流。有表面溢流的消化池，污泥排出的时间和速率应和进料污泥协调同步。至少每天排泥一次，以避免活性微生物量的突然减少，以及消化池VA/ALK改变而影响其缓冲能力。一级消化池污泥可以简单溢流至二级消化池或作为原料进入消化污泥贮存池。污泥可从以下部位排出：

（1）消化池底部；

（2）溢流结构；

（3）搅拌良好消化池的任意部位。

从消化池底部排污泥可以同时排出沉积在消化池底部的砂石。如果可能的话，应定期排泥。

重要的是，由于消化过程破坏了挥发性固体，所以除滗析操作外，消化池排出的有机污泥浓度小于进料污泥浓度。

3. 滗析

滗析可用来增加消化污泥浓度。由于滗析过程中液面是变化的，所以它只能用于装有泵吸装置的消化池而不能用于静止液面的重力流消化池。滗析还需要对消化池物料进行沉淀，使较重的固体和上清液分离。因为沉淀要求停止搅拌，故滗析不适用于一级消化池。通常二级消化池搅拌或加热几小时或几天后才能进行滗析操作。

滗析时液面应在小范围内变化，控制关键在于缓慢排泥和进料。如果二级消化池没有贮气柜，那么应在二级消化池配备滗析阀门和管道，高液位下每间隔12~18英寸安装阀门，至少安装4个。

厌氧消化池滗析操作包括以下步骤：

（1）测量二级消化池液位，确保有足够的体积用于滗析。滗析体积应始终相同，以确保停留时间不变。

（2）采集样品供实验室采用沉降仪分析消化污泥沉降性能。根据污泥沉降特点，每30min、60min或90min记录一次结果。

（3）根据沉降试验结果，决定二级消化池是否能成功进行滗析。沉降设备安装位置不同，其读数也不相同，故必须根据滗析体积和水质确定。

（4）关闭二级消化池的搅拌和加热系统，使二级消化池沉淀6~8h。

（5）慢慢打开二级消化池位置最低的滗析阀，滗析液连续流出10min后采集样品。关闭该滗析阀。对采集到的样品离心或微波处理15min，近似测定样品的总固体浓度。

（6）慢慢打开二级消化池从下到上的第二个滗析阀，滗析液连续流出10min后采集样品。关闭该滗析阀。对采集到的样品离心或微波处理15min，近似样品的总固体浓度。

（7）按从下到上的顺序继续打开余下的阀门、收集样品、关闭阀门，直到测得的样品的总固体浓度最低。

（8）对滗析液继续取样，每20min测定一次水质，减少消化污泥进入液流处理的循环量。

（9）到达适当的液位，关闭所有滗析阀，重新启动加热和搅拌系统。

30.3.3 浮渣控制

浮渣在消化池的积累很常见。浮渣是未被消化的油脂和油类物质的混合物，还常常含有漂浮物，如前处理中未去除的塑料。浮渣在消化液表面漂浮并积累，形成厚厚的一层。设计和运行良好的搅拌系统通常能使浮渣与消化池物料混合。

如果消化池连续运行8h而不进行搅拌操作，那么浮渣就有可能上升并漂浮在液面上。一旦开启搅拌系统，浮渣又重新分散在消化液中。浮渣控制的主要方法就是保持消化池运行期间搅拌系统的良好运行。

30.3.4 消化池清洗

消化池的清洗频率取决于下列因素：进水筛滤、除砂效率、搅拌系统和消化池构造。圆柱形消化池通常每2~5年清洗1次。由于清洗程序很复杂，许多污水处理厂的厌氧消化系统都选择“运行直至故障”的模式，即消化池性能连续几年持续下降时才进行清洗。

清洗操作时必须在下列情形下作好防护：有毒气体、进入密闭空间和物料搬运等已知的有形危害，也要保护自己远离未知特定场地的危险，包括以下内容：

（1）内部或外部阀门和管道损坏；

（2）消化池池顶或盖子涂层破坏；

（3）混凝土劣化；

（4）机械及结构检修期间的停工期及费用损失；

（5）消化池超负荷运行的潜在可能。

在消化池清洗前还应考虑到机械、电力、仪表测量系统的故障分析和检修。清洗也应包括消化池管道系统的化学或机械清洗。

消化池各部件清洗必须采取正确的挂牌上锁安全程序：电力参见OSHA第1910.333章；进入密闭空间的程序参见OSHA第1910.146章，即密闭空间许可证和其他适用的安全法规。应对下列危险采取防范措施：

（1）窒息——应在整个清洗工作进行期间连续监测空气中的氧气和硫化氢浓度。

（2）爆炸——人进入消化池之前，向池内通入二氧化碳（CO_2）或氮气（N_2）等不可燃气体，以消除爆炸的可能性。

（3）气体泄漏——清洗开始前，消化池所有需要清洗的交叉连接阀应关闭、挂牌和锁定以确保安全。检查消化气阀门确保不漏气。消化池内控制移动设备的断路器应该打开并作好标记。

由于从消化池内排出污泥，空气可能通过取样口、池上开口或真空安全阀等进入消化池，有爆炸的危险。甲烷和空气混合物中的甲烷浓度为5% ~ 20%时最可能发生爆炸。消化池清洗期间应对爆炸条件进行连续监测。

经过完全清理后，在消化池重新投入使用前，消化池内应重新加满下列物料中的一种或几种的组合：

（1）初沉池出水（首选源）；

（2）二沉池出水（未经加氯消毒）；

（3）未浓缩的剩余活性污泥（加聚合物之前）；

（4）原污泥和剩余活性污泥的混合物。

一般不推荐从“脏的”消化池中转移物料来重新启动清洗后的消化池，这是因为所转移物料中的惰性物质在清洗后的消化池内容易形成沉淀。

清洗后消化池内的液体达到最小混合状态后，启动热水泵、污泥循环泵和污泥搅拌系统。当消化池内物料达到合适的工作温度后，利用挥发性固体负荷的控制程序来提高剩余液位。从消化池达到合适的工作温度起，厌氧消化过程应完全稳定并在设计挥发性固体负荷下运行45d。消化池进行有效清洗总共需要的时间大约是90d。

如果消化池的清洗工作由承包商完成，清洗合同应明确清洗工作的范围，并由业主提供下列具体信息：

（1）消化液体积；

（2）混合均匀消化液的典型固体组分分析结果，包括金属含量、营养素含量、总固体和挥发性固体浓度；

（3）现有污泥处置场所（垃圾填埋场，现场泻湖等）和消化池物料稳定化的要求；

（4）清洗过程产生的废水回到污水处理厂进行处理的水质和水量；

（5）开启消化池和排出消化气的职责——最好由污水处理厂和承包商共同完成；

（6）消化池和管道的清洁标准；

（7）现有设施，包括工作场地规模，供水（流量和水压）以及电力供应（电压和电流强度）；

（8）消化池关闭期间承包商必须处理的设备中的污泥数量、种类和浓度；

（9）电力和阀门挂牌上锁安全程序协调。

承包商资格证书应包括以下几个方面：

（1）要求参加保险；

（2）5年以上的实际经验；

（3）公司安全计划；

（4）公司员工培训文件；

（5）适当的推荐人。

30.3.5 沉淀物的形成和控制

在消化过程中会产生结晶沉淀，影响消化系统和后续污泥处理工艺。沉淀物在管道和脱水设备中累积，造成破坏和堵塞，维修费昂贵（见图30-23）。常见的沉淀物有鸟粪石，蓝铁矿和碳酸钙，形成这些沉淀物的成分存在于未消化的污泥中，在消化过程中释放出来并转化为可溶性物质，这些可溶性物质能发生反应和结晶。沉淀物可在很多地方形成，这取决于消化污泥的化学性质和处理工艺。由于沉淀物最容易在粗糙或不规则的表面形成，所以玻璃衬里的污泥管道和大半径的弯头均有助于减少沉淀物积累。

鸟粪石{磷酸铵镁[$MgNH_4PO_4 \cdot 6(H_2O)$]}的形成取决于消化污泥各成分的相对浓度和pH值。由泵或脱水引起的紊动除去液体中的二氧化碳，提高pH值，从而创造了形成鸟粪石的有利条件。通过投加铁盐（氯化铁或硫酸铁）或聚合分散剂可控制鸟粪石的形成。铁盐可以在预处理段、终沉池或消化池投加，铁盐与消化污泥中的磷酸盐反应生成蓝铁矿[$Fe_3(PO_4)_2$]。由于一部分可利用的磷酸盐形成了蓝铁矿，剩下的磷酸盐与镁和氨的比例发生了改变，从而影响了鸟粪石的形成。不同位置投加铁盐的剂量需求不同，但是7~14kgFe/（t干污泥）的投加剂量能有效防止鸟粪石积累。由于铁优先与硫化氢反应，所以污泥中高浓度的硫化氢会增加铁盐投加量。

图30-23 沉积于管道中的鸟粪石

分散剂通过干扰结晶形成防止鸟粪石积累，目前聚合物生产商能提供很多拥有专利的分散剂产品，各分散剂所需的剂量差异很大。

污水处理厂出水可用来稀释离心机离心滤液或带式压滤机滤液等，使限制成分浓度低于沉淀物临界值。

当投加铁盐来控制鸟粪石的形成时，希望生成蓝铁矿。和鸟粪石一样，蓝铁矿是晶体，它存在于消化污泥中而不是在管道和设备中积累。但是铁盐若直接在换热器上游投加，蓝铁矿可在换热器中积累，导致堵塞并影响热传递效率。

不太常见的沉淀物包括各种钙的化合物，如碳酸钙。钙结垢（如鸟粪石或蓝铁矿结垢）的原因目前还不是很清楚。

在管道或设备中形成的沉淀物可以结合酸洗和清刮管道的方法去除。

30.3.6 监测和测试

正确取样对于厌氧消化过程控制的有效监测是至关重要的。趋势图作为一种有效手段，可用来跟踪消化池进料特征或运行状态，也可预测消化过程可能出现的问题。可利用趋势图监测挥发性悬浮固体、每日总固体进料、VA/ALK、VSR和气体产量。根据趋势图，单个组分的变化率比其绝对值更重要。

控制厌氧消化过程主要基于以下3个消化过程采样点采集到的样品：（1）消化池进料，（2）循环污泥（3）消化污泥。污泥取样点通常位于消化池构筑物上。每个消化池具有一个进料采样点和一个排料采样点。

用于消化池性能评估的样品应从各个正在运行的消化池采集。推荐的采样点，频次和分析方法见表30-7。为得到正确的结果，样品的采集和分析应遵循以下原则：

（1）样品必须具有代表性；

（2）采样后立即分析pH，避免由于二氧化碳损失出现偏差；

（3）所有消化池必须快速连续采样；

（4）所有样品容器使用前后必须彻底清洗；

（5）如果不立即分析样本，必须冷藏。

应将本次分析的结果和先前的分析数据对比，以检验当前的数据点是否在合理范围内。如果不在范围内，应当另外采集样品进行分析以确认结果。如果数据合理，可将新的数据点加入当前趋势分析，以全面评估厌氧消化性能。若趋势图显示厌氧消化逼近临界值，应采取措施进行调整。及早采取措施可防止运行参数超出所需范围。但其个别高的或低的数据点并不构成趋势，调整措施应基于能够反映消化池连续变化的多个数据点。

1. 温度

厌氧消化微生物需要在特定的温度范围内才能存活并繁殖。温度为10℃左右时消化几乎停止，但厌氧消化微生物在中温范围（30~38℃）活性最高。高温消化池在高温范围（55~60℃）下运行。无论是中温消化还是高温消化，消化池温度偏离范围值不应超过0.6℃ /d。每一种产甲烷微生物群落都有各自最佳的生长温度，若温度波动太大，产甲烷菌很难形成大而稳定的菌落。每天记录消化池温度是消除温度波动的好方法。

2. pH

消化池可在pH为6.0~8.0的范围内运行，最适pH范围为6.8~7.2。如果pH值低于6.0，未电离的挥发酸会对产甲烷菌产生毒害作用；pH值高于8.0，未电离的氨（溶解性氨）也会对产甲烷菌产生毒害作用。这些关键的pH值反映了氨和乙酸的电离常数。消化池物料pH值受挥发酸和碱度控制。

3. 碱度

碱度反映消化池的缓冲能力，即抵抗pH变化的能力。消化池中常见的缓冲物质有碳酸氢钙，碳酸氢镁和碳酸氢铵，在消化过程中产生碳酸氢铵，而其他缓冲物质则存在于原污泥中。加热系统良好的消化池总碱度范围为1500~5000mg/L。通常碱度越高，消化池越稳定。碱度使消化池更能处理好有机负荷突然增加的情况，不致产生较大的波动。

4. 挥发酸

挥发酸是消化过程的中间副产物。尽管厌氧消化池挥发酸浓度范围一般为50~300mg/ L，如果有足够的碱度用于缓冲，也可以接受更高的挥发酸浓度。

挥发酸/碱度：VA/ALK可反映消化过程中酸发酵和甲烷发酵微生物之间平衡。VA/ALK如式30-7所示：

$$VA/ALK=挥发酸（mg/L）/碱度（mg/L） \quad (30-7)$$

由于挥发酸和碱度之间需要平衡，VA/ALK是消化池运行健康良好的指标。对VA/ALK变化率进行有效监测可预警pH变化之前的问题。VA/ALK应为0.1~0.2，若VA/ALK大于0.8，预示消化池pH下降，产甲烷过程受抑制。但VA/ALK大于0.3~0.4已表明消化池内条件出现波动，需采取调整措施（参阅本章“故障诊断和排除指南”部分）。

30.3.7 消化池失稳和控制方法

引起消化池失稳的主要原因有4个：水力负荷过高，有机负荷过高，温度应力和有毒物质超负荷。水力或有机负荷率每天超出设计值10%以上，即发生水力负荷和有机超负荷。控制负荷过高的方法有：管制消化池进料和保证消化池容积不因砂石积累或搅拌不良而减少。控制消化池进料应注意进料前的前处理、沉淀和浓缩，以确保进料污泥浓度在合适范围内。

如果发生消化池失稳，可通过下列方法进行有效控制：

（1）停止或减少进料；

（2）查找失稳原因；

（3）消除失稳因素；

（4）控制pH直到消化池恢复正常。

如果只有一个消化池失稳，可适度增加其余消化池的负荷，使失稳消化池恢复正常。如果几个消化池同时超负荷，要求有其他方法来处理这些过剩污泥。可以考虑将这部分过剩污泥转移到其他设施临时贮存，或经化学稳定处理后再进行处置。

1. 温度

消化池温度在10d内变化超过1~2℃会引发温度问题，抑制微生物，降低产甲烷菌的生物活性。如果产甲烷菌活性不能尽快恢复，而不受温度变化影响的产酸菌又继续产生挥发酸，最终会消耗大量可用的碱度，导致系统pH下降。

温度问题最常见的起因是消化池负荷过高，超过了加热系统的瞬时功率。大部分加热系统最终可以加热消化池物料到运行温度，但经受不起温度变动。

另一个起因是消化池在最适温度范围外运行。例如，中温消化的最适温度范围为32~38℃，温度低于32℃生物过程进行缓慢，温度高于38℃消化效率得不到提高且造成系统能源浪费。

2. 毒性控制

厌氧过程对某些化合物很敏感，如硫化物、挥发酸、重金属、钙、钠、钾、溶解氧、氨和有机氯化合物。一种物质的抑制浓度取决于许多参数，包括pH值、有机负荷、温度、水力负荷、其他物质的存在，以及有毒物质浓度与生物质浓度的比值。几种化合物的抑制水平见表30-8、表30-9和表30-10。

可以通过添加硫化钠、硫酸铁或硫酸亚铁缓解重金属的毒性。由于有毒重金属硫化物溶解度比硫化铁低，有毒重金属会形成硫化物沉淀析出。可用氯化铁形成硫化铁沉淀来控制硫化物的浓度。这些化学物质的过度使用可能会导致pH降低。

3. pH控制

控制消化池pH的关键在于，投加碳酸氢盐碱度与酸反应，缓冲系统pH至7.0左右。直接或间接投加的碳酸氢盐可与溶解的二氧化碳反应生成碳酸氢盐。用于调节pH的化学药品包括石灰，碳酸氢钠，碳酸钠，氢氧化钠，氨水和气态氨。投加石灰使卫生条件变差，且会生成碳酸钙。虽然氨化合物也可用于调节pH，但可能造成微生物氨中毒并增加回流处理工艺的氨负荷，因此，不推荐使用氨化合物调节pH。

氨氮对厌氧消化过程的影响（U.S.EPA,1979） 表30-8

氨氮浓度，以N[a]计（mg/L）	影响
50~200	有利
200~1000	无不利影响
1500~3000	pH为7.4~7.6时受抑制
>3000	有毒性

[a]氮

严重抑制厌氧消化的个别金属总浓度（U.S.EPA,1979） 表30-9

金属	消化池物料中的浓度		
	干污泥(%)	mol金属/kg干污泥	溶解性金属(mg/L)
铜	0.93	150	0.5
镉	1.08	100	—
锌	0.97	150	1.0
铁	9.56	1710	—
铬			
6+	2.20	420	3.0
3+	2.60	500	—
镍	—	—	2.0

轻金属阳离子刺激和抑制浓度（U.S.EPA,1979） 表30-10

阳离子	浓度（mg/L）		
	起刺激作用	一般抑制	强烈抑制
钙	100~200	2500~4500	8000
镁	75~150	1000~1500	3000
钾	200~400	2500~4500	12000
钠	100~200	3500~5500	8000

消化池运行不正常时，挥发酸浓度在碳酸氢盐碱度消耗之前开始升高。由于碱度耗尽之前pH不会降低，所以只能是消化池已经失稳后才能观察到pH降低。消化池运行不正常时碱度、挥发酸、甲烷产量、二氧化碳产量和pH之间的关系如图30-24所示。

控制pH的合适化学剂量可以通过测得的挥发酸和碱度浓度计算。VA/ALK应大约为0.1~0.2。当VA/ALK大于0.3~0.4，应采取措施使挥发性固体负荷率由1.6kg/($m^3\cdot d$)降到1.2kg/($m^3\cdot d$)，从而可使进料速率和排料速率降低约25%，同时维持消化池内部污泥温度在35±1℃。

Ⅰ挥发酸与碱度的关系

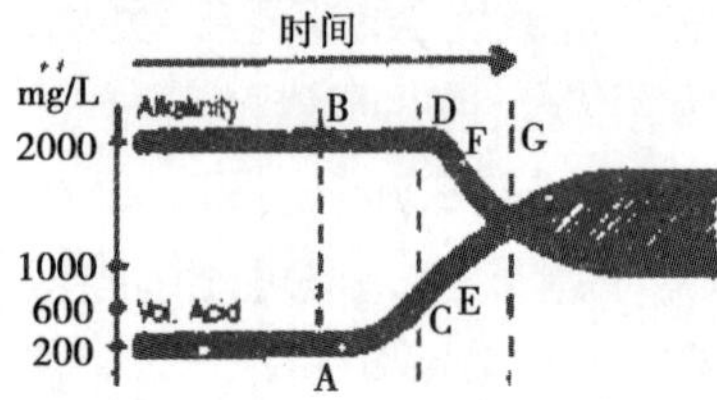

该图所示的消化池具有良好的缓冲能力（与碱度2000 mg/L 相比，酸度低至200 mg/L）。在A点，消化池发生了某种变化导致酸度升高，随之在D点观察到碱度下降。该消化池开始发生酸化。

Ⅱ挥发酸/碱度比值

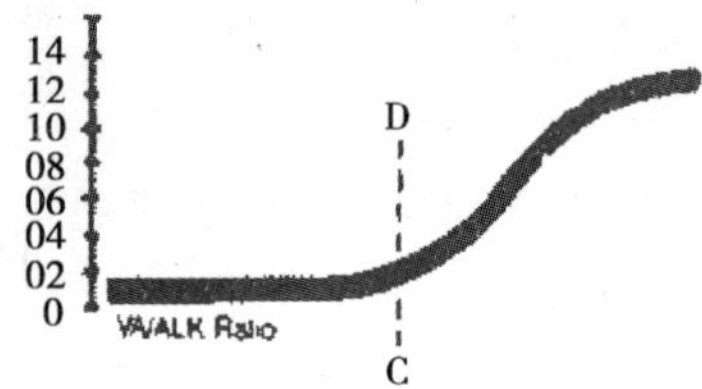

该图所示为同一个消化池的挥发酸/碱度比值。CD点以后，挥发酸浓度升高，导致VA/ALK 比上升了0.1~0.3。

Ⅲ对应图Ⅰ的CO_2与CH_4比例变化关系

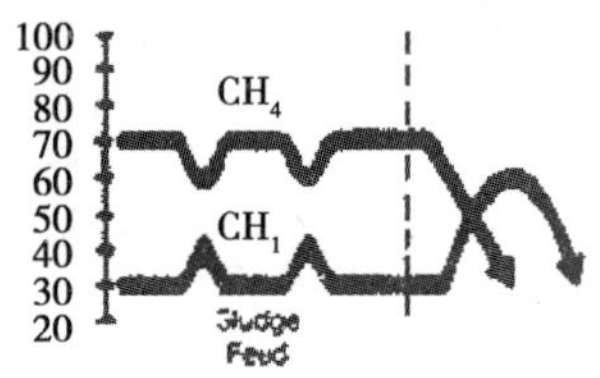

该图与图Ⅱ比较，当VA/ALK 比达到0.5左右时，CO_2产量上升，CH_4产量则开始下降。

Ⅳ对应图Ⅰ的pH变化关系

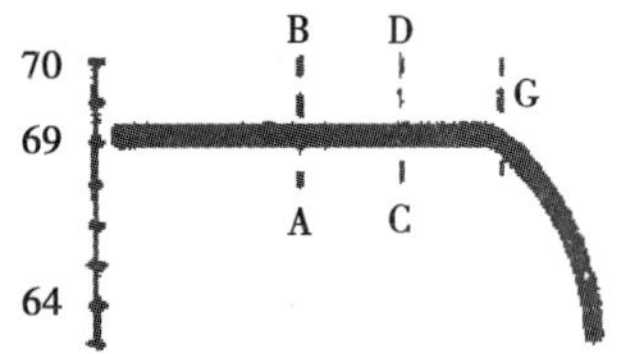

该图表明，消化池在G点发生酸化之前pH均无变化。

图30–24 消化池内发生的变化顺序图

VA/ALK增加到0.5或以上，表明消化过程不稳定，需要增加碱度。通常利用挥发酸浓度可以计算得到适当的碱度剂量。挥发性固体负荷率应从1.6kg/（$m^3 \cdot d$）降至0.8kg/（$m^3 \cdot d$），从而可使进料速率和排料速率降低约50%。

VA/ALK增加到0.8或以上，表明消化过程已不正常，此时pH下降，产甲烷菌受抑制。需要增加碱度并使挥发性固体负荷率降低至0.16kg/($m^3 \cdot d$)，直到VA/ALK比降低至0.5或以下。

碱度投加量可通过下列步骤计算：

（1）测定挥发酸浓度和碱度（以$CaCO_3$计）。

（2）选定VA/ALK为0.1，通常测定的挥发酸浓度按式（30–8）计算出所需的总碱度：

$$碱度（mg/L）= 挥发酸（mg/L）/0.1 \tag{30-8}$$

（3）第2步计算出的总碱度值减去测定的碱度值得到所需碱度投加量。

（4）通过表30-11列出碱度当量比值与第3步计算出的碱度投加量计算相应的药品投加量。

（5）根据药品纯度校准药品投加量。

（6）根据消化池容积计算总药品投加量，药品剂量计算公式如式（30-9）、式（30-10）所示：

$$药品投加量（kg）= 碱度投加量（mg/L）\times 消化池容积(L)/10^6 \tag{30-9}$$

$$药品投加量（lb）= 碱度投加量（mg/L）\times 消化池容积（gal）\times 8.34（lb/gal）/10^6 \tag{30-10}$$

为避免换热器和管道结垢，可以适当延长投加药品的时间。通常情况下，碱度每3~4d增加一次，搅拌均匀并经常监测挥发酸、pH和碱度。避免阳离子和碱金属形成毒性物质，并确保真空减压装置可正常操作。

碱度当量比值　　表30-11

化学名称	分子式	比值
无水氨	NH_3	0.32
氨水	NH_4OH	0.70
无水碳酸钠	Na_2CO_3	1.06
氢氧化钠	$NaOH$	0.80
氢氧化钙	$Ca(OH)_2$	0.74

4. 消化池泡沫

消化池泡沫由半液体基质中的小气泡组成，相对密度为0.7~0.95。气泡在污泥层下形成，一旦形成即被截留。

尽管发泡现象很常见，但如果气泡堵塞管道或溢出消化池即可认为泡沫过量。过量的泡沫会导致消化池有效容积减少，结构受损，溢出，破坏气体处理系统，以及产生恶臭并有碍观瞻。引起消化池发泡最常见的原因是有机负荷过高，导致VFAs产量过高，不能完全转化为甲烷。产酸菌（可释放二氧化碳）工作效率比产甲烷菌高，通常二氧化碳量的增加会引发泡沫形成。引起有机负荷过高的因素包括：

（1）消化池间歇进料；

（2）分开进料或初级污泥和剩余活性污泥混合不充分；

（3）搅拌不均匀或采用间歇搅拌；

（4）消化池进料中油脂或浮渣含量过高（当采用批式进料方式时尤其易出问题）。

降低有机负荷的方法有：连续进料（或尽可能经常地连续进料）、进料前不同污泥混合充分、确保搅拌系统正常工作、限制消化池进料中油脂和浮渣含量。

间歇进料或搅拌不均匀不仅导致有机负荷过高，还会在液面上形成浮渣层。进料浓度高于设计值还会给搅拌系统带来不良影响。

气体管道堵塞也可能导致发泡。如果水在气体管道中积累，会导致管道阻塞，这将增加消化池顶部压力。当阻塞清通后，压力骤降，从而引起消化池物料发泡。经常从气体管道中排水可有效防止这种情况发生。

丝状菌，如诺卡氏菌，其结构能储存气体并释放出表面活性物质，富集在起泡沫表面引起发泡。通常可以通过控制液流和消化处理过程控制丝状菌。

进入消化池的污泥类型也可能引起发泡。通常情况下，进料含有100%剩余活性污泥或剩余活性污泥与初沉污泥比例过高容易导致发泡。

30.3.8 故障诊断和排除指南

表30–12列出了消化池可能出现故障的现象、产生故障的原因及可采取的解决措施。

故障诊断和排除指南　　表30–12

故障现象	可能的原因	检查或监控	解决方案
消化池盖子——固定盖			
1. 结冰期间气体压力高于正常水平	减压阀被卡住或关闭	减压阀的负重	若因冰冻引起，在杠杆或弹簧涂抹浸渍岩盐的轻质润滑脂层
2. 气体压力低于正常水平	a. 泄压阀或其他压力控制装备开路故障； b. 气体管线或软管泄露	a. 泄压阀或装置； b. 管线或软管	a. 手动操作压力和真空阀，若有腐蚀即清除，以免妨碍操作； b. 按需修理破裂的管道
3. 金属盖周围泄露	地脚螺栓松开或者密封材料移动或破裂	螺栓或密封材料	用快速密封混凝土修复材料修复混凝土，在泄漏区域涂抹新型耐用塑性密封剂材料
4. 气体从消化气盖子泄露	扣件故障	在可疑部位涂抹肥皂液并检查是否有气泡	更换有缺陷的扣件
消化池盖子——浮动盖			
1. 盖子倾斜；边缘浮渣很少或没有	a. 重量分布不均； b. 圆屋顶内侧收集冷凝水或雨水； c. 冰在表面积累	a. 负重位置； b. 检查金属盖边缘（有些盖子有绝缘木质顶，其上的检查孔就是为此而设的）； c. 检查盖子上的冰	a. 若有可移动的压载物或负重，调整其位置直到盖子水平；若无负重，可用沙袋使盖子水平（注意：若加载的负重较大，减压阀可能需重设）； b. 使用虹吸管或其他方法去除水，也许也需要大规模维修盖子以消除泄漏； c. 手动清理累积的冰
2. 盖子倾斜；边缘聚集厚重的浮渣	a. 浮渣积累，使盖子过分受力； b. 导轨或滚轴失调； c. 滚轴损坏	a. 带杆探头以确定浮渣累积； b. 导轨或滚轴距墙的距离； c. 若疑似损坏的部位被污泥覆盖，确定其大致位置；若有必要，利用制造商的资料核实正确位置	a. 使用化学药品或脱脂剂，如助消化剂或Sanfax，以软化浮渣；用水管冲淋；持续定期每2~3月一次，若有必要可加强频次； b. 软化浮渣并重新调整滚轴以避免粘结； c. 若有必要设置排水箱，务必防止粘合或盖子下降不均匀；可能需要利用吊车或起重机以防止结构损坏
3. 减压阀的冰冻问题	见消化池固定盖故障诊断和排除指南第一条	见消化池固定盖故障诊断和排除指南第一条	见消化池固定盖故障诊断和排除指南第一条
消化池盖子——集气罩			
1. 盖子导轨或滚轴导致盖子粘结	浮渣积累限制行进	检查浮渣累积并核实浮渣量	见浮动盖故障诊断和排除指南第一条

续表

故障现象	可能的原因	检查或监控	解决方案
2. 尽管滚轴或导轨可自由移动，但盖子仍然粘结	内部导轨或张索损坏或粘结	盖子放低至枕梁。打开舱口；消化池通风。利用呼吸机和防爆灯从消化池外部检查内部设备。若盖子移动受限，须利用吊车或通过其他方式阻止边缘损坏侧壁	排水并修理，若有必要使盖子保持在一固定位置
3. 盖子倾斜；边缘聚集厚重的浮渣	a. 浮渣在一个地方积累，导致盖子过分受力； b. 导轨或滚轴失调	a. 带杆探头以确定浮渣积累； b. 导轨或滚轴距墙的距离	a. 使用化学药品或脱脂剂，如助消化剂或Sanfax，以软化浮渣；用水管冲淋；持续定期每2~3月一次，若有必要可加大频次； b. 软化浮渣[如3(a)]并重新调整滚轴以避免边缘粘结
4. 结冰天气气体压力高于正常水平	a. 管道积水； b. 减压阀某一位置被卡住或冰冻	a. 寻找并消除积水位置；泄空所有存水弯； b. 减压阀的负重	a. 通过覆盖并隔离溢流槽以保护管线免受气候影响； b. 若因冰冻原因，涂抹浸渍岩盐的轻质润滑脂层
5. 气体压力低于正常水平	a. 减压阀或其他压力控制装备开路故障； b. 气体管线或软管泄漏	a. 减压阀及装置； b. 气体管线和软管	a. 手动操作压力阀和真空阀，若有腐蚀即清除，以免妨碍操作； b. 按需维修
污泥搅拌系统——机械搅拌			
1. 暴露零件因天气或腐蚀性废水废气腐蚀	缺少油漆或其他保护	注意是否有生锈、腐蚀或暴露裸露的金属	a. 建造保护性结构； b. 表面护理并上漆
2. 齿轮减速装置磨损	a. 缺少适当润滑； b. 设备零件校准不好	发动机电流强度过大；噪声过大；振动或传动轴磨损的迹象	a. 根据制造商的商品说明书核实润滑油的正确类型和使用量； b. 纠正内部运动部件的物质积累引发的不平衡
3. 轴封装置泄漏	填料变干或磨损	用肥皂液确定气体泄漏或有明显气体臭味	a. 按照制造商的说明书改装； b. 若构筑物单元运行时不能更换填料，则在消化池放空时更换
4. 内部零件磨损	砂石或零件发生位移	消化池放空时视觉观察，对比制造商设计图原始大小；随着运动部件磨损，发动机电流强度也将会降低	替换或重建；根据经验决定该操作的频率
5. 由于运动部件上碎片积累导致内部零件不平衡（大半径的叶轮受影响最大）	粉碎或筛选不好	发动机振动、发热；电流强度过大，噪声	a. 若可能，将搅拌器反向； b. 交替停止和开启； c. 降低消化池水位并清洗运动部件
6. 电源中断	周边温度高	电流强度过大，电源连接腐蚀，过热导致电路开路	通过覆盖通风外壳来保护发动机
污泥搅拌系统——气体混合			
1. 压缩机运转发热或产生噪声	a. 低润滑水平； b. 环境高气温； c. 高排气压力； d. 抽吸装置堵塞	a. 检查润滑水平； b. 检查过高的环境温度； c. 检查压缩机是否过度磨损； d. 检查排放阀门位置； e. 检查抽吸阀门位置	a. 加润滑油； b. 必要时提供通风； c. 调整阀门位置； d. 反洗管线
2. 进气管线堵塞	a. 通过气体管道的流量较小； b. 气体管道中存在碎片	确定进气管线低温或压力计或压力测量仪器低压	a. 用水冲洗进气管线； b. 清洗进气管线和阀门

续表

故障现象	可能的原因	检查或监控	解决方案
消化池气体系统			
1. 消化气从消化池顶部的减压阀（PRV）泄漏	阀门未正确密封或者开路故障	查看压力计是否气压正常	移动减压阀盖子并且移动负重支架直至位置合适；若有必要，清洗并安装新环
2. 压力计显示消化气压力高于正常值	a. 在炉气主管中有阻碍物或水； b. 消化池减压阀被卡住关闭； c. 废气燃烧管线压力控制阀关闭	a. 若所有位置运行正常，检查废气管线是否被限制或堵塞或安全设备被卡住； b. 气体不正确溢出； c. 气体计量器显示产生了过量气体，但未进入废气燃烧炉	a. 通入氮气；冷凝槽排水并检查凹部，注意：小心勿将空气引入消化池； b. 移开减压阀盖子并手动打开阀门，清洗阀座； c. 打开阀门
3. 压力计显示消化气压力低于正常值	a. 排放过快，造成消化池内部真空； b. 碱度添加过多	a. 检查真空破坏器以确认其运行正常； b. 消化气中CO_2突然增加	a. 停止消化池排放并关闭所有消化池气体排出口直到压力回到正常值； b. 停止投加碱度
4. 减压阀冰冻	冬季条件	移开阀门盖子检查减压阀	可能的补救方法：将排放桶放置在阀门上方，内置防爆灯泡
5. 压力调节阀未随着压力的增加而打开	a. 隔板不可弯曲； b. 隔板破裂	隔离阀门并打开阀门盖子	a. 若未发现有泄漏（使用肥皂溶液），可用动物油脂润滑和软化隔板； b. 破裂的隔板需要更换
6. 废气燃烧炉发出黄色火焰	消化气质量差，CO_2含量过高	检查CO_2含量是否高于正常值	检查进泥浓度是否稀释过度，若是应增加污泥浓度
7. 火焰比平常少	a. 消化气使用量高； b. 气体从消化池管道或安全装置中泄漏； c. 由于工艺问题导致消化气产量低	a. 根据气体利用量检查气体产率； b. 从消化池主要收集点开始，检查气体收集和分布系统	a. 这应是正常情况； b. 检查是否有气体泄漏，若有应隔离并维修
8. 废气燃烧炉未点着	a. 引导火焰未燃烧； b. 在废气主管或引燃天然气管线有阻碍或积水； c. 由于发生故障压力控制阀关闭	a. 废气燃烧炉引燃管线压力； b. 冷凝槽； c. 废气压力控制阀	a. 天然气引燃管线再次点火； b. 冷凝槽排水； c. 打开阀门并确认其设定允许阀门在压力高于0.06kPa（其他使用点压力）打开
9. 气量计损坏	a. 管线中有碎片； b. 电气故障	a. 气体管线条件； b. 零件污染或磨损	a. 隔离消化池；气体管线充水后从消化池移动到使用点； b. 更换磨损的零件
污泥温度控制——外部热交换器			
1. 通过热交换器的污泥进料速率低	高温超控关闭污泥泵以防污泥在热交换器结成泥饼	a. 压力和水温； b. 检查热水加热器高温电路以确认温度设定正确	a. 打开泵上关闭的阀门； b. 检查并移除污泥泵中的堵塞物； c. 检查并移除热交换器中的堵塞物； d. 检查温度控制阀是否正常运行
2. 电源电力正常但循环泵不运行	电路回路温度超控以阻止通过导管泵入过热的水	目视检查；污泥管线无压力	a. 使系统冷却； b. 检查温度控制电路回路
3. 污泥温度下降且不能维持至正常水平	a. 污泥堵塞热交换器； b. 污泥循环管线部分或全部堵塞	a. 检查进口和出口压力以及热交换器； b. 检查泵入口和出口压力	a. 打开热交换器并清洗； b. 清洗再循环管线
4. 污泥温度上升	温度控制器运行不正常	检查水温和控制器设定	若超过49℃，降低温度；维修或更换控制器
5. 温度读数不准确	探头电短路或内部分离	与已知准确的温度计比较	留下连接读出装置的探头；在约为消化池温度时浸入内置温度计的水桶中；比较读数
6. 温度不能维持	水力超负荷	进泥浓度	增加进料污泥浓度

续表

故障现象	可能的原因	检查或监控	解决方案
污泥温度控制——内部加热			
1. 热交换器进水率低	a. 管道中气塞； b. 阀门部分关闭	进出口计量读数低于正常值但相等	a. 排出空气减压阀； b. 上游阀门部分关闭
2. 进出口水的热损失低	管道被覆盖	管道进出口温度计量器读数相同	去除水管中的覆盖物
3. 污泥在热交换器管道外部结成泥饼	温度过高	温度记录	a. 去除污泥覆盖层； b. 控制水温最高为54℃
4. 热交换器管道内部被覆盖	温度过高	温度记录	通过向锅炉补给水中添加化学药品进行控制
污泥泵送和管道系统			
1. 泵抽吸装置和排放压力不稳定；泵发出不寻常的声音	沙、油脂或碎片堵塞抽吸管线	泵抽吸装置和排放压力	a. 用加热的消化污泥反冲管线； b. 使用机械清洗； c. 使用水压，注意：不能超过工作管道压力； d. 加入大约3. 6g/L磷酸钠溶液（TSP）或商业脱脂剂。（最方便的方法是向管道中填充相同体积的浮渣，添加TSP或其他化学药品，然后允许进入管线并使其维持1h）
消化污泥			
1. 消化污泥呈灰色	a. 消化不正常； b. 短路或搅拌不充分	a. 在消化池底部未混合的污泥层	a. 见污泥搅拌故障诊断和排除指南
2. 气味发酸	a. 消化池pH太低； b. 二级消化运行不正常； c. 消化池超负荷	a. 检查不同水位的pH； b. 检查消化气中CO_2含量； c. 检查挥发性固体负荷率	a. 用石灰或其他苛性物质调节pH； b. 消化池停休； c. 减小挥发性固体负荷率
3. 完全缺乏生物活性	消化池进料中含有毒性高的污染物，如金属或杀菌剂	a. 气体产量（或缺少）； b. 用分光光度计或化学方法分析样品	放空消化池并重启
滗析操作			
1. 单级或一级消化池上清液观测到泡沫	a. 浮渣覆盖层破碎； b. 气体再循环过量	a. 检查浮渣覆盖层情况； b. 挥发性固体负荷	a. 正常情况但若有可能停止排出上清液； b. 这种情况可能表明消化池有机超负荷，须降低进料速率
2. 单级或一级消化池上清液浮渣结成块状或颗粒状	a. 由于搅拌过度或气体产生使浮渣层破碎； b. 浮渣层太稠密	a. 通过消化池盖子的窗户观察（气体产量不寻常增加也是一种标志）； b. 通过取样孔或浮动盖和消化池侧壁间的缺口测量浮渣层厚度	a. 减少搅拌时间，调节污泥进料； b. 见浮渣层故障诊断和排除指南
3. 单级或一级消化池上清液呈灰色或褐色	a. 成层不充分；消化池原污泥形成泥包； b. 消化时间太短；污泥浓度过低或由于砂石或浮渣累积导致消化能力降低； c. 消化池生态平衡被扰乱； d. 消化池超负荷	a. 检查搅拌设施，搅拌不足也许是罪魁祸首。在不同深度处取样以检测未消化污泥的泥包；检查消化池坡面温度； b. 探测消化池以确定砂石沉积； c. CO_2含量；对比气体产量与进料中挥发性固体含量。平均产气量应为$0.7\sim1m^3/kg$被去除的挥发性固体	a. 增加搅拌和进料速率或再循环污泥； b. 调节进料浓度；增加搅拌或清理消化池； c. 减少进料速率或通过一些其他途径增加停留时间

续表

故障现象	可能的原因	检查或监控	解决方案
4. 上清液气味发酸	a. 消化池pH太低； b. 消化池超负荷（臭鸡蛋气味）； c. 毒性负荷（腐烂的黄油味）	上清液pH应为6.8	a. 利用石灰或其他苛性物质调节pH； b. 减小挥发性固体负荷
5. 上清液污泥含量过高，导致处理厂运行故障	a. 搅拌过度且沉淀时间不足； b. 上清液排出点与上清液层水位不同； c. 原污泥进料点与上清液排出管线距离太近； d. 未排出足够的消化污泥	a. 用10L~20L消化池物料置于大玻璃瓶中观测分离模式； b. 通过在不同深度处取样查找上清液层的位置； c. 确定挥发性固体含量，应与搅拌充分的污泥浓度值相近并低于原污泥浓度； d. 比较进料和排泥速率；检查挥发性固体看污泥是否被很好消化	a. 排出上清液之前增加沉淀期时间； b. 调节消化池运行水位或使排出管进入上清液层； c. 改良进料/排出管构造； d. 增加消化污泥排出速率，注意：每日排出量不应超过消化池容量的5%
浮渣排除			
1. 滚转运动轻微或没有	a. 搅拌器关闭； b. 搅拌不充分； c. 浮渣覆盖层太稠密	a. 搅拌开关或计时器； b. 测量浮渣层厚度	a. 若搅拌器设定在计时器上应该正常，若不是，应检查搅拌器的运行是否发生故障； b. 考虑增加搅拌时间； c. 见下面第4条
2. 浮渣层太厚	上清液溢流管线堵塞	a. 检查气体压力；可能超过正常值或泄压阀可能向大气中排气； b. 检查上清液管线流量	a. 通过底部排出的物料较少；用杆通清上清液管道以清除堵塞； b. 增加搅拌时间或通过其他物理方法破碎覆盖层
3. 浮渣层太稠密	缺少搅拌；油脂含量过高	通过取样口或浮动盖和消化池侧壁间的缺口探测浮渣层的稠密度	a. 用搅拌器破碎覆盖层； b. 用污泥循环泵且在覆盖层上方排放； c. 使用Sanfax或消化辅助剂以软化覆盖层； d. 用杆物理性破碎覆盖层
4. 通风混合器表面运动不足	浮渣层太厚，使得稀薄的污泥从浮渣层下经过	污泥表面的滚转运动	a. 降低污泥液位超过管道顶部距离（7~10cm），使稠密的物质进入管道，持续24~48h； b. 若可能，反转搅拌方向

第31章　好氧消化

31.1 好氧消化概论

好氧消化是一种生物处理工艺，即对污泥进行长时间曝气以稳定污泥，同时利用生物降解作用实现有机废物总量的减量化。该工艺污泥分解充分，微生物增殖缓慢，因为这一阶段活性细胞中可利用能量以及废弃物料的存贮都非常低，从而消化后的废污泥足够稳定，可以土地利用（见本章规章制度部分）。

好氧消化可用于处理：（1）剩余活性污泥（WAS）；（2）剩余活性污泥或滴滤池污泥和初沉污泥的混合污泥；（3）延时曝气池排出的污泥；（4）膜生物反应器（MBRs）排出的污泥。好氧消化处理的污泥大多是处理过程中微生物增殖产生的。好氧消化工艺大大减少了消化污泥在处置过程中产生臭味的可能性，并减少了细菌危害。

由于操作相对简单，设备费用低且运行安全，好氧消化被广泛应用于市政污水和工业废水处理厂（WWTPs）的污泥稳定。早期的好氧消化存在能耗高、寒冷天气下生物放热量减少、碱度消耗、病原菌杀灭效果不佳、挥发性固体减少量小、标准氧摄取速率（SOURs）低等缺点。由于存在上述问题，早期尝试将好氧消化用于污泥处理与处置，往往需要较长的污泥停留时间（SRT），导致基建投资和运行费用都很高。

为了适应关于有利回用的规章制度对运行性能的要求（U.S. EPA，1992），由Enviroquip公司（奥斯汀，德克萨斯州）于20世纪90年代初发起了对好氧消化的研究，研究成果展示在1997年~2001年美国水环境联合会（亚历山大，弗吉尼亚州）好氧消化系列研讨会上。每年在研讨会上展示的成果都编纂成册，最终形成了5册的会议论文集并制成光盘与公众共享。好氧消化会议论文集I~V包括综合设计准则、操作数据和对好氧消化的广泛研究，已被工程界和操作人员作为参考手册使用。具体请参阅本章最后的参考文献部分。

研究确定了能够提高好氧消化工艺性能的技术。这些技术可分为以下几种：（1）预浓缩；（2）阶段运行；（3）好氧-缺氧运行；（4）温度控制。这些技术及其优点汇总于表31-1，本章后面部分将对这些技术进行深入的探讨。

消化改进技术对消化性能的影响（Daigger等，1997）　　表31-1

技术	好氧消化性能的改进
1.预浓缩	（1）增加现有设备的SRT （2）减少总容积需求

续表

技术	好氧消化性能的改进
	（3）增强挥发性固体的分解 （4）提高温度 （5）加快消化以及病原菌的破坏率
2. 阶段运行	（1）减少总容积需求 （2）改善污泥稳定 （3）增强灭活病原菌 （4）减少曝气设备和容器的建设费用 （5）减少工艺和搅拌的氧气需求
3. 好氧－缺氧运行	（1）碱度回收和pH平衡 （2）节能 （3）脱氮 （4）除磷
4. 温度控制	（1）减小SRT和容量 （2）减少曝气设备和容器的建设费用 （3）确保工艺全年可靠运行

好氧消化工艺最初用于新建污水处理厂的设计，一般用于处理来自处理系统排出的剩余活性污泥，但不包括初沉污泥、活性污泥或滴滤池污泥，或活性污泥和滴滤池污泥的混合污泥。如果设计中包含初沉工艺，一般选择厌氧消化工艺，因为厌氧消化浓缩技术更可靠，并且当时好氧消化处理浓度大于4%的污泥还未有先例。20世纪90年代末，由于美国执行更严格的出水氮磷排放标准，初沉池逐渐从处理工艺中淘汰掉，这是因为要获得较好的生物脱氮效果，必须保持较高的C/N比（推荐值6：1，不得小于4：1）。由于新出水标准和新技术结合，需要控制好氧消化过程和准确预测系统性能的能力，好氧消化再次受到人们青睐。由于操作相对容易，设备成本更低，并且上清液水质更好，硝酸盐和磷含量更低，可以保障上游侧流，已有相当多的厌氧消化池转为好氧消化池。好氧消化还有其他一些优点：在停留时间更短的情况下获得更高的挥发性固体减少量；清理和维修工作危险性更小（California State University，1991）；与厌氧消化不同，虽然好氧消化产生的气体不能作为燃料燃烧，但不产生爆炸性气体。好氧消化主要用于处理规模不超过19000m^3/d（5mgd）的污水处理厂，超过19000m^3/d（5mgd）通常选用厌氧消化工艺。但是近年来，好氧消化工艺也已用于较大规模的污水处理厂，处理规模可达190000m^3/d（5mgd）（Metcalf和Eddy，2002；Water Environment Federation，1998）。

31.2 好氧消化工艺概述

好氧消化过程中，好氧和兼性微生物利用氧气，并从污泥中可生物降解的有机物中获得能量。然而当污泥中可利用物质供应不足时，微生物开始消耗自身原生质获得能量以维持细胞反应，最终微生物细胞溶解释放出可降解有机物供其他微生物利用。好氧消化的最终产物主要是二氧化碳，水和“不可降解”物质（如多糖，半纤维素和纤维素）。这种现象称内源呼吸，可以用以下方程式表示（Metcalf和Eddy，2002；Water Environment Federation，1995）：

$$C_5H_7O_2N+5O_2 \rightarrow 4CO_2+H_2O+NH_4HCO_3 \quad (31\text{-}1)$$

好氧消化过程中生物量的破坏

$$NH_4^++2O_2 \rightarrow NO_3^-+2H^++H_2O \quad (31\text{-}2)$$

释放氨氮的硝化作用

$$C_5H_7O_2N+7O_2 \rightarrow 5CO_2+3H_2O+HNO_3 \quad (31\text{-}3)$$

完全硝化

$$2C_5H_7O_2N+12O_2 \rightarrow 10CO_2+5H_2O+NH_4^++NO_3^- \quad (31\text{-}4)$$

部分硝化

$$C_5H_7O_2N+4NO_3^-+H_2O \rightarrow NH_4^++5HCO_3^-+2N_2 \quad (31\text{-}5)$$

硝酸盐氮作为电子受体的反硝化

$$C_5H_7O_2N+5.75O_2 \rightarrow 5CO_2+0.5N_2+3.5H_2O \quad (31\text{-}6)$$

完全硝化反硝化

式（31–1）中$C_5H_7O_2N$为活性污泥系统中生物质或细胞物质的分子式。在好氧消化过程中，细胞物质被好氧氧化成二氧化碳、水和氨。大约75%~80%的细胞物质能够被氧化，剩余未被氧化的细胞物质主要是惰性成分和不易生物降解的有机物。式（31–1）还表明该过程释放氨，但随后与部分二氧化碳（CO_2）结合生成碳酸氢铵（NH_4HCO_3）。从该反应中可看出，在最初阶段有氧存在的条件下，好氧消化的产物是氨和碱度。

如果提供更多的氧气，就会发生如式（31–2）所示的第二个反应。需要减少氨的量以减轻好氧消化的臭味，但释放出的氨发生硝化作用，会产生硝酸盐和2mol酸度，2mol酸度表现为氢离子（H^+）的形式，也可表述为2mol碱度的减少。

因此，在第一个反应中，生物质减少产生1mol的碱度（NH_4HCO_3），而硝化作用消耗2mol碱度。根据进料污泥的碱度，很容易损耗碱度使pH骤降，降至5以下会对消化过程产生不利影响。

如果消化系统能够依靠生物作用补偿碱度损失而不通过投加化学药品进行反硝化，那么不仅可以实现脱氮，利于土地利用，而且降低了能量需求，因为利用硝酸盐代替氧气可以实现工艺空气需求占18%。式（31–1）~式（31–6）适用于发生完全硝化和反硝化作用的消化系统。

操作人员成功控制pH、恢复碱度损失、优化好氧消化并节约氧气等技术方法详见本章优化好氧消化设计技术部分。

好氧消化工艺有许多变形，包括：（1）传统中温消化；（2）高纯氧消化；（3）高温消化；（4）低温好氧消化。传统中温好氧消化是最典型的好氧消化工艺，因此，本章主要介绍传统中温好氧消化，首先对其他好氧消化工艺作简要概述。

31.2.1 高纯氧好氧消化

高纯氧好氧消化就是在好氧消化过程中以高纯氧代替空气，其循环流量和消化污泥与传统中温好氧的相似，进料污泥浓度范围为2%~4%。由于微生物活性增强，加上消化过程放热，高纯氧好氧消化对周围环境空气温度变化不敏感，尤其适用于寒冷气候。

高纯氧好氧消化可以在敞开或密闭的池子中进行。因为消化过程本质上是放热反应，所以在密闭池子中反应会导致运行温度升高，以及挥发性悬浮固体去除率显著增加。密闭池子中高纯氧环境维持在液面之上，氧气通过机械曝气机转移到污泥。在敞开池子中，专用扩散器产生微小的氧气气泡转移到污泥，气泡在到达气液界面之前溶解（Metcalf和Eddy，2002）。由于需要产生高纯氧供给高纯氧好氧消化工艺，其运行费用很高。因此，只有与高纯氧活性污泥系统结合，高纯氧好氧消化才具有一定的成本效益，并且还需要通过中和作用补偿该系统减少的缓冲能力（Metcalf和Eddy，2002）。

31.2.2 自热高温好氧消化（ATAD）

自热高温好氧消化（ATAD）是传统中温消化和高纯氧好氧消化的结合。在ATAD工艺中，进料污泥首先经过浓缩，使污泥浓度高于4%。反应器采取隔热措施以维持嗜热菌生物分解有机物放出的热量。隔热反应器中的高温操作在45~70℃范围内进行，除了需要在池内安装曝气和搅拌设备，不需要提供外加热源。因此，这一过程被称为自热（Metcalf和Eddy，2002）。

1. 优点

ATAD的主要优点如下：

（1）污泥停留时间降低至大约5~6d（为达到设计的悬浮固体去除率，要求反应器体积更小），挥发性固体去除率达到30%~50%，与传统好氧消化类似；

（2）与中温厌氧消化相比，其细菌和病毒消灭效果好（Metcalf和Eddy，2002）；

（3）当反应器充分混合并保持温度在55℃以上时，致病病毒、细菌、寄生虫卵和其他寄生虫可降低到检出限以下，从而满足A级标准关于生物固体中病原体去除的要求。

2. 缺点

ATAD的主要缺点如下：

（1）ATAD生物固体脱水性能差（Daigger等，1998）；

（2）产生臭味；

（3）缺少硝化和/或反硝化作用（Daigger等，1998）；

（4）基建投资高；

（5）为确保氧传递效率，需控制泡沫（Metcalf和Eddy，2002）。

ATAD工艺相对稳定，温度自动调节，即使出现轻微失稳也能快速恢复，受外部空气温度变化影响不大。由于ATAD系统能满足A级生物固体标准，ATAD的使用越来越广泛，2003年北美已有35座ATAD系统运行，而在欧洲有超过40座处理厂在运行（Stensel和Coleman，2000）。

3. 自热高温好氧消化工艺设计注意事项

需要注意的是，Stensel 和Coleman（2000）以及Water Environment Federation（1998）对ATAD设计参数进行了部分调整。

（1）ATAD的硝化作用受到抑制

在ATAD中，由于操作温度高，硝化作用受抑制，挥发性固体发生如式（31-1）~

式（31-3）所示的好氧消化反应，但式（31-4）~式（31-6）所示的后续反应不发生。此外，许多ATAD系统可在微氧条件下运行，在微氧条件下系统需氧量超过供氧量（Stensel和Coleman，2000）。此外，许多ATAD系统可在微氧条件下运行，此时需氧量超过供氧量（Stensel和Coleman，2000）。如本章其他部分所述，消化会释放氨。由于ATAD系统的硝化作用受到抑制，在ATAD系统中pH值范围通常为8~9。尾气和溶液中都有氨氮产生，浓度达几百mg/L。

（2）含氨氮侧流的影响

大部分氨氮将从臭气控制装置和脱水设备返回到侧流中进入污水处理工艺，如果要求出水中氮和磷的排放浓度限值很低，那么循环液将对污水处理厂运行产生不良影响。若采用ATAD工艺与生物营养物去除工艺相结合的系统，需要对臭气控制装置和脱水设备的侧流液进行单独处理。

（3）泡沫

由于细胞蛋白质、脂类、油或油脂类物质分解释放进入溶液，ATAD系统中会产生大量泡沫。泡沫层富含高浓度的生物活性污泥，致使消化液与周围环境隔绝。有效控制泡沫非常重要，可采用消泡机或喷淋系统，以确保有效的氧转移效率并增强生物活性。建议ATAD池超高0.5~1m（Stensel和Coleman，2000）。

（4）设备设计

表31-2列出了ATAD消化系统设计参数推荐值。

（5）预浓缩

进入ATAD消化池的污泥首先需要经过浓缩或混合设备，使污泥浓度大于4%。

（6）池子构造

2个或2个以上的封闭隔热反应器串联，应提供并配备混合、曝气和泡沫控制设备。ATAD可采用连续式或序批式运行。对于要达到病原菌去除A级标准的生物固体，采用序批式排料和进料。在这种情况下，ATAD泵系统设计在1h内完成每日排料和进料量。反应器在每天剩下的23h内独立运行，处置前第2阶段温度保持在55℃以上。

图31-1所示的数据取自德国早期大型ATAD系统之一，自1980年开始运行（U.S. EPA，1990）。该图展示了研究期间在不同运行参数下获得的典型结果。该系统剩余活性污泥的挥发性悬浮固体（VSS）去除率大约33%。由于分批进料，两个反应器的温度曲线都呈明显的“锯齿形”。在消化处理过程中，pH值大约从6.5上升至8.0。

（7）自热高温好氧消化存储/脱水

为了使污泥固结，提高脱水性能，需要对污泥进行后冷却处理，停留时间通常为14~20d。若利用热交换器对处理后生物固体进行冷却，则不需要进行上述后冷却处理。

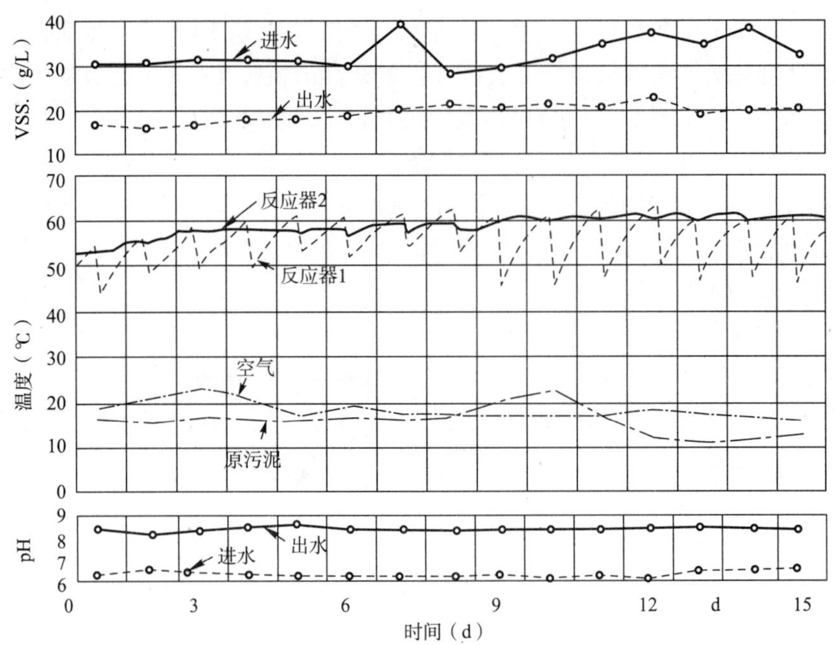

图31-1　数据源自德国盖明根ATAD工艺（U.S. EPA, 1990）

ATAD消化系统设计参数推荐值（Stensel和Coleman，2000）　表31-2

参数	范围	典型值
反应器个数	2~3	2
浓缩污泥	4%~6%	4%
反应器串联		是
反应器总HRT	4~30d	6~8d
温度——阶段1	35~60℃	40℃
温度——阶段2	50~70℃	55℃

如果读者有兴趣了解更多关于ATAD工艺的资料，笔者推荐Stensel和Coleman（2000）写的一篇综述《Assessment of Innovative Technologies for Wastewater Treatment: Autothermal Aerobic Digestion（ATAD）》，该综述详述了ATAD工艺的历史、设计、运行维护和性能等，可作为环境法规和技术文件“自热高温好氧消化处理城市污水污泥”（U.S. EPA，1990）的修改方案。

31.2.3 低温好氧消化

好氧消化池在低温（20℃以下）下运行，即低温好氧消化。虽然低温好氧消化没有得到广泛应用，但对低温好氧消化池运行的优化一直有研究。研究结果表明，好氧消化池运行温度降低，应增加污泥龄以维持一定的悬浮固体去除率。

31.2.4 传统（中温）好氧消化

历史上，传统好氧消化工艺广泛应用于市政和工业污水处理厂剩余污泥的稳定化处理（Grady等，1999）。传统好氧消化的优点包括设计简单、操作容易、费用低廉，同时还具备储存污泥功能，但能耗高、寒冷天气下生物产能减少、碱度损耗、病原菌杀灭效果不佳。如果一个或多个曝气池中能维持足够的SRT，投加到消化池中的大部分可生物降解有机物能够被稳定，但由于反应器环境处于完全混合状态，部分可生物降解有机物仍然不能被稳定（Grady等，1999）。更重要的是，完全混合操作模式可导致病原菌直接进入出水中。释放氨氮的硝化作用会消耗碱度，降低pH，从而抑制消化过程（Anderson和Mavinic，1984；Daigger等，1997；Mavinic和Koers，1979）。由于存在以上性能问题，当提议并发布污泥处置条例时，需对好氧消化需要相对较长的SRT进行说明（Lue-Hing等，1998）。由于上述原因，人们对传统好氧消化工艺的兴趣下降了。

为了响应有利回用对于运行性能的新要求，人们开展了大量研究（U.S. EPA，1992），从而也确定了能够提高工艺性能的技术（Daigger 和Bailey，2000；Daigger等，1997）。这些技术大致可分为3类：（1）预浓缩，污泥进行消化前利用如重力带式脱水机或重力脱水机等机械设备进行浓缩；（2）阶段运行，采用串联结构或序批式反应器（SBR）等运行方式增加消化池内的推流特征，减少短流；（3）好氧－缺氧运行，周期性启闭氧转移设备，以便发生反硝化（Daigger和Bailey，2000）。

31.3 优化好氧消化的设计方法

31.3.1 预浓缩

1. 预浓缩的优点

预浓缩的优点主要有以下几点：

（1）增加SRT及提高挥发性固体去除率

待消化剩余污泥的特点由处理系统进料和好氧消化前的处理工艺决定。待消化污泥的浓度很重要，必须予以考虑。通过浓缩增加进料污泥浓度将增加SRT，从而增加挥发性固体去除率。

（2）加速消化和病原菌破坏率

由于需要加热的水量减少，可生物降解的有机物氧化释放出的热量导致消化温度升高，从而加速消化和提高病原菌破坏率（Grady等，1999）。生物质氧化放出的燃烧热（约3.6kcal/g VSS）供反应器之用。

（3）提升温度

浓缩可能导致温度显著升高。例如，当好氧消化池进料浓度为2%（20000mg/L），VSS去除率为30%，且消化过程释放的所有热量守恒，那么其热量足够使反应器温度可升高21℃（Daigger和Bailey，2000）。传统消化池温度升高并不多见，这是因为在某些操作条件下，进入消化池的污泥是来自活性污泥工艺的剩余污泥，固体含量为0.5%~1.0%。曝气系统关闭1~2h使污泥沉降，滗析上清液，再添加污泥使消化池污泥浓度通常增加到1.5%~2.0%。这种技术减少了液体体积，但释放出的热量用来加热大量的水，所以消化池温度升高得并不多。

如果可以获得挥发性固体释放出的热量，那么这部分热量可以用来控制反应器的温度。这对于寒冷地区非常有意义。因为传统好氧消化属于中温消化工艺，通常在15~35℃以下运行。另一方面，这对于特别是在夏季月份避免出现过高的温度也很有意义。

2. 预浓缩的分类

根据应用的浓缩处理工艺（表31-3）（这些处理工艺及其性能详见第29章），好氧消化的预浓缩主要分为5类，如下所述。

可选用的浓缩处理工艺（Daigger和Bailey, 2000）　　表31-3

类型	浓缩处理工艺
A类	序批式操作或好氧消化池滗析
污泥浓度范围	1.25%~1.75%
是否需要投加聚合物	否
B类	连续进料操作，消化后利用重力沉淀，如重力浓缩机
污泥浓度范围	1.5%~2%
是否需要投加聚合物	否
C类	使用好氧消化回路上的重力浓缩池
污泥浓度范围	2.5%~3%
是否需要投加聚合物	否
D类	好氧消化过程中利用膜作循环浓缩
污泥浓度范围	3%~3.5%
是否需要投加聚合物	否
E类	好氧消化之前采用任意一种机械浓缩方式进行污泥浓缩，如重力带式浓缩机、溶气浮选（DAF原理）、离心或滚筒浓缩机
污泥浓度范围	4%~8%
是否需要投加聚合物	是（注：DAF单元也能在有聚合物的情况下运行，且污泥浓度可达到3%~5%；滚筒浓缩机也能在无聚合物的情况下运行，污泥浓度可达到2%~3%）

（1）A类——浓缩处理工艺：序批式操作或好氧消化池滗析

序批式操作包括手动滗析消化污泥。最初，好氧消化采用排料-进料的运行模式，但是当前还有很多设施用此模式。污泥从沉淀池或SBR反应器直接泵入好氧消化池。消化池进料速率取决于消化池可利用容积和剩余污泥体积。若使用空气扩散曝气系统，进料操作过程中对正在消化的污泥进行连续曝气。污泥从消化池排出后，曝气中止，稳定后的污泥进行沉淀，沉淀上清液经滗析后再返回到污水处理工艺。污泥浓缩至1.25%~1.75%浓度后排出。

对于采用批式进料的消化池，通常操作步骤如下：

1）关闭曝气设备，污泥沉淀。为了避免形成厌氧条件，固液分离需限制在几个小时以内。

2）尽可能多地滗析上清液。为进行质量控制，需分析上清液样品的pH和悬浮固体含量。建议对上清液其他指标，如VSS、氨氮、硝酸盐氮和碱度进行监测，以保证系统性能。

3）排出已浓缩的消化污泥进行二级消化或处置。为进行质量控制，对排出污泥取样。若进料污泥为初沉污泥，消化污泥含固率将明显提高。初沉污泥固体浓度通常为2%~5%。进入消化池系统的初沉污泥和二沉污泥的体积比一般为40：60~20：80，因此，消化池混合进料的污泥浓度和挥发性固体去除率变化都很大。

4）如果污水处理厂能灵活运行，消化池可采用短时多次进料的方式。建议每天进料的污泥体积和浓度尽量统一。部分消化设施每周进行一次污泥沉淀和排出，但是每天进料。因此，直到下一次滗析和排泥之前，消化池污泥的体积每天都在增加。

该工艺的缺点包括以下几点：

1）消化池尺寸根据低含固率和高含水率确定，需要较大容积。

2）基建投资高。

3）运行费用高。

4）不像C~E类工艺，该工艺没有控制碱度、温度、氨、硝酸盐和磷等指标（注：控制这些参数的重要性将在后续章节中作深入的解释。这一列表只是用作快速参考清单之用）。

5）难以满足上清液排放的严格标准。

（2）B类——浓缩处理工艺：连续进料操作，消化后沉淀

B类——浓缩处理工艺包括连续进料操作和消化后进行沉淀，如重力浓缩池。这是一个典型的连续好氧消化工艺，与活性污泥法非常类似。污泥从沉淀池、SBR反应器或MBR反应器直接泵入好氧消化池。消化池在固定的液位下运行，溢流进入固液分离器。浓缩和稳定后的污泥排出进行后续处理。连续操作获得的污泥含固率较低。B类-浓缩处理工艺出水水质比A类-浓缩处理工艺稍好，由于B类-浓缩处理工艺的好氧消化池在固定的液位下运行，曝气氧转移效率更高。

对于连续进料消化池，可从以下几方面作改进工艺：

1）调整沉淀污泥回流比，以获得回流污泥浓度和上清液水质之间的最佳平衡。

2）调整沉淀池入口和出口流动特性，减少短流和不必要紊流，以免干扰污泥浓度。

3）改进堰和管道布置。

该工艺的缺点有以下几点：

1）消化池尺寸根据低含固率和高含水率确定，需要较大容积。

2）基建投资高。

3）运行费用高。

4）不像C~E类工艺，该工艺没有控制碱度、温度、氨、硝酸盐和磷等指标（注：控制这些参数的重要性将在后续章节中作深入的解释。这一列表只是用作快速参考清单之用）。

5）难以满足上清液排放的严格标准。

6）如果不控制消化池和浓缩池中的硝化和反硝化过程，会形成厌氧条件并产生难闻的臭味（注：控制这些参数的重要性将在后续章节中作深入的解释。这一列表只是用作快速参考清单之用）。

（3）C类——浓缩处理工艺：使用好氧消化回路上的重力浓缩池

该工艺通常分为2个主要阶段：循环阶段和隔离阶段。主要由4个池子组成，2个消化池，1个预混合池和1个重力浓缩池。若污泥来自SBR或MBR反应器，设计时还需要

考虑附加池子，以优化系统灵活性；然而，上述4个池子仍然作为工艺的主要部分包括在内。在循环阶段，一个消化池、一个预混合池和一个重力浓缩池循环运行，该阶段主要是挥发性固体减少、氨氮去除和污泥浓度增加。循环浓缩主要有两个作用：浓缩和反硝化。循环消化池作为挥发器去除大部分挥发性固体。在隔离阶段，消化池内不发生污染物的降解，其主要作用是进一步杀灭病原菌以满足污泥要求。消化池批式运行进料，每天8次、16次或24次；然而，该工艺被认为是“改进型批式处理工艺”，因为其中一个消化池在进入隔离阶段（10~20d）前的一个相当长的时间间隔内（通常10~20d，与循环阶段时间相当）快速完成序批进料。该工艺产生的污泥含固率为2.5%~3%。

该工艺的优点包括以下几点：（注：对于第1点、第2点、第3点、第4点，控制这些参数的重要性将在后续章节中作深入的解释。这一列表只是用作快速参考清单之用）

1）该工艺具有好氧-缺氧运行的所有优点。

2）该工艺具有阶段运行的所有优点。

3）无需启闭通风装置即可很好地进行碱度控制。

4）容易满足对上清液出水中氨、硝酸盐、磷和总悬浮固体（TSS）的严格要求。

5）由于真正隔离，与A类和B类工艺相比，该工艺SOUR和病原菌灭活率更高。

6）基建投资费用适中。

7）运行成本低。

8）无需投加聚合物即可将污泥浓缩至3%。

（4）D类——浓缩处理工艺：好氧消化过程中利用膜作循环浓缩

在美国，膜技术被认为是一个比较新的技术，它在欧洲和日本也只有16年的使用历史。膜技术应用于浓缩更为有限，最早成功运行的膜装置可追溯至1998年，它无臭味问题，不涉及膜的清洗频率和更换。该工艺适用于污泥浓度为3%~3.5%的情况，可采用连续式或序批式模式，单独或串联运行。该工艺和污水膜组合，适用于高浓度污泥。可以使用平板膜，制造商如Enviroquip Kubota 公司（德克萨斯州），或中空纤维膜，制造商如Zenon Membrane Solutions（加拿大安大略省奥克维尔）。该工艺可替代A~C类工艺，但当设计污泥浓度高于3.5%时不推荐使用。

膜可以安装到现有的消化池内，因为需要提供气流清洗膜，所以可同时完成浓缩和消化。

该工艺的设计包括2个、3个、4个或5个池子，批式或串联运行。图31-2和图31-3所示是膜用在消化回路中浓缩污泥至3%的两种可能的运行方案。图31-2表示五阶段批式运行装置。图31-3表示五阶段串联运行装置。

该工艺的优点包括以下几点：（注：对于1、3、4、5点，控制这些参数的重要性将在后续章节中作深入的解释。这一列表只是用作快速参考清单之用）

1）由于无污泥溢流引起上清液水质变差的危险，上清液出水控制最佳（不要求独立的除渣设备）。

2）占地面积小，利于高负荷消化。

3）温度容易控制。

4）该工艺具有阶段运行的所有优点。

5）该工艺具有好氧-缺氧运行的所有优点。

6）由于真正隔离，与A类和B类工艺相比，该工艺SOUR和病原菌灭活率更高。

7）基建投资适中（占地面积小）。

8）运行成本低（由于黏度系数较低，该工艺所需空气量较少。因此，与使用聚合物的浓缩系统相比，该系统气流需求更低）。

9）通过硝化和反硝化，有效降低磷的释放。如果允许液体侧流中存在生物磷，渗透液可用明矾和氯化铁处理。因此，磷可在污泥中固定并随之去除（关于除磷的进一步讨论请参阅本章好氧-缺氧操作部分）。

与其他工艺相比，除了上述优点外，膜对于磷的去除还包括以下优点：

1）膜处理工艺出水TSS为0。

2）重要的是要注意膜消化系统的浓缩液在好氧阶段进行收集，而与之相反，上述其他工艺的上清液或滗析液通常在缺氧阶段收集。

3）大部分用于浓缩装置的膜系统都在溶解氧为0.5~1mg/L条件下运行，且应用较理想。

4）pH是影响磷、氨和氮去除的另一个因素。膜系统包含一个缺氧区以平衡碱度，所以pH平衡是工艺的一部分。

（5）E类——浓缩处理工艺：好氧消化之前采用任意一种机械浓缩方式进行污泥浓缩

E类——浓缩处理工艺在好氧消化前进行，采用的机械浓缩设备有重力带式浓缩机、气浮浓缩、离心浓缩机和滚筒浓缩机。该工艺机械浓缩时添加聚合物对污泥进行调理，提高浓缩效率。设计人员可以合理选择机械设备和所需污泥浓度，如4%，5%或者6%，从而能够最大程度的减少好氧消化池容积。该工艺可实现操作人员对工艺的最终控制，通过按需调整机械设备运行计划使其能满足夏季和冬季的运行性能。对该工艺来说，建议至少有2个消化池串联运行（本章稍后将对串联运行作介绍）。由于该工艺具有运行灵活可靠、基建投资和运行费用节省等优点，所以处理能力超过7600m^3/d的污水处理厂设计也倾向于选择该工艺。

该工艺优点如下：

1）提供污泥处理的最终工艺控制。

2）通过选择合理的机械设备和污泥浓度实现容积减量最大化。

3）占地面积小，非常适合高负荷消化（需要较深的池子）。

4）设计灵活，温度容易控制（对该系统来说气候寒冷不是问题，但需采取措施防止夏季高温条件带来的影响）。

5）该工艺具有阶段运行的所有优点。

6）该工艺具有好氧-缺氧运行的所有优点。

7）通过硝化和反硝化，有效降低磷的释放。如果允许液体侧流中存在生物磷，渗透液可用明矾和氯化铁处理。因此，磷可在污泥中固定并随之去除。

8）SOUR和病原菌灭活率较高。

9）基建投资适中。

10）运行费用低。与低负荷（污泥浓度为2%~3%）运行的消化池相比，高负荷（污泥浓度为4%~6%）消化池 α 值和转移效率更低。但由于高负荷消化池所需容积减少，处理过程和搅拌过程对气体的需求相比降低。低负荷消化系统通常对搅拌的要求比对工艺空气要求高。所以，相比之下高负荷消化总的运行功率较低。

11）由于消化池内液体处于触变阶段，在该浓缩模式下不产生上清液。

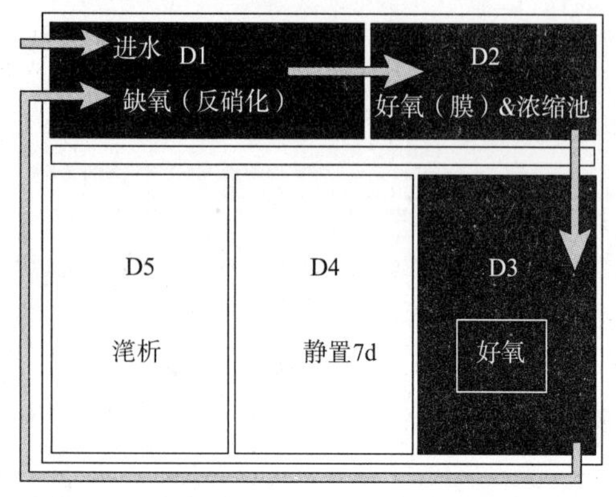

图31-2　好氧消化工艺中采用膜实现污泥浓缩的五阶段批式运行图（Daigger等，2001）

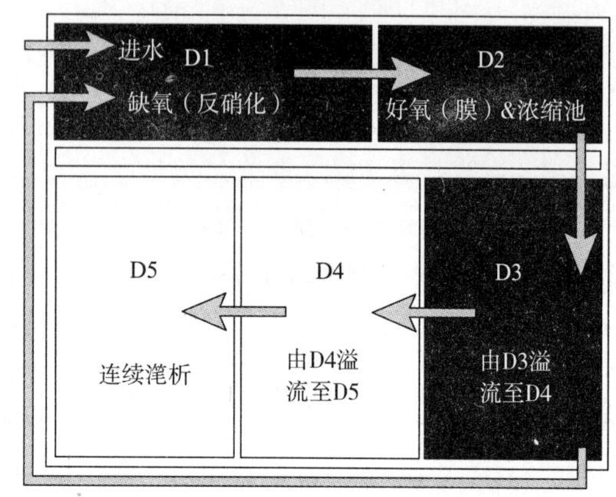

图31-3　好氧消化工艺中采用膜实现污泥浓缩的五阶段串联运行图（Daigger等，2001）

31.3.2 好氧消化池构造－多级运行或批式运行（多个池子）

传统好氧消化通常设计成单个池子；如果是多个池子，一般是平行运行。

如下所述，多个池子串联运行或单独批式运行能有效提高病原菌灭活率和SOUR，故本章将重点讨论多级运行系统。

环境法规和技术手册中“污水污泥中病原菌和带菌体的控制”（U.S. EPA，1999）对批式运行和分级运行有下列评述。可使用各种工艺配置进行污泥好氧消化，包括连续进料和间歇进料，单级或多级运行。由于初沉污泥中好氧微生物含量较低，初沉污泥批式运行挥发性固体去除率比其他运行方式低。而连续进料排料的完全混合反应器单级运行对细菌和病毒的灭活率最低，主要是因为微生物在消化池内的停留时间太短，从而直接进入污泥产物中。

对于单级完全混合反应器来说，最实用的方法是多级运行，如两个或两个以上完全混合消化池串联运行。与单级运行比较，多级运行中通过进出口的消化污泥量大大降低。如果能够得出病原菌衰减的动力学，还可以估算出多级运行的改善效果。

Farrah 等（1986）指出，肠道细菌和病毒的密度下降遵循一级动力学规律。如果一级反应动力学的假设正确，可以得出二级反应器（每一级体积相等）在一级反应器运行时间的一半内，微生物量按对数规律下降。这一预测尚未得到实验直接证实，但Lee等（1989）定性地论证了这一影响。

改进运行模式固然有效果，但是由于并不知晓所有涉及微生物密度衰减的因素，所以应引入安全系数。建议分级运行按照等体积的二级好氧消化池运行，所需的时间减少到完全混合反应器单级好氧消化所需时间的70%，减少了30%的时间，而并非理论值预计的50%。推荐批式运行或多级串联运行也采用这一数值。所以，20℃时好氧消化所需时间从40d降到28d，25℃时所需时间从60d降到42d，减少的时间足够用来降低带菌物的吸引。在美国某些州还需要权威机构批准该工艺作为能显著减少病原菌的工艺（PSRP）。有关此主题的详细信息，请参阅固体停留时间X温度产物部分。

两级反应器系统串联或单独运行有以下优点（注：关于第5点和第6点更多的信息，请参阅本章溶解氧和氧需求部分）：

（1）提高病原菌杀灭效果；

（2）提高SOUR；

（3）曝气设备投资成本降低；

（4）池子基建投资降低；

（5）由于一级消化池的工艺要求，气流量减少；

（6）由于二级消化池的混合要求，气流量减少。

31.3.3 好氧－缺氧运行

该技术能成功实现硝化/反硝化、控制pH、补偿消耗的碱度并优化好氧消化性能，同时节省能耗。

1. 硝化和反硝化

正如本章好氧消化工艺描述部分所述，生物质的氧化产物有二氧化碳、水和氨，如式（31–1）所示。

为方便说明工艺，表31–4总结了本章一开始就给出的硝化、反硝化的化学方程式。

氨与二氧化碳结合生成碳酸氢铵。通常情况下，发生部分硝化，一部分氮以氨的形式保留下来。系统pH下降到一定程度后，硝化菌开始受抑制，硝化作用停止，如式31–4（部分硝化）所示。这个过程只有在消化池的进料污泥没有足够的碱度才发生。在这种情况下，可能同时产生氨和硝酸盐的混合物，这已在美国很多消化设施中得到证实。举例说明，在所谓的消化“滗析或上清液阶段”，由于没有足够的碱度驱动反应发生，无法去除污泥中积累的氨，致使臭味发生。

硝化和反硝化方程式汇总（Daigger等，1997） 表31–4

$C_5H_7O_2N+5O_2 \rightarrow 4CO_2+H_2O+NH_4HCO_3$	（31-1）
好氧消化过程中生物量的破坏	（31-1）
$NH_4^++2O_2 \rightarrow NO_3^-+2H^++H_2O$	（31-2）
释放氨氮的硝化	（31-2）
$C_5H_7O_2N+7O_2 \rightarrow 5CO_2+3H_2O+HNO_3$	（31-3）
完全硝化	（31-3）
$2C_5H_7O_2N+12O_2 \rightarrow 10CO_2+5H_2O+NH_4^++NO_3^-$	（31-4）
部分硝化	（31-4）
$C_5H_7O_2N+4NO_3^-+H_2O \rightarrow NH_4^++5HCO_3^-+2N_2$	（31-5）
硝酸盐氮作为电子受体的反硝化	（31-5）
$C_5H_7O_2N+5.75O_2 \rightarrow 5CO_2+0.5N_2+3.5H_2O$	（31-6）
完全硝化反硝化	（31-6）

如果类似于污水处理工艺，硝酸盐中的氧可以用作氧源来稳定生物质，如式（31–5）所示，则可以完成发生硝化和反硝化过程。利用硝酸盐氧化生物质再次释放氨，见式（31–1），并生成氮气和碳酸氢盐，产生碱度。

如式31–6硝化反硝化的平衡化学计量方程所示，生物质氧化生成二氧化碳、氮气和水。

可以通过下列方式实现硝化和反硝化：

（1）空气阀的开启和关闭（通常75%开，25%关）；

（2）在低溶解氧条件下运行，同步硝化反硝化创造条件。

上述操作方法与污水处理过程类似。

硝化和反硝化工艺的优点有：

（1）补偿碱度，平衡pH值；

（2）节能；

（3）溶解氧和需氧量；

（4）脱氮；

（5）除磷。

科威特开展的研究发现，控制环境温度为20℃，SRT为10d，缺氧段最佳时间为8~16h/d（Al-Ghusain等，2004）。图31–4表明缺氧周期为8h时，滤液中总氮去除率最高（Al-Ghusain等，2004）。

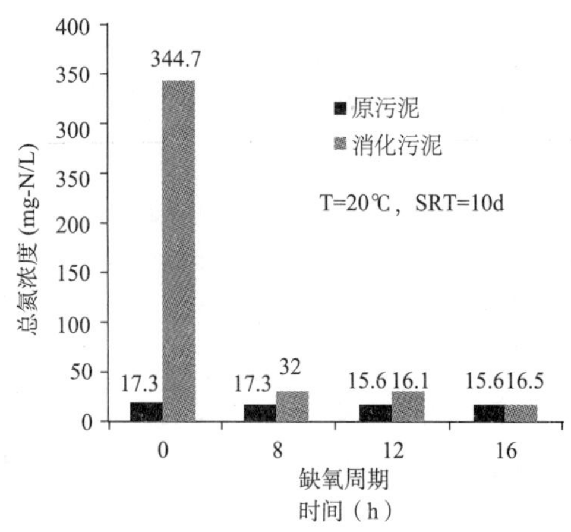

图31–4　消化温度对滤液中总氮浓度的影响：30℃时滤液中总氮浓度最高，20℃时最低（Al-Ghusain等，2004）

2. 碱度补充和pH平衡

如果发生了完全硝化反硝化，关于碱度有下列式子：

生物质分解产生1mol碱度= +1mol碱度

硝化消耗2mol碱度=–2mol碱度

反硝化产生1mol碱度=+1mol碱度

硝化反硝化过程消耗碱度=0mol碱度

发生完全硝化反硝化的最终结果和好处是在好氧消化过程中无碱度消耗。

如果进料污泥含有足够的碱度，pH将维持中性。如果引入缺氧周期并发生了完全硝化反硝化，剩余的氨和硝酸盐浓度通常为10~20mg/ L（Hao和Kim，1990；Hao等，1991；Matzuda等，1988；Peddie等，1990）。这也是为什么在控制好氧消化过程，以及优化硝化和反硝化技术中，pH成为主要指标的一个原因。当进料碱度不足以平衡生化反应的pH时，需要向消化池投加化学药品。为解决该问题，可以在进料污泥中添加碳酸氢钠，也可以向消化池直接投加石灰或氢氧化钠。图31-5所示是一个三级消化系统高溶解氧和高温对pH波动的影响评估研究（Daigger等，1999），该研究所得结论如下：

（1）高溶解氧导致pH降低。通过比较AD1中的pH（7.25）和BD1（高溶解氧）中的pH（4.6），可以得出这样的结论。AD1和BD1均在相同温度（21℃）下运行，这表明硝化作用活跃，会将氨转化为酸性的硝酸盐，使pH降低。

（2）高温导致pH升高。在较高的温度下，蛋白质再次异养快速分解生成氨。

由于缺氧阶段需氧量减少，缺氧-好氧消化可节省约18%的能耗。

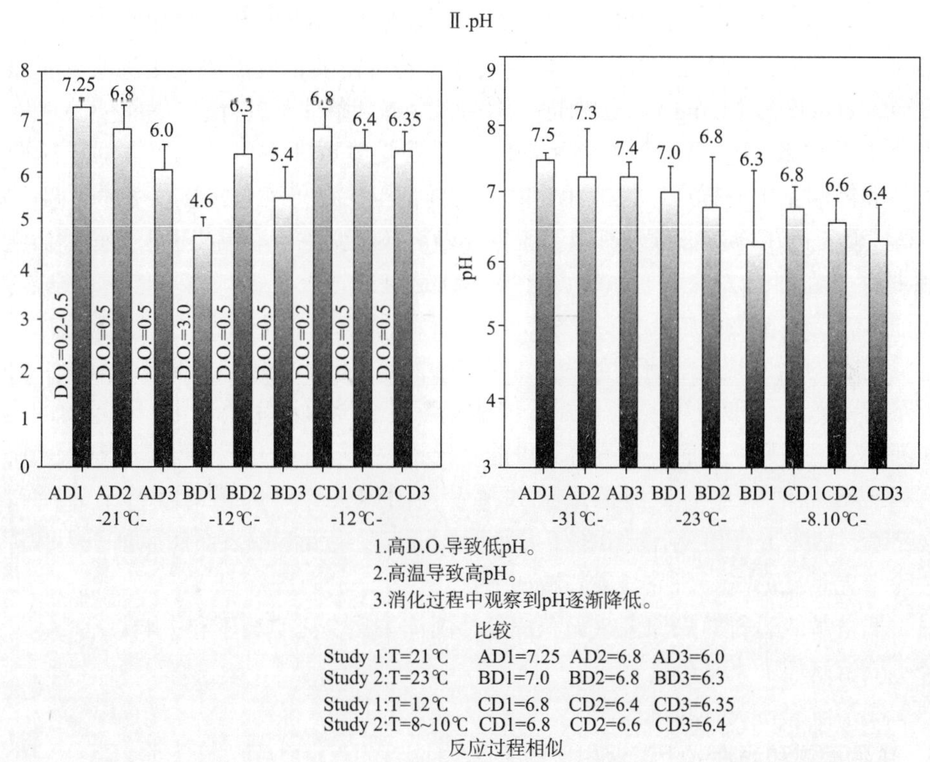

图31-5　好氧消化反应器中pH的影响（D.O.表示溶解氧）（Daigger等，1999）

3. 节能

完全好氧消化（式31-3）的需氧量为7.00mol氧气/mol去除生物质，缺氧-好氧消化（式31-6）的需氧量为5.75mol氧气/mol去除生物质。如果发生完全硝化反硝化，从氧源方面来说可以实现节能：

生物质分解需要　　　　　　　　5mol氧气

完全硝化需要　　　　　　　　7.00mol氧气
完全硝化和反硝化需要　　　　5.75mol氧气
硝化和反硝化净节约　　　　　1.25mol氧气

由于缺氧阶段需氧量减少，缺氧-好氧消化可节省约18%的能耗。

4. 溶解氧和需氧量

泵送进入好氧消化池的污泥特性决定好氧消化工艺的需氧量。需氧量必须满足消化过程中细胞组织的需要，即微生物需氧量和混合污泥中初沉污泥的生化需氧量（BOD）。

未消化剩余活性污泥的黏性远远高于水，并且随着污泥浓度和温度发生变化。含固率为6%未消化的污泥，其黏性是消化污泥的4倍。所以，第一阶段对消化过程很关键，此时需氧量最高且污泥黏性最大，必须强烈搅拌以保证高效的氧转移速率。

当预浓缩污泥进入好氧消化池后，若消化池温度约为17~20℃，消化池第一部分的氧摄取速率非常高，可高达SRT前10d总需氧量的70%~80%。曝气系统的设计必须有足够的灵活性，保证各池氧气浓度分布与需氧量相匹配。如果供氧不足，消化池会局部厌氧，导致臭味和系统中释放氨的存留。根据预期的挥发性固体去除量，可以按0.9kgO_2/0.5kgVSS（216O_2/16VSS）计算需气量。若有需要，应提供充足的空气量维持好氧阶段溶解氧浓度为1~2mg/L，使硝化反应在高溶解氧条件下进行。

当清水转移效率应用于预浓缩污泥时，还需要慎重考虑以下几点。对于运营者来说，当与液体侧流中同样产物性能相比时，需谨记至少将传统氧转移效率因子调低25%~45%。黏性修正因子应考虑额外所需气流量，以消除触变性污泥可能带来的负面影响。为达到预期挥发性固体去除率，系统设计应保证足够的速度梯度，剪切作用，剧烈搅拌，以及保证氧气传递至极黏物质（如4%~8%的进料污泥）的各个因素。

维持足够的氧不仅能保证生物过程的顺利进行，还能避免产生难闻的臭味。好氧消化池的溶解氧范围一般在0.1~3.0mg/L。溶解氧不足会导致不完全消化，更重要的是会导致臭味问题。但是另一方面，低溶解氧可能会导致发生同时硝化反硝化，能耗大大降低。

有研究就低溶解氧对病原菌杀灭和挥发性固体去除率的影响进行了评估和报道（Daigger等，1999），研究结论如图31-6所示。研究发现低溶解氧对病原菌杀灭和挥发性固体去除率无不良影响。研究结果归纳如下：

（1）低溶解氧运行对病原菌杀灭和挥发性固体去除率无明显不利影响；

（2）低溶解氧大大降低能耗；

（3）高溶解氧使pH值降低。

5. 生物固体和滤液或上清液中氮的去除

尽管减少氨和氮并不是好氧消化的主要目的，但生物固体的土地利用设计负荷率受其所含污染物的限制，如重金属或氮。美国环保署法规503规定了重金属的长期负荷（U.S. EPA，1999b）。年负荷率通常受氮负荷率限制，年负荷率和氮负荷率的设定通常与商品化肥所含的有效氮含量匹配（Chang等，1995；Metcalf和Eddy，2002）。因为市政生物固体的有机肥效释放缓慢，在计算其利用率时要考虑到氨和有机氮的联合作用（Metcalf和Eddy，2002）。满足以上要求最理想的好氧消化工艺即按好氧-缺氧模式运行

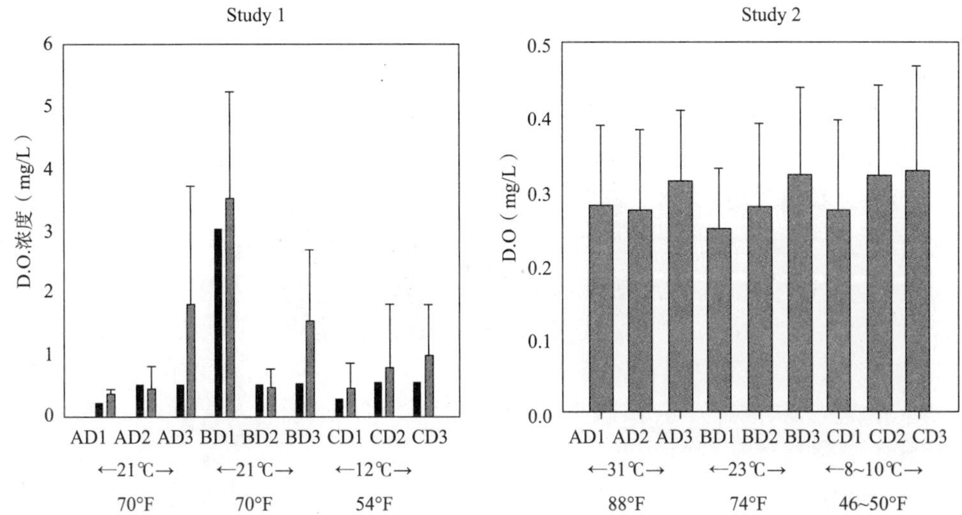

1.低D.O.运行对病原菌杀灭和挥发性固体去除率无明显不利影响；
2.低D.O.使能耗大为降低；
3.高D.O.导致pH值降低。

图31–6　低溶解氧对病原菌杀灭和挥发性固体去除率的影响（D.O. 表示溶解氧）（Daigger等，1999）

的传统好氧消化工艺，可进行完全硝化反硝化。

污泥好氧–缺氧消化的另一个优点是能够减少营养盐含量，尤其是滤液或上清液中的氮，从而减轻污水处理厂由于滤液循环处理后引发的负荷（Al-Ghusain等，2004）。最近的一项研究分析了整个消化过程中氮的各种形态。对反应器污泥滤液中总氮（亚硝酸盐[NO_2]，硝酸盐[NO_3]，氨[NH_4]和有机氮）进行了计算。

数据表明，当提高反应器温度为30℃，缺氧时间为8h时，SRT（10d和20d）对反应器总氮浓度无明显影响。图31–4对照了好氧消化池（连续曝气）与好氧–缺氧消化池缺氧时间分别为8h、12h、16h的氮的种类组成。该研究还评估了在20℃ 和SRT为10d的条件下缺氧周期的时间，研究结果表明，8h的缺氧周期是节约能耗和保证污泥稳定质量的最佳平衡点。图31–7显示了缺氧周期对VSS去除率的影响（Al-Ghusain等，2004）。该研究还对好氧消化污泥和好氧–缺氧消化污泥的污泥脱水性能进行过滤试验，试验结果表明，好氧–缺氧消化降低了污泥的过滤阻力（即提高了污泥的脱水性能）。

6. 生物固体和生物磷中磷的去除

液体流入厌氧区进行生物磷的释放，此时BOD被吸收而释放磷。好氧区为BOD被氧化和磷的吸收提供了环境条件，聚磷微生物数量增加，因此，当剩余污泥排出时，其中总磷的含量可达5%~7%。好氧消化池中，微生物通过破坏自身进行消化，其中包含的磷释放进入溶液中，溶液中的磷含量很高。从质量平衡的角度来看，进入消化池的磷最终有两条出路：剩余污泥和出水。如果不允许通过排泥除磷，则磷将循环回到污水处理厂进水中。厌氧或好氧消化均可实现磷的释放，但好氧释放的磷浓度比厌氧低。

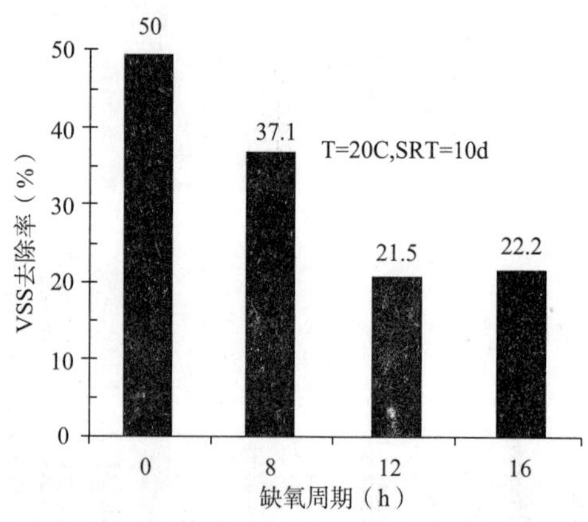

图31–7　缺氧周期对VSS去除率的影响（Al-Ghusain等，2004）

Lu Kwang Ju的实验研究和现场试验（Daigger等，2001）结果表明，空气启闭循环操作或低溶解氧条件（可发生同时硝化反硝化）会使磷的释放量最低。如图31–8所示，从生物除磷设施（Ozark WWTP，Kansas）排出的污泥，若在完全好氧条件下进行消化，磷释放量在120~150mg/L的范围，若在循环操作下进行消化，运行500h后磷释放量为70~90mg/L。磷释放速率和吸收速率随时间的增加而降低。作为对比，对从非生物除磷设施（Akron WWTP，Ohio）排出的污泥进行相同的循环操作，污泥的磷释放和吸收曲线无明显波动，这是因为该污泥中不含生物磷，但所含磷浓度为10~20mg/L。

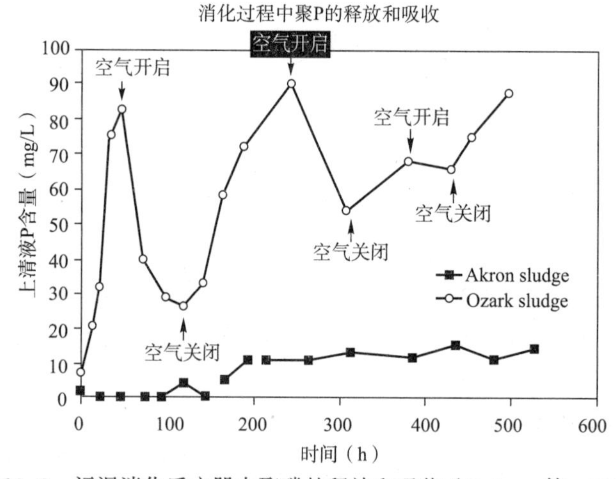

图31–8　污泥消化反应器中聚磷的释放和吸收（Daigger等，2001）

pH是影响磷、氨和氮的另一个因素。相同的研究（Daigger等，2001）结果表明，应避免pH低于6.0，否则会促进无机金属磷酸盐的溶解。

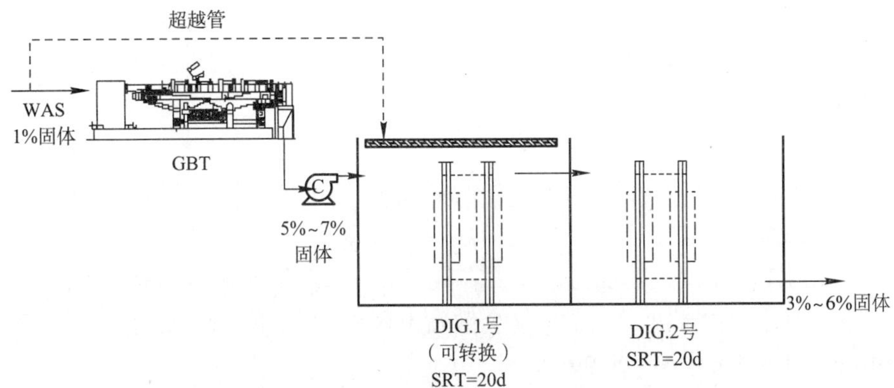

图31-9 土地利用对磷含量无限制的预浓缩液体处置（GBT表示重力带式浓缩机）（Daigger等，2000）

（1）方案Ⅰ：土地利用对磷含量无限制的情况下进行液体处置。假设系统设计为两段串联运行，使用可预浓缩污泥至6%的机械浓缩好氧消化池，预期离开系统的污泥含固率为3.6%。图31-9为土地利用对磷含量无限制的情况下，液体处理的代表性预浓缩工艺流程（Daigger等，2000）。该方案的必要步骤有：

1）注意污泥进入浓缩设备前应保持好氧状态。

2）为避免形成厌氧条件，污泥应直接从液体侧流进入浓缩设备。

3）若污泥浓缩前需进行储存，停留时间应降到最低。

（2）方案Ⅱ：土地利用对磷含量有限制情况下进行脱水、后浓缩和上清液处理。假设系统设计为三段串联运行，利用可预浓缩污泥至6%的机械浓缩设备对进入好氧消化池的污泥浓缩，但仍需要增设后浓缩设施。该方案假设土地利用对磷有限制，并且预浓缩设备有时被超越不运行（夏季期间）。图31-10展示的是土地利用对磷含量有限制时的脱水方案。该方案的必要步骤如下：

1）消化过程中磷被释放并回流到污水处理厂进水。

2）控制一级消化池的硝化作用促进生成鸟粪石并加以分离。

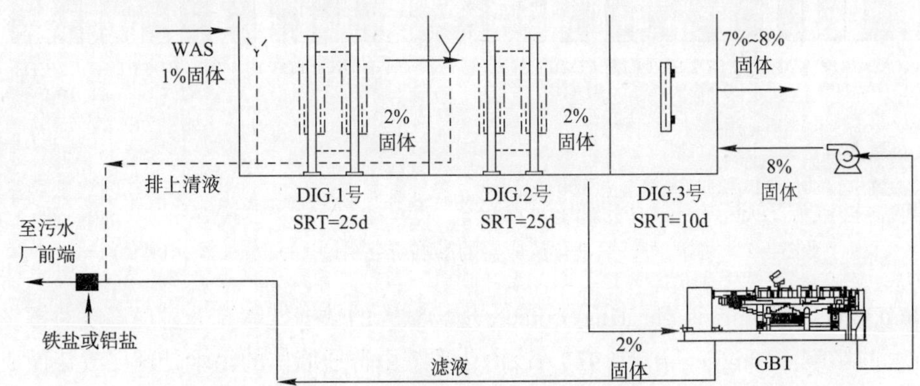

图31-10 方案Ⅱ：土地利用对磷含量有限制的脱水后浓缩处置
（GBT表示重力带式浓缩机）（Daigger等，2000）

3）上清液和滤液中投加明矾或氯化铁。化学试剂只为除磷时投加。因上清液中几乎不含磷，故化学试剂投加量很少。

4）磷固定于污泥中并随着污泥的排出被去除。

7. 温度控制

如果可以获取去除挥发性固体时释放出的热量，则可以控制反应器的温度。

消化池是否需要加盖取决于其所处的地理位置和气候条件。气候寒冷地区，加盖有助于维持消化污泥的温度。若加盖会大大降低蒸发冷却量，导致消化池内物料温度过高，则不应加盖。消化池内温度过高，可能会散发出令人讨厌的恶臭，出水水质也会大大降低（California State University，1991）。

好氧消化池内液体温度对挥发性固体去除率和病原菌杀灭有显著影响。随着温度升高，挥发性固体去除率增加。与所有的生物过程一样，温度越高，效率越高。温度低于10℃时，生物过程基本失效。图31-11显示了三级消化系统在温度范围为8~31℃运行时，病原菌杀灭和挥发性固体去除率效果。该研究所得结论如下：

（1）温度高于12℃，7d内病原菌数量小于2000000；

（2）温度低于10℃，至少需要25d方能使病原菌数量小于2000000。

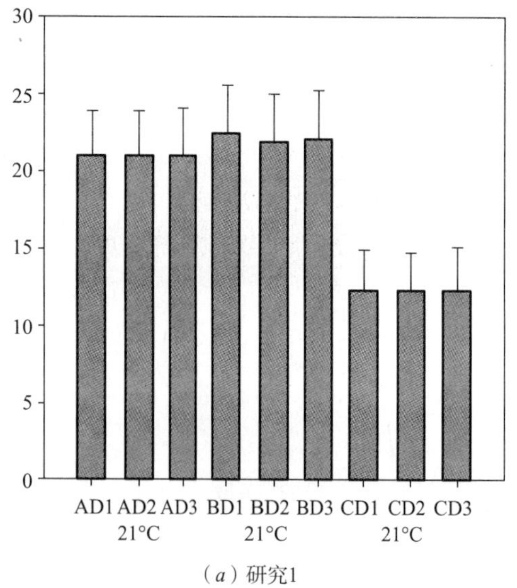

（a）研究1

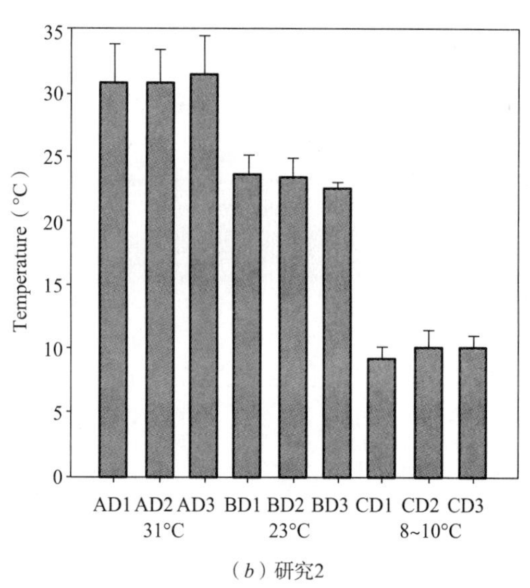

（b）研究2

1.温度研究范围：8~31℃；
2.温度高于12℃时，7d内病原菌数量小于2 000 000；
3.温度高于31℃时，29d内挥发性固体去除率达40%。

图31-11 温度对好氧消化反应器的影响研究结论（Daigger等，1999）

Plum Creek，Colorado per Tim Grotheer现场试验的数据能够充分显现温度对挥发性固体去除率的影响（Daigger等，1997）。该消化系统由普通墙体的污水处理厂改建而成，流程如图31-12所示。该项目的污泥经预浓缩后进入五级串联消化系统，无覆盖或保温措施。该项目的一期工程期间，当二月份温度低至10℃时，即使系统的总SRT为54.5d，挥发性固体去除率也仅为16%。

整个消化系统每个月挥发性固体去除率随污泥浓度和温度的变化如图31-13所示。图31-14为每个月不同阶段的挥发性固体去除率。

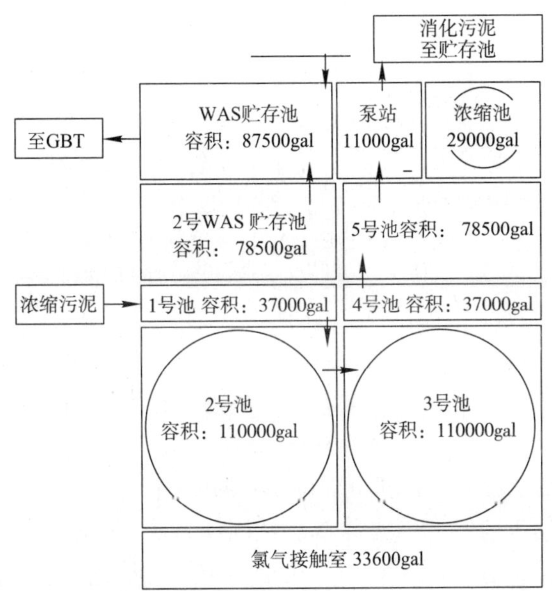

图31-12 美国科罗拉多州Plum Creek污泥处理工艺流程图
（GBT表示重力带式浓缩机；gal × 3.785=L）（Daigger等，1997）

Al-Ghusain研究了SRT为10d，缺氧周期为8h时温度对挥发性固体去除率的影响，如图31-14所示。该研究结果与Plum Creek所得结果一致，温度为30℃时，VSS去除率为42.4%，见图31-15。

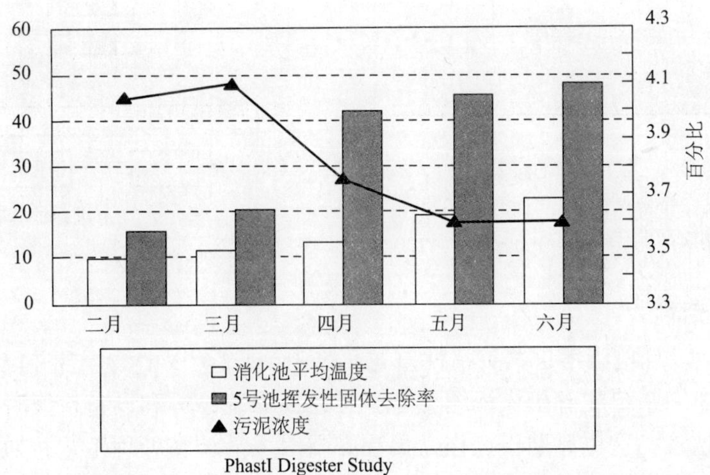

图31-13 美国科罗拉多州Plum Creek挥发性固体去除率随污泥浓度和温度变化图（Daigger等，1997）

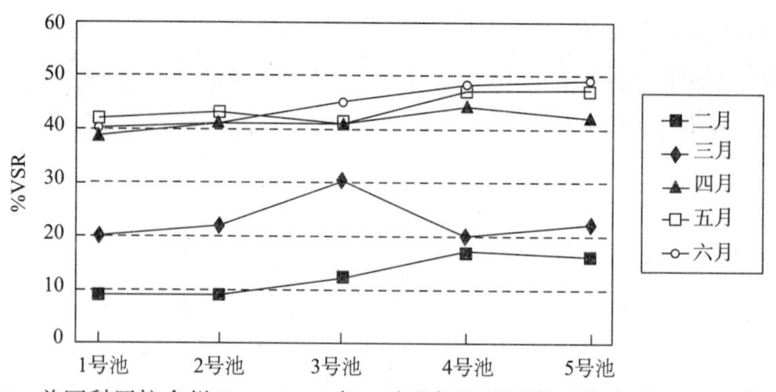

图31-14　美国科罗拉多州Plum Creek每一阶段挥发性固体去除率（Daigger等，1997）

另一项研究（Daigger等，2001）对两个系统的可靠性进行了对比评估——其中一个是循环浓缩系统，消化池中污泥浓度浓缩至3%；另一个是预浓缩污泥至3%。该研究的重点是在污泥低温排出的情况下，比较两个系统在冬季保持消化池内液体温度在20℃的能力。该研究结果如图31-16所示，对于循环系统，若进料温度低至10℃，消化池体和墙体需要采取保温措施使消化池温度维持在20℃。另一方面，如果将剩余污泥预浓缩至相同的浓度，对消化池进行加盖有利于维持相同温度。

该研究还表明，如果能够获得去除挥发性固体释放的热量，那么可以控制反应器的温度。这一点对于寒冷地区将非常有利。由于传统好氧消化属于中温消化工艺，温度高于20℃效果最优。

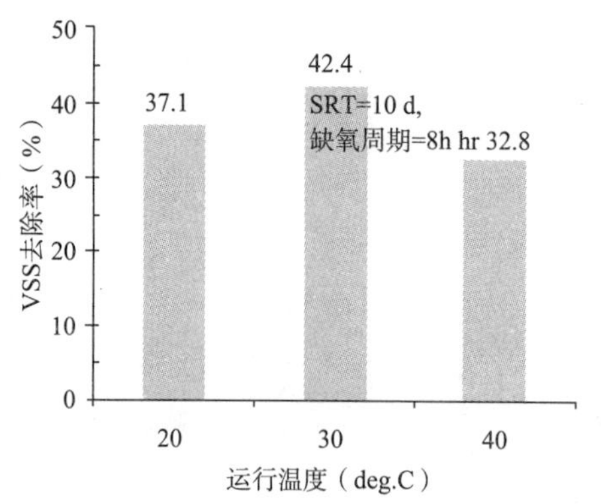

图31-15　缺氧周期为8h时温度对挥发性固体去除率的影响（Al-Ghusain等，2004）

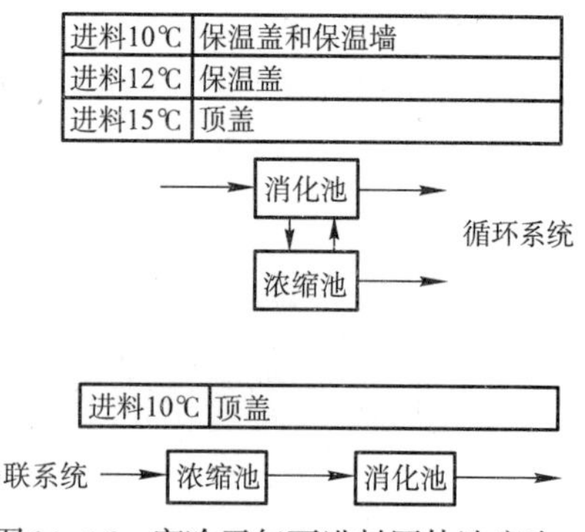

图31-16　寒冷天气下进料固体浓度为3%时对盖子要求（Daigger等，2001）

8. 系统灵活性

好氧消化池设计应当考虑其灵活性，尤其是2个或2个以上池子合并设计的分级操作系统。此外，如果系统配有机械浓缩设备，考虑到系统停运和设备检修时间，消化池至少还应配有超越管。这也有助于操作人员在必要时灵活调整处理工艺，如温度波动、污泥量、系统污泥浓度、毒性和可能发生极端天气时如大雨和雪天等。

好氧消化设备，鼓风机，浓缩设备应当至少具备如下操作能力：

（1）消化池可实现串联运行或并联运行。

（2）曝气系统和鼓风机的设计必须考虑到硝化和反硝化需要增加的曝气量。

（3）曝气系统和鼓风机操作灵活，根据需要可以使空气在各池子之间传递。

（4）曝气系统和鼓风机操作灵活，其他池子关闭时仍可对其中的一个池子供气。鼓风机应能适应水位的变化。

（5）具备这样的功能，即在夏季向前两个消化池内输入未浓缩污泥，排出污泥经后浓缩进入三级消化池。例如，每天向第一个消化池输入1%污泥，如图31–17所示，液体排出之前污泥进行后浓缩。

（6）具备消化池污泥循环浓缩和后浓缩的能力，这是夏季降低消化池温度的一种措施。例如，超越浓缩设备，一级消化池排出的污泥直接进入浓缩机，浓缩污泥可以回到一级消化池或进入二级消化池。若还有三级消化池，二级消化池排出的污泥可经过后浓缩后以更高的浓度储存在三级消化池。

（7）一周内有几天污泥超越预浓缩工艺直接进入消化池，余下的几天污泥继续经浓缩后再进入消化池。例如，一周内有3d污泥预浓缩至悬浮固体含量为6%后进入第一消化池，余下的4d未经浓缩的悬浮固体含量为0.7%的污泥直接进入第一消化池。图31–18所示为由Richard Yates提出的位于巴黎现场装置的运行示意图（Daigger等，1997）。从该实例可以看出，这种方法也适用初沉污泥和二级剩余污泥的混合污泥消化系统。对于可降解固体含量高的污水处理厂，通常有夏季和冬季各自不同的运行方式，从而优化温度控制和工艺控制。

（8）有预浓缩和后浓缩的能力。如图31–19所示为可以利用同样的管道和机械设备进行预浓缩和后浓缩的流程图。

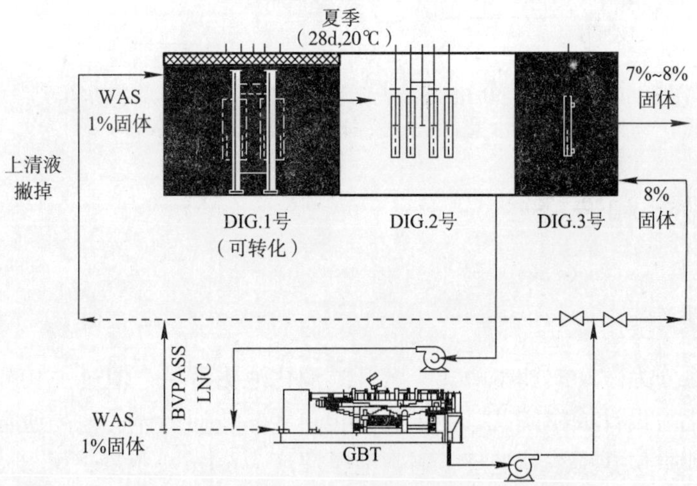

图31–17　夏季第一阶段污泥含固率降至1%以控制温度，液体排出前对污泥进行后浓缩处理（GBT=重力带式浓缩机）（Daigger等，1999）

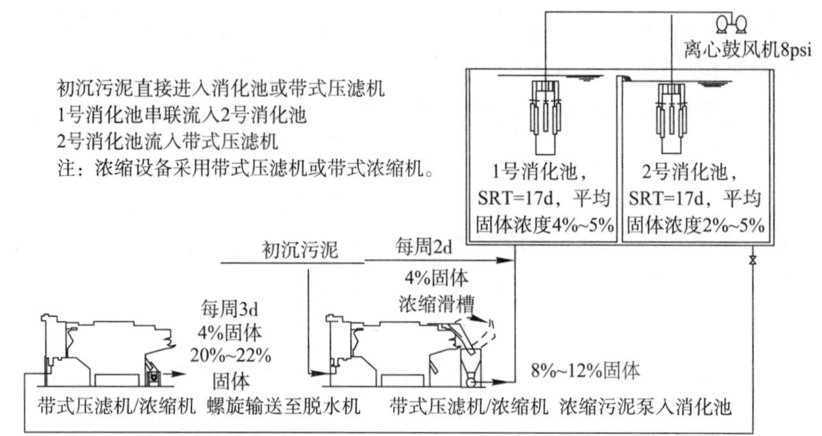

图31-18 巴黎和美国伊利诺斯州的现场装置示意图（8psi=55kPa）（Daigger等，1997）

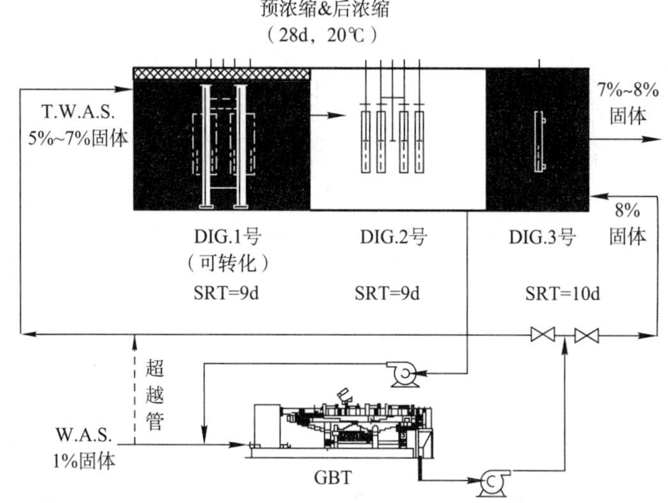

图31-19 预浓缩和后浓缩系统流程图（T.W.A.S.=总剩余活性污泥，GBT表示重力带式浓缩机）（Daigger等，1999）

31.4 设备设计和选择

31.4.1 反应器类型

好氧消化池分为敞开式和密闭式。敞开式消化池更常见，但过去10年中，越来越多的设计者将消化池设计成密闭式，池子深度也更大。普通墙体的池高通常为7.3m，水位6.7m。如果设计中包括预浓缩处理，通常池子深度为6.1m或更深，可参阅扩散曝气设备部分的说明。通常圆形结构的池深为6.1~9.1m，直径为9.1~18m。

消化池加盖可以减少冻结，降低热损失和表面蒸发。正如温度控制一节所述，盖子与浓缩结合可通过提高挥发性固体去除率和病原菌杀灭率，从而提高传统好氧消化性能。通过灵活操作，可避免高温段温度过高，并能实现全年的过程控制。总的来说，如果消化池内浓缩后的物料温度能全年维持在20℃，则不需要加盖。如果希望消化池内温度低于20℃，那么通常情况下使用盖子更经济。

为提高转移效率和混合效率，大部分好氧消化池的构造都允许一级消化池内液面有较小波动。一些好氧消化池设计成底部倾斜，以方便消化污泥从底部排出；其他的好氧消化池设计成固定的溢流堰。好氧消化池通常用钢筋混凝土和钢结构建造。在寒冷地区，钢结构好氧池的地上部分应采取保温措施。若钢筋混凝土好氧池位于地下，且地下水由池壁外部排出，那么土壤对好氧池有相当好的保温作用。

至少应建有2个池子，以便其中一个池子检修时工艺和设备能够灵活操作。如规章制度一节所述，为提高运行安全系数而增加好氧消化池尺寸，可能会引起由于热损失和搅拌能耗相应增加引发的运行问题。典型脱水和液体处置的两级处理工艺流程如图31-20和31-21所示。图31-20为两级脱水工艺，图31-21为三级液体处理工艺。

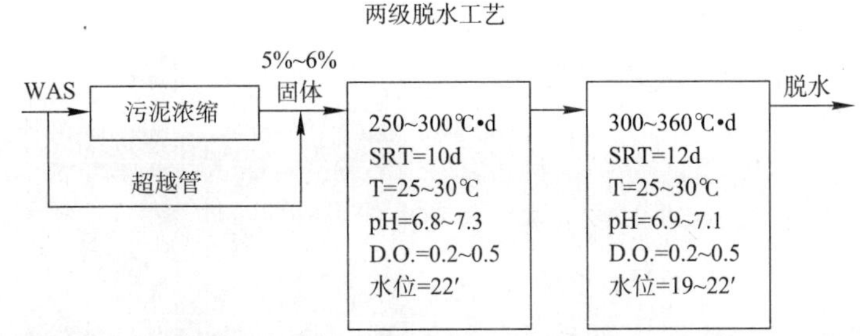

图31-20　两级污泥脱水工艺示意图（D.O.=溶解氧）（Daigger等，1999）

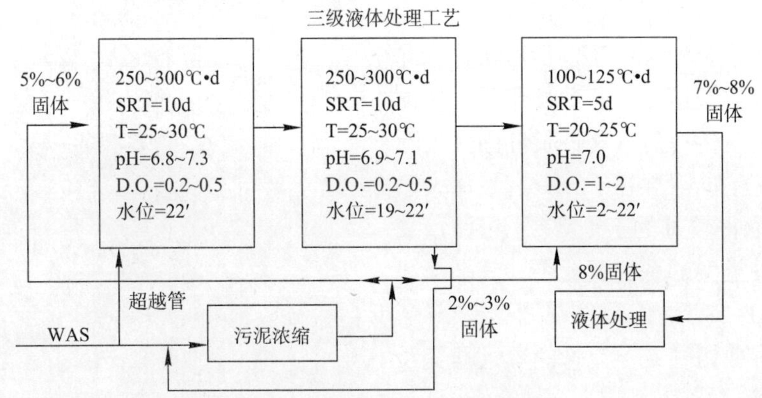

图31-21　三级污泥处置液体处理流程图（D.O.=溶解氧）（Daigger等，1999）

31.4.2 管道系统要求

要求管道系统应至少包括污泥进料管、上清液滗析装置、消化污泥排出管和曝气供气管。如果可能，也应布置管线以利用污水处理厂出水冲洗污泥管线。

如有可能，每一个消化池都应配有超越管道。有关详细信息请参阅本章系统灵活性一节。

31.4.3 扩散曝气设备

用作消化池供气和搅拌之用的扩散曝气设备有传统机械曝气器、大气泡扩散器、微气泡扩散器和射流曝气器。好的设备不仅要能满足供氧和搅拌要求，还应具备一定灵活性（Water Environmental Federation，1998）。陶瓷微气泡扩散器特别容易堵塞，好氧消化池中应尽量避免使用。正如Jim Scisson所述，尽管微气泡扩散器能连续曝气，工作效率高，但在好氧—缺氧模式下运行的好氧消化池中应用仍有其局限性（Daigger等，1998）。

通常，地板覆层的浸没式空气扩散曝气头按一个方向安装于消化池底部，以诱导形成螺旋交叉混合流。应用最广泛的空气扩散器是小气泡扩散器和大气泡扩散器。浸没式空气扩散曝气头有以下特点：

（1）易于向消化池补充热量；

（2）受泡沫情况影响不大；

（3）若缺氧运行阶段堵塞，可能需要移动整个装配以清通堵塞。

一种能替代上述地板覆层的扩散器系统的曝气设备是高剪切、无堵塞曝气设备，它专为4%~8%的高浓度污泥设计。这种曝气系统结合了可调节的水上孔口和无堵塞扩散器，水上孔口便于卷吸空气满足气体要求，无堵塞扩散器保证在缺氧运行时不发生堵塞。该曝气系统的设计还包括剪切管和导流管，用以提供快速搅拌和剪切作用，保证高浓度污泥的氧传递效率和挥发性固体去除率。这种系统的局限性在于，只有液深大于6.1m时才能取得较好的工作效果。图31–22展示的是这种类型的系统装置图，其平面和剖面图如图31–23所示。

图31–22　位于巴黎，美国伊利诺斯州的美国国家航空航天局（华盛顿）尾水管的典型装置图。照片摄于厌氧至预浓缩两级串联好氧消化系统，该系统用于处理初沉污泥和二沉污泥的混合污泥（Daigger等，1997）

总之，有剪切管或导流管的单管曝气系统有以下特点：

（1）专为高污泥浓度设计（4%~8%悬浮固体）；

（2）易于向消化池补充热量；

（3）无堵塞，不需要维修；

（4）要求消化池液深大于6.1m。

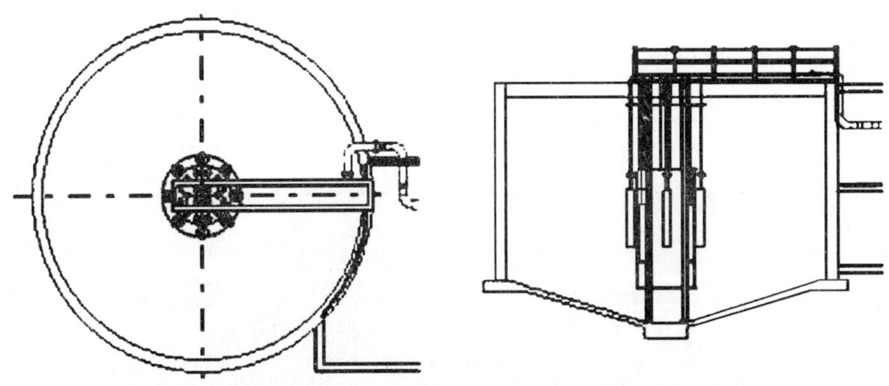

图31–23　位于巴黎，美国伊利诺斯州的消化池平面图和剖面图
该消化池直径14m，深9.4m（Daigger等，1997）。

31.4.4 机械表面曝气器

无论是低速或高速、自由浮动或固定安装的机械表面曝气器，其氧传递效率都很高（被污泥吸收的氧气量与曝气器输出的氧气量之比）。

通常情况下，机械表面曝气器有以下特点：

（1）当消化池污泥浓度小于2.5%时，可以高效地为好氧消化池提供氧气；

（2）维护要求低；

（3）受发泡影响很大；

（4）受寒冷天气下结冰影响很大。

31.4.5 淹没式机械曝气器

淹没式机械曝气器包括一个安装在传动轴上的淹没式旋转叶轮，传动轴与曝气池垂直。压缩空气在叶轮下部剪切形成气泡打入消化池（Water Environmet Federation，1998）。

一般来说，淹没式机械曝气器不受发泡或结冰的影响。

31.4.6 鼓风机

离心鼓风机和回转式容积鼓风机均适用于好氧消化。对于二级消化系统，建议至少应配有3台鼓风机。如果选用回转式容积鼓风机，3台鼓风机中至少有2台要有双速或变速发动机，从而使系统操作更加灵活并能优化工艺。该系统包括与一级消化池配套的能在最大气流和设计气流下运行的鼓风机（该机自带双速发动机），与二级消化池配套的能在最小气流和设计气流下运行的鼓风机，以及能在最大气流和设计气流下工作并可向任意一个池子供气的备用风机（该机也自带双速发动机）。

根据Glen Daigger的研究结果，图31–24所示为总SRT为30d，运行温度为20℃的三级预浓缩消化系统的典型流程，该图显示了消化系统各级间的气流要求和鼓风机要求（Daigger等，1999）。

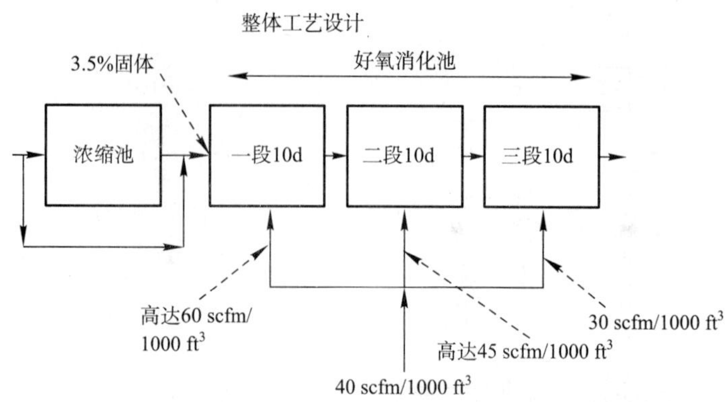

图31-24 三级预浓缩消化系统气流分布和鼓风要求示意图
（1scfm/1000cf=0.06m^3/(m^3 · h)）（Daigger等，1999）

31.4.7 泵

用于向好氧消化池传输污泥的泵有多种不同的类型，容积泵和离心泵都已得到成功应用。浓缩后消化污泥经气提泵和无堵塞泵排出，在各消化池间传输或进行脱水或处置。

关于泵的选择在本书第8章有详细说明，详情请参阅该章。

31.4.8 混合和曝气设备

各种曝气系统已用于ATAD系统，包括U.S. Filter落地射流式抽风机或射流曝气机（U.S.Filter[Siemens], Warrendale, Pennsylvania）、Fuchs侧面安装抽风曝气机（Fuchs, Harvey, Illinois）、Turborator技术顶部安装抽风曝气器和泵及文丘里系统（Burnaby, British Columbia, Canada）（Shamskhorzani, 1998）。所有的曝气系统设备都同时具有搅拌和氧传递作用（见图31-25和图31-26）。

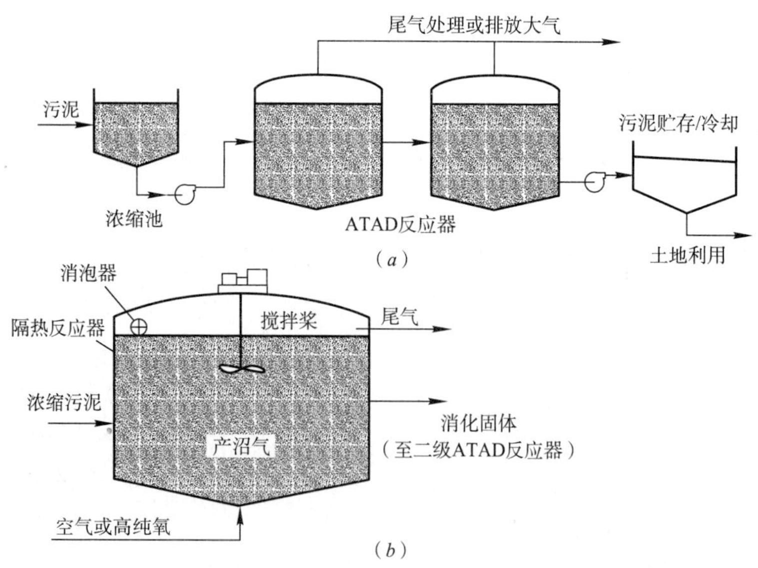

图31-25 典型的ATAD系统示意图和反应器示意图（Metcalf和Eddy, 2002）

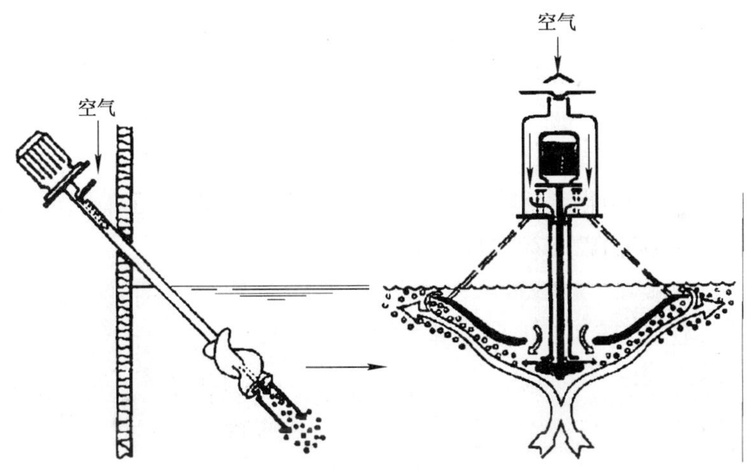

图31-26　一种应用于ATAD系统中的曝气器示意图（U.S.EPA, 1990）

31.4.9 控制设备

好氧消化系统通常包括pH自动控制设备。典型的pH自动控制系统由置于消化池内用于测量消化液pH的电极组成，如果池内pH不在最佳pH范围内，电极会将信号传递给加药泵。pH控制系统还可用于控制鼓风机向消化池提供可调节的气流量，这使得运营商能够优化处理工艺并在同时硝化反硝化的模式下运行。pH控制系统的另一个用途是控制鼓风机的启闭实现好氧－缺氧操作。

31.4.10 浓缩设备

推荐用于好氧消化工艺的浓缩设备分三类，本章关于浓缩一节已有叙述。第29章对浓缩设备进行了全面的介绍，更多细节请参阅第29章。

31.5 工艺性能

31.5.1 规则和条例

1. 污水污泥利用与处置标准

污水污泥利用与处置标准（40 CFR Part 503; U.S. EPA, 1999b）对污水处理厂排出的污泥的利用及处置作出了相关规定，对一些项目制定了相应的限制值，如污染物（主要是金属）、病原菌含量和带菌体吸收。

由40 CFR第503部分（U.S. EPA, 1999b）制定的法规于1993年颁布，1999年美国环境保护局（U.S. EPA）（Washington，D.C）做了修订。修改和说明的内容在环境法规和技术文件中有叙述，病原当量委员会（U.S. EPA，1999a）对“污水污泥中病原菌控制和带菌体吸收”也做了修订。该法规具体内容包括：（1）生物固体的土地利用；（2）生物固体的地表处置；（3）生物固体处理减少病原菌和带菌体吸收；（4）焚烧。

本章将探讨法规中关于生物固体土地利用和带菌体减少的内容，从而更深入的理解这些规定对好氧消化系统的影响。

2. 土地利用条例

生物固体的土地利用指生物固体的再利用，包括各种形式大块的或袋装的生物固体以农用价值作土地有利利用（旨在提供作物和植被所需要的氮元素，同时最大限度地减少进入根区以下的氮含量）。该条例确定了下列几个标准级别：

（1）关于重金属浓度的两级标准；

（2）关于病原菌含量的两级标准（A级和B级）；

（3）满足带菌体吸收有两种方法，一种是选择合适的生物固体处理工艺，另一种是物理格栅的应用。

3. 生物固体的定义

生物固体定义为一种有机的半固体的污水产品，经生物稳定或化学稳定处理后适合于有利利用。

A级生物固体中的病原菌（包括肠道病毒，致病细菌和活寄生虫卵）低于所要求的检出限水平（WEF，1995）。A级生物固体必须符合所有特定标准，以确保它们能安全地被公众用于托儿所、花园和高尔夫球场等场合。

本章中论及到的最可能满足A级生物固体的工艺是高温好氧消化工艺。尽管A级标准的相关规定已经很详细，也有多种工艺可选择，但高温好氧消化系统设计要尽量满足A级生物固体如下标准：

（1）粪大肠菌群密度<1000MPN/g总干固体。

（2）沙门氏菌密度<3MPN/4g总干固体。

（3）除了满足上述两点要求外，如进一步减少病原菌的工艺所描述（PFRPs）的，生物固体应采用指定工艺之一将病原菌减少到检出限以下。根据定义，高温好氧消化作为一种合适的PFRP工艺，在55~60℃下细胞平均停留时间为10d，生物固体搅动引入空气或氧气使混合液维持好氧条件。

B级生物固体中的病原菌被削减到一定水平，不太可能对公众健康及其特定的使用环境构成威胁（WEF，1995）。B级生物固体不能以袋装或其他容器盛装的形式出售或弃置，也不能用于草坪和家庭花园。它们通常用于农业土地利用或以填埋方式进行处置。

本章中论及到的最可能满足B级生物固体的工艺是传统好氧消化工艺。尽管B级标准的相关规定已经很详细，也有多种工艺可选择，但中温传统好氧消化系统设计要尽量满足B级生物固体如下标准：

对于单一的消化池，应满足下列标准：

（1）满足下列病原菌减少要求中的任意一个：

1）15℃下停留60d或20℃下停留40d。

2）粪大肠菌群密度<2000000MPN/g总干固体。

（2）满足下列带菌体减少要求中的任意一个：

1）生物固体处理过程中挥发性固体去除率在38%以上。

2）20℃时，SOUR<1.5mg O_2/(g TS · h)。

（3）若污泥在20℃下再进行30d序批式消化处理，增加的挥发性固体去除率小于15%，污泥也可视为满足带菌体吸收要求。

对于两级或多级消化池，应满足下列标准：

（1）同时满足下列病原菌减少要求：

1）粪大肠菌群密度小于2000000MPN/g总干固体。

2）15℃下停留42d或20℃下停留28d。在这种情况下，因为该工艺被权威机构批准为PSRP等效工艺，污水处理厂运营者应通过试验说明消化池排出的污泥微生物水平减少，并满足上述所列带菌体吸收减少的要求之一。

（2）满足下列带菌体减少要求中的任意一个：

1）生物固体处理过程中挥发性固体去除率在38%以上。

2）20℃时，SOUR<1.5mg O_2/(g TS · h)。

31.5.2 评价好氧消化池性能的参数

下列参数用于评价好氧消化池性能：

（1）SOUR；

（2）病原菌减少；

（3）挥发性固体去除和污泥减量；

（4）污泥停留时间 × 温度值（d · ℃）；

（5）生物固体脱氮；

（6）生物固体中的磷和生物磷去除；

（7）污泥脱水特性；

（8）循环侧流的上清液水质。

1. 标准氧吸收速率

微生物的氧利用速率取决于生物氧化速率。美国环保署选定20℃ 时SOUR为1.5mg O_2/（g TS · h）来说明好氧消化污泥的带菌体吸收已充分降低。

利用氧吸收速率来确定消化池生物活性水平和固体去除率。大多数运营商一般都选择测定SOUR，而不是传统的挥发性固体去除率。然而，测定挥发性固体去除率仍然是厌氧消化的首选，因为SOUR不适用于厌氧消化污泥。

测定SOUR是一个快速试验，与系统初始值和上游工艺SOUR的降低无关。另一方面，挥发性固体去除率是进料中挥发性固体浓度相对于消化池中挥发性固体的百分数。运行良好的好氧消化池，若一级消化池内输入的是初沉污泥，SOUR范围一般为10~30mg O_2/（g TS · h）。然而对于分级运行的好氧消化池，一级消化池的SOUR通常为3~10mg O_2/（g TS · h），而活性污泥法活跃期的SOUR通常为10~20mg O_2/（g TS · h）。

经好氧消化工艺处理后的消化污泥氧吸收速率通常为0.1~1.0mg O_2/（g TS · h），远远低于美国环境保护局要求的1.5mg O_2/（g TS · h）。

2. 病原菌减少

如本章前面所述，病原菌减少与固体减少类似，因为温度低于10℃时，病原菌极少被杀灭，只有温度高于20℃时，病原菌才会被显著杀灭。尽管美国环境保护局标准认可在15℃运行，但考虑到经济原因和性能可靠性，笔者建议污水处理厂的设计和运行温度最少为20℃。

3. 挥发性固体减少和污泥减量

好氧消化导致VSS被消除，此外，如果采用隔膜浓缩消化，固定性悬浮固体（FSS）也会减少，这是因为可降解悬浮固体中有机物和无机物都能溶解并被消化。但是，VSS和FSS的成分不同，因此通常二者消除的比例不等。

初沉污泥和从较短SRT系统出来的剩余活性污泥含有的可降解物质相对较多；从较长SRT系统出来的剩余活性污泥与之截然相反，含有的可降解物质较少，而生物残骸较多（Grady等，1999）。

如本节前面所述，消除可降解悬浮固体受温度影响很大，并具有一级反应的特点，这是因为活性生物质的衰变是一级反应。活性相对较高的生物质衰变系数与剩余污泥SRT无关。这是因为可降解悬浮固体的衰变系数很大程度上受异养菌衰变系数的影响，而异养菌衰变系数相对恒定。

Lu Kwang Ju（Daigger等，1999）为确定同时满足病原菌和挥发性固体去除率的B级标准要求所需最小SRT而进行的一项研究中，评估了两套在最低温度下运行的系统，一套是2个消化池串联，另一套是3个消化池串联。不同温度和不同SRT下的挥发性固体去除率列于表31-5。

在最低运行温度和最小SRT的挥发性固体（VS）去除率　表31-5

VS去除率 来源于所有消化池的研究数据 数据来源于两套研究系统中的所有消化池						
温度	8~10℃	12℃	21℃	21℃	23℃	31℃
2个消化池串联天数	19.25	13.75	13.75	13.75	19.25	19.25
VS去除率	27%	31%	31%	31%	28%	31%
3个消化池串联天数	29.25				29.25	29.25
VS去除率	28%				32%	40%

该研究中所用污泥的可消化成分非常低，研究结果表明，尽管两套系统都满足病原菌杀灭要求，但要使挥发性固体去除率达到38%以上，SRT至少应为29d。这表明，挥发性固体去除率与污泥来源有很大关系，如果污泥可消化有机成分很低，即使是美国环境保护局的最低要求也难以满足。

关于该研究的更多数据，请参阅温度控制一节。

4. 污泥停留时间 × 温度

好氧消化池高效运行的一个重要参数是SRT，SRT是反应器内总的生物污泥量除以平均每天从反应器排出的生物污泥量。通常情况下，SRT增加，挥发性固体去除率也增加。

基于上述讨论，关于温度、可降解污泥和不可降解污泥及其对挥发性固体去除率可能造成的影响，SRT×温度（d·℃）曲线可用于消化系统的设计。SRT×温度曲线不仅考虑了消化系统必须满足的总d·℃，还考虑到了污泥来源性质。最早的SRT×温度曲线出现在20世纪70年代末（U.S. EPA, 1978, 1979），并根据Lu Kwang Ju进行的长达3年的2个中试研究数据和3个现场试验数据整合后进行了更新（Daigger等，1999）。图31-27所示为一个基于600d·℃的工艺设计，其假定进料污泥的可降解固体含量相对较高。如果进料污泥的可降解固体含量相对较低，可根据图31-28来运行。如果工艺设计中纳入了预浓缩，SRT可根据需要增加或减少，那么从设计的角度来说，这两种系统可并存。

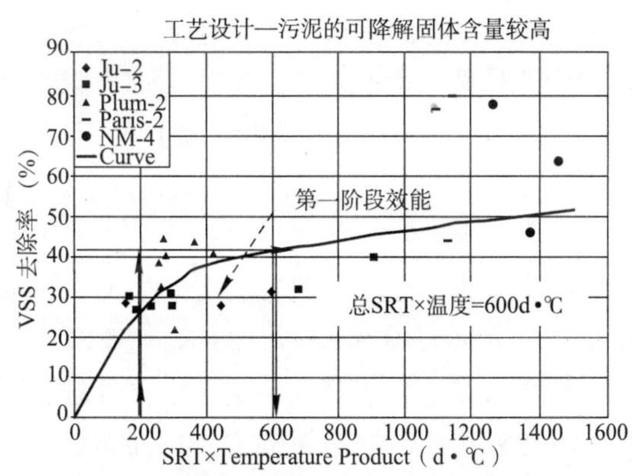

图31-27　进料污泥的可降解固体含量相对较高时的SRT×温度（d·℃）曲线图（Daigger等，1999）

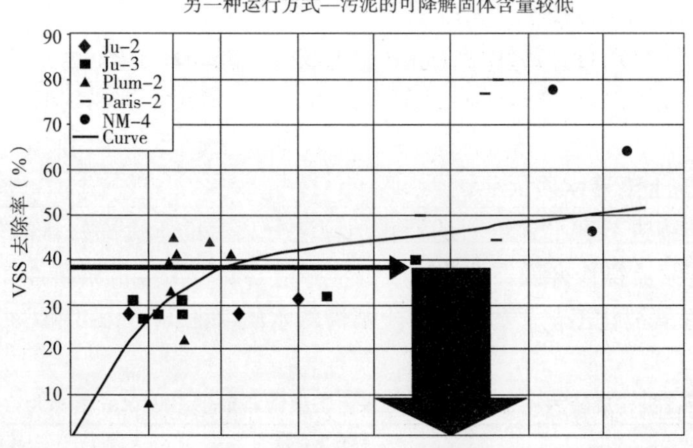

图31-28　进料污泥的可降解固体含量相对较低时的SRT×温度（d·℃）曲线图（Daigger等，1999）

5. 生物固体脱氮

如本章前文所述，传统好氧消化工艺在好氧-缺氧模式下运行，发生完全硝化反硝化，总氮减少。生物固体作土地利用的年设计负荷率通常受氮负荷率限制。由于ATAD工艺中硝化反应受抑制，满足上述要求最理想的工艺即按好氧-缺氧模式运行的传统好氧消化工艺。

6. 生物固体中除磷

厌氧消化和好氧消化过程中均发生磷的释放，但如果传统好氧消化工艺在好氧－缺氧模式下或低溶解氧条件下运行，磷的释放量会减少。截至2005年，磷的土地利用在那些土地中磷已饱和的区域非常受限。如果这些规定涉及到您感兴趣的领域，请遵守本章中按好氧—缺氧运行（好氧—缺氧运行使生物固体和生物磷中的磷减少）生物固体和生物磷中磷的去除准则和D类－浓缩处理工艺：好氧消化过程中利用膜作循环浓缩。

7. 污泥脱水特性

与其他类型的污泥相比，传统好氧消化污泥的脱水特性通常比厌氧消化污泥要差。一般来说，污泥类型对化学调理所需的化学药品剂量影响很大。

影响调理剂的种类选择和剂量的因素包括污泥性质和所用的搅拌设备和脱水设备类型。重要的污泥性质包括污泥来源、固体浓度、泥龄、pH和碱度。污泥来源，比如初沉污泥和剩余活性污泥（已消化和未消化），都是可能需要的调理剂剂量范围的重要指标。污泥浓度对调理剂的剂量和在污泥中的分散有影响。pH和碱度可能会影响调理剂尤其是无机调理剂的性能。

难于脱水、需要大量化学调理剂进行调理的污泥产生的泥饼含水率通常比其他污泥高，且滤液或离心液水质较差（Vletcalf和Eddy，2000）。表31-6列出了带式压滤机和污泥离心机脱水中聚合物的典型添加量。如该表所示，厌氧处理初沉污泥、好氧处理剩余活性污泥与好氧处理初沉污泥和剩余活性污泥的混合污泥相比，三者所需添加的聚合物量基本相等。

表31-6列出的数据是在好氧消化工艺按好氧－缺氧运行之前积累的数据（20世纪90年代中期好氧—缺氧运行技术开始应用于美国）。自那时起，许多污水处理厂将传统好氧消化改为好氧—缺氧运行，污泥特性得到很大改善。Stensel和Bailey（2000）在巴黎和伊利诺斯州的早期报告说明，按好氧－缺氧模式运行的好氧消化污泥量小于全过程曝气的好氧消化污泥量。

8. 循环侧流上清液水质

认真监测连续进料和批式进料的消化池固液分离有助于提高好氧消化池的性能。对于批式操作和连续流操作来说，上清液或滤液中应含有低浓度的溶解性BOD、TSS和氮。表31-7列出了好氧消化工艺“容许的”上清液的水质特征（Metcalf和Eddy，2002）。

带式压滤机和旋转污泥离心机脱水的聚合物典型添加量（Metcalf和Eddy, 2002） 表31-6

污泥类型	带式压滤机（g/kg[lb/ton]干污泥）	旋转污泥离心机（g/kg[lb/ton]干污泥）
初沉污泥	1~4（2-8）	0.5~2.5（1-5）
初沉污泥和剩余活性污泥	2~8（4-16）	2~5（4-10）
初沉污泥和滴滤池污泥	2~8（4-16）	—
剩余活性污泥	4~10（8-20）	5~8（10-16）
厌氧初级消化污泥	2~5（4-10）	3~5（6-10）
厌氧初级消化污泥	1.5~8.5（3-17）	2~5（4-10）
好氧初级消化污泥和剩余活性污泥	2~8（4-16）	—

好氧消化系统上清液水质容许参数（Metcalf and Eddy, 2002） 表31–7

参数	容许范围	容许值
pH	5.9~7.7	7.0
BOD_5（mg/L）	9~1700	500
过滤后的BOD_5（mg/L）	4~173	50
悬浮固体（mg/L）	46~2000	1000
凯氏氮（mg/L）	10~400	170
硝酸盐氮（mg/L）	最高限为30	
总磷（mg/L）	19~241	100
溶解性磷（mg/L）	2.5~64	25

尽管以上数值被认为“容许”，利用本章所述的技术对工艺进行控制和优化可以得到比表31–7所述更好的上清液水质。为了改善这些参数，有必要按好氧—缺氧模式运行。为实现完全硝化反硝化，保证反硝化反应所需碳源的可用量可以提高上清液水质。维持pH在中性7.0左右也会促进硝化反硝化。更多信息请参阅图31–4关于缺氧周期长短和温度对滤液中总氮含量的影响。

表31–8所示数据来自位于佐治亚州斯托克布里奇市的C类污泥处理装置，如本章前面所述的C类–浓缩处理工艺：使用重力浓缩机与好氧消化循环操作。浓缩机与好氧消化循环操作，消化池内发生硝化反应，浓缩器中发生反硝化并恢复pH值。浓缩器的所有数据表明污泥沉降性能好。TSS、氨和磷的平均数值表明发生了同时硝化反硝化，磷随着TSS的去除而去除。在采集这些数据期间污泥层厚度在2.4~4.1m之间变化。作为比较，Elena Bailey（Stege和Bailey, 2003）得到的数据列于表31–8，这些数据表明了如何优化影响上清液水质的技术。

佐治亚州斯托克布里奇污水处理厂C类处理工艺数据（Stege and Bailey，2003） 表31–8

参数	C类处理工艺实际数据	与表31–7中通常的容许值相比较
pH	6.5~7.1	7.0
悬浮固体（mg/L）	10~50	1000
凯氏氮（mg/L）	2.5~4	170
硝酸盐氮（mg/L）	—	30
总磷（mg/L）	0.3	100
浓缩机覆盖层	8~13.5	10

31.6 工艺控制

控制好氧消化运行的重要参数与其他好氧生物工艺类似。如果可能，每天对好氧消化池进行监测的主要工艺参数有温度、pH、溶解氧、臭味和沉降性能。与主要参数一起，次要参数对于监控消化池的长期运行性能和发现故障并进行检修非常有用，次要参数有氨氮、硝酸盐、亚硝酸盐、磷、碱度、SRT和SOUR。

所有的参数，包括主要参数和次要参数，都可以影响工艺运行性能或用来监控工艺运行状态。虽然对这些参数进行控制和监测非常重要，但是当参数发生变化时其控制程度也要相应变化。监测有助于控制工艺性能，并作为今后工艺改进的基础。

需进行监测的主要参数和次要参数列于表31–9。在消化池启动阶段和消化池运行条件发生较大变化时分析频次应增加，如污泥流量、污泥来源、聚合物的变化、进料污泥浓度或温度急剧变化。

推荐主要和次要监测参数　表31–9

监测参数	频率	运行范围		
		最小值	正常值	最大值
温度（℃）	每日	15	20	37
pH	每日	6.0	7.0	7.6
溶解氧（mg/L）	每日	0.1	0.4~0.8	2.0
碱度（mg/L，以碳酸钙计）	每周	100	>500	—
氨氮（mg/L）	每周	—	<20	40
硝酸盐氮（mg/L）	每周	—	<20	—
亚硝酸盐氮（mg/L）	按需	—	<10	—
SOUR（mgO_2/h/gTS）	按需	—	<1.5	—
磷（mg/L）	按需		<5	

31.7 工艺启动

31.7.1 工艺启动的一般准则

工艺启动的一般准则如下：

（1）为顺利启动好氧消化池，注意不要使消化池超负荷。消化池的进料应严格按时间表认真执行，污泥输入消化池后，曝气系统设备即连续运行。

（2）曝气系统应能充分确保系统溶解氧浓度在0.5mg/ L或以上。在启动阶段，溶解氧浓度高于0.5mg/ L，注意不要因过量曝气引起发泡问题。

（3）如果污泥初始体积不能提供足够的液体体积使曝气系统有效运行，可向消化池另外添加污泥或引入污水处理厂进水以获得需要的体积。每日添加的污泥量按确定的时间表进行，进料周期越长越好。

（4）若可行，每天对好氧消化池进行监测的主要工艺参数有温度、pH、溶解氧、臭味和沉降性能。与主要参数一起，次要参数对于监控消化池的长期运行性能和发现故障并进行检修非常有用，次要参数有氨氮、硝酸盐、亚硝酸盐、磷、碱度、SRT和SOUR。在启动阶段需要对所有这些参数进行密切监测，以达到优化系统目的。

（5）与进料污泥为剩余活性污泥的好氧消化池相比，进料污泥为初沉污泥的好氧消化池启动时间更长、需氧量更大。好氧消化的程度取决于消化池污泥浓度和进料污泥速率。对于常规监测，可用总VSS替代TSS。随着有机负荷的增加，所需的SRT和总需氧量增加，对工艺效率有直接影响。对于完全混合、连续流消化池，容积负荷率和停留时间可间接反映固体破坏程度。

（6）负荷适当，而不是周期性地负荷不足或超负荷，可大大改善多数生物处理工艺的效率。适当的负荷降低了消化池容积要求和曝气设备要求，但好氧消化池仍经常按批式模式运行。

（7）如果消化池使用了机械浓缩设备进行预浓缩，如重力带式浓缩机、滚筒式浓缩机或溶气浮选装置，上清液在任何时候都不应返回到污水处理厂进水中。另一方面，如果消化池采用消化池-浓缩机循环处理法或隔膜浓缩系统，这些系统的上清液或渗透液可返回到污水处理厂进水中。在启动过程中，确保消化池上清液水质很重要，使上清液不会过分增加污水处理厂进水的固体循环负荷，氨、硝酸盐、磷的含量也要控制在可接受的限值内。

31.7.2 启动首选程序

下面两个例子是逐步启动消化池程序的例子。这两个例子均假定设计2个消化池合并为串联运行，重力带式浓缩机每周有5d将污泥预浓缩至6%，且初沉污泥直接输送至一级消化池。

1. 工艺启动的首选程序

工艺启动的首选程序步骤如下：

（1）第1步——向两个消化池注满清水。

（2）第2步——测试所有的曝气设备、鼓风机和超越管线，以确保本章系统灵活性一节所要求的所有设计要素运行正常。

（3）第3步——两个消化池均排掉1.5m深的水。

（4）第4步——使进料管和输送管串联运行。

（5）第5步——重力带式浓缩机每周3次预浓缩剩余活性污泥。每周2d超越重力带式浓缩机。如果初沉污泥也进行好氧消化处理，建议在好氧消化池运行的前10d不要输入初沉污泥。考虑到工艺的稳定性，投加初沉污泥前要生成大量的硝化细菌。

（6）第6步——向一级消化池投加进料污泥。

（7）第7步——当一级消化池已满，向二级消化池转移污泥。

（8）第8步——连续串联运行。

（9）第9步——第8步完成后，按计划表启动重力带式浓缩机。

2. 工艺启动的第二种程序

工艺启动的第二种程序步骤如下：

（1）第1步——向两个消化池完全注满剩余活性污泥。

（2）按照上述首选程序中的步骤2至步骤9进行。

31.8 运行监控

在大多数情况下，只要不发生超负荷运行和设备故障状况，好氧消化工艺可实现自我调节。常规运行监控包括分析测试和电子、机械设备的定期检查，如密封，轴承，定时器和继电器等。

从运营商的角度来说，通常设备故障和工艺失稳是两个相互关联的问题。有时，设备故障可能导致工艺失稳，而另一些时候，由于工艺条件的改变也可能导致设备发生故障。下面的故障排除指南根据问题发生的主要原因进行分类。

31.8.1 设备故障诊断

1. 空气扩散器堵塞

当关闭曝气系统进行消化污泥浓缩、上清液滗析、消化污泥排出等操作，或发生了反硝化反应后，碎布条或砂石等在扩散器累积导致扩散器发生堵塞。如果空气扩散器关闭的时间过长（有时6~12h/d），消化池内的碎布条或砂石等会沉积在扩散器表面或内部。当曝气系统再重新启动时，这些颗粒会堵塞风口，最终将减少空气释放量，鼓风机排气压力上升。如设备设计与选择一节所述，由于微气泡扩散器特别容易发生堵塞问题，一般不推荐应用于消化。

有效的维护可预防或消除堵塞。虽然很难消除扩散器的堵塞，但改造设备可减少堵塞发生频率、降低堵塞程度。如射流曝气器可配备自动清洗系统；也可使用改造的曝气口，使在不放空池子的情况下可将扩散器提出水面进行维护；还可以采用水上孔口扩散器，每个孔口有各自独立的升降管，由于孔口位于水面以上，堵塞概率大大降低。否则，在反硝化或缺氧阶段，曝气系统关闭，固体易在管道中积累。

对于配有机械浓缩设备的系统，满足一级消化池（串联消化系统）的混合气体要求是主要的设计准则，而且应加以优化。使悬浮固体保持悬浮状态很重要，故这些设施中建议使用剪切管或导流管。

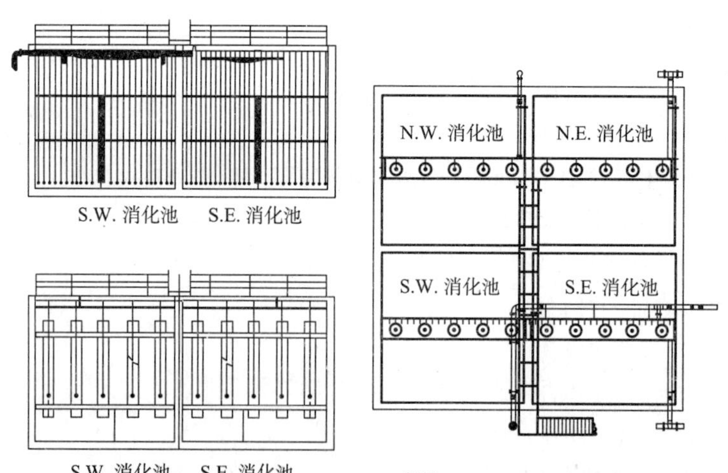

图31–29　位于美国新墨西哥州Los Lunas，在高污泥负荷下运行的四级预浓缩加盖保温消化系统（ft × 0.3048=m；in. × 25.40=mm）（Daigger等，1997）

如图31–29所示为这种类型的一个典型系统。该项目包括一台重力带式浓缩机，可将污泥浓缩至高达8%，四个串联消化池，因为该项目位于高海拔地区，冬季温度低，故消化池加盖并采取保温措施。如图所示，该项目还配有两用曝气系统，在高水位和低水位下均能运行（Daigger等，1997）。

2. 鼓风机和阀门

消化池的曝气系统效率低下或有机负荷过高可能导致低溶解氧浓度。鼓风机、机械曝气器或曝气扩散器性能退化会引起曝气效率下降。做好下列工作很重要：定期检查和监测气体输送速率和管道压力是否会发生潜在问题；记录下所有空气阀的位置；调查研究可疑的堵塞，渗漏和压力过高；时常检查传送到机械曝气轴的传输功率，确定其运行状况。

3. 机械曝气器

如果液位超出规定的运行上限和下限范围，机械曝气器效率下降。液位限值推荐值可参考生产商提供的技术数据和操作维护手册。

4. 冻结

温度低于冰点的天气过长可能导致液面表面和机械曝气设备结冰。为防止开放式消化池在冬季可能发生故障及损坏，应对其是否结冰进行检查。如发生冻结，要破冰并进行清除，以防在风力作用和膨胀力作用下造成消化池附属物损坏。对结冰的机械曝气器采用暖空气进行解冻。在极其寒冷的气候下，可能需要搭建临时盖子以防冻结。

5. 固体沉积

当有砂砾物质进入消化池，或滗析上清液后曝气搅拌设备不足以创造足够的湍流条件使固体再悬浮，固体会沉积在消化池底部。改善沉砂池运行效果可避免发生固体沉积。如果已经发生固体沉积，可采用功率更大的曝气搅拌设备。消化池底部增加倒圆角有助于减少固体沉积。

31.8.2 工艺过程故障检修

操作人员可按照过程控制一节中描述的准则对好氧消化池的性能作出评估，推荐的容许参数值范围可查阅表31–9。操作人员对消化池进行检查的过程中，若发现这些参数不正常，可利用下面的故障检修指南识别好氧消化系统出现的问题。

1. 有机负荷增加

当好氧消化池反应的需氧量高于污水处理厂曝气系统所能转移到污泥混合液中的氧气量，有机负荷增加可能会导致问题。通常情况下，通过减少有机负荷、增加SRT可以解决这个问题。减少有机负荷、增加SRT可通过减少进料污泥量和从消化池排出的污泥量实现。

消化池中固体含量过高也可能导致溶解氧浓度偏低。根据曝气系统的能力，当悬浮固体含量达到或超过3.5%~4%时，曝气系统氧传递效率下降，导致溶解氧浓度偏低，从而引起操作问题。

2. 消化污泥臭味

溶解氧不足是好氧消化过程发出臭味的主要原因。要解决消化污泥的臭味问题，一是过度曝气增加溶解氧浓度，二是降低有机负荷。如果这两种方法都行不通，那么可能需要向消化池添加高锰酸钾或过氧化氢等化学药剂以帮助氧化引起臭味的物质。这种方法价格昂贵，一般作临时解决问题之用。为确定消化池臭气控制所需的药剂量，先以小体积污泥作小试试验，再按消化池容积成比例放大。

3. 过度发泡

引起发泡的因素很多，简单的如有机负荷过高，复杂的如丝状细菌生长。为了减少发泡，可以减少有机负荷，安装消泡喷水器，减少过度曝气，使用消泡剂等。为避免消化液被稀释，消泡喷水器应谨慎操作。

控制丝状细菌生长较困难，应在曝气池进行。有些运营者向曝气池投加氧化剂，如氯和过氧化氢，但都未取得明显效果。也曾尝试使消化池几个小时处于厌氧条件。大多数情况下，在丝状细菌自然转变为非丝状细菌之前，通过有限制地使用喷水器和防泡剂控制发泡。

4. 低pH（高氨）

本章的目的是鼓励读者利用一切可利用的技术优化消化工艺。假设设计中纳入了好氧–缺氧运行模式，那么在发生硝化反硝化期间，pH值维持在中性7.0左右。

当生物质进入消化池系统后，生物质氧化生成氨，导致pH值升高。如果采用重力带式浓缩机进行预浓缩，这样的情况每天发生1次；如果是有典型排泥周期的SBR和MBR系统，每天发生8次；如果采用循环重力浓缩机批式运行，每天发生24次。发生硝化反应需要大量的硝化细菌和足够的碱度，pH值可提高至7.5，然后再降到7.0。当向系统提供更多的氧，使产生的氨氧化生成副产品氢，表明系统环境为酸性或pH值将继续下降。另一方面，如果消化池在好氧–缺氧模式下运行，无需添加药剂即可补偿消耗的碱度并使pH值上升。

5. 低溶解氧

可接受的溶解氧范围为0.1~2mg/L，目标值为0.5mg/L。高于0.1mg/L认为一定含有溶解氧，但通常情况下，溶解氧探头控制溶解氧含量并不准确可靠，因此建议最低读数为0.3mg/L，且应与氨的浓度结合起来确定溶解氧读数。

扩散器堵塞，风机故障，或有机负荷过高可能导致溶解氧含量很低。在这种情况下，须检查设备规格、气体输送、管道压力、阀门和有机负荷，必要时对扩散器进行清通、对设备进行检修。如果造成溶解氧下降的原因是有机负荷过高，应尽可能地减少消化池进料或降低进料污泥浓度，从而减少需氧量，增加剩余溶解氧含量。

31.9 数据采集和实验室控制

31.9.1 数据采集

采集到的数据和工艺控制相一致并进行实验室分析对于处理系统的有效运行至关重

要。对好氧消化池运行至少需对下列分析指标进行监控：总固体、挥发性固体、溶解氧、氨、硝酸盐、磷、pH、温度、流量，气流量、固体含量、粪大肠菌群，SOUR，以及进料污泥和消化污泥的碱度。如果运行过程中出现问题，应作更多的指标分析。

本书强烈建议对美国EPA病原菌委员会制定的环境法规和技术“污水污泥中病原菌和带菌体吸收的控制”（U.S. EPA, 1999a）作深入研读。该书的目的是对粪大肠菌群和沙门氏菌的测试分析程序提供了更好的理解和指导，对与病原菌和带菌体吸收有关的基本概念提供了更深入的阐述，详见40 CFR第503部分（U.S. EPA，1999b）。

31.9.2 维护管理程序

好氧消化的计划维护程序与活性污泥工艺类似，主要内容包括维护任务、时间安排、人员编制和趋势图表记录系统。趋势图表根据时间变化的不同的值，可预测工艺变化趋势。

31.9.3 维护任务

大部分好氧消化系统需要定期维护的关键设备有：

（1）曝气系统或供氧系统；

（2）搅拌设备和水泵；

（3）仪表和控制设备。

1. 曝气和供氧系统

曝气或供氧系统的主要要求是对扩散器进行检查和维护，每年一次。如果检查维护需要放空消化池，最好在夏季进行，因为消化池在夏季更容易重新启动。

在进行扩散器检修之前的春季和初夏，使消化池SRT达到最大，而使活性污泥池的混合液浓度降低，以使污泥储存在活性污泥工艺。

检修期间，消化污泥输送到干化床或脱水装置，并在曝气池累积污泥。合理安排物力和人力，使消化池2~3d内能重新启动。重启消化池需要从其他消化池接种污泥或按照前面叙述的启动程序进行。

2. 搅拌设备和水泵

检查搅拌设备和水泵桨叶和叶轮是否磨损，每年一次。更换损坏部件并对主要零件作好记录。按照生产商建议的频率对密封、密封圈和上润滑油的地方检修。

3. 仪表和控制设备

仪表和控制设备的维护人员需经过培训。可考虑使用设备供应商提供的培训课程，也可与设备供应商签订维护合同。

31.9.4 调度

将具体的维护任务分配到每个工作人员，工作人员需经过培训并具一定工作经验。通过污水处理厂全面培训计划可提高主要工作人员和候补人员的能力。

31.9.5 记录

翔实的运行和维护记录非常重要，不可忽略。记录数据的目的是为了得到运行信息，以确定最佳运行条件并能进行重现。记录的项目包括进料剩余污泥体积、进料污泥浓度、消化污泥体积和消化污泥浓度。如果污泥被运输到其他场所，按月份记录运输成本。

其他信息包括溶解氧、pH、氨氮、硝酸盐和/或磷、SOUR和/或VSS去除率、病原菌减少量、碱度和沙门氏菌。

保持每月报告的形式。如污水处理厂的曝气系统的供氧能力稍大于消化池所需的溶解氧量，以趋势图的形式记录下溶解氧含量。

若向消化池投加药品调节pH或控制臭味，记录下所投加药品的类型和投加量。

如果采用了机械曝气器，作好输出功率记录。如果采用了空气扩散系统，气体流量记录很重要。如果系统未安装气体流量计，记录下功率消耗也是有用的。对曝气系统进行测试往往能大大节约电能消耗。

两级消化工艺作为PSRP的等效替代工艺，已被权威机构认可。如果污水处理厂运营商选择在两级消化工艺下运行，那么应通过试验确定污泥消化池出料消化污泥中的微生物含量减少到能满足要求，并提交病原菌记录。一旦该消化工艺性能通过证实，该工艺的时间－温度等运行条件至少应比试验过程所使用的操作条件严格，同时在运行时还要进行不定期监测。

为了节省时间，可使用简化的记录系统。可使用预先印好的表格、数据输入电脑和色彩标记系统以增加记录的完整性。将记录系统设计为永久的记录方式，将常规维护和不定期维护与检修程序、设备更换和问责制关联起来。保持记录并使其能随时提供给所有污水处理厂人员。

第32章 其他稳定方法

污泥的有效处理对于城市污水处理厂（WWTP）的稳定运行至关重要。随着污水处理厂出水水质不断提高，污泥产量随之增加。污泥处理工艺——浓缩、脱水、稳定和最终处置——占污水处理费用的一大部分。

污泥稳定工艺的目的是进一步处理污泥，减少污泥臭味和病原菌数量，有助于有效处置或再利用产品。本章重点介绍除厌氧消化和好氧消化外的其他常规污泥稳定方法。本书第30章和第31章分别详述了厌氧消化和好氧消化方法。本章对下列稳定化方法进行讨论：

（1）堆肥；

（2）石灰稳定；

（3）热处理；

（4）加热干燥；

（5）焚烧。

以上污泥稳定化方法（除焚烧外）易被接受且广泛应用于污泥处理，从而满足U.S. EPA 40 CFR 第503污泥有效再利用或最终处置A级或B级标准。第503规定，采用以上任一稳定化方法且该方法满足第503.32（a）A级污泥和第503.32（b）B级污泥关于病原菌减少的其中任一条规定时，需要提供相应的证明文件。本书提到的最终产物即生物固体。

此外，第503规定还参考了U.S. EPA指导手册“污水污泥中病原菌和带菌体吸收的控制”（U.S. EPA, 1992）中可接受的挥发性固体去除率的计算方法，而大量减少挥发性固体正是第503.33——减少带菌体吸收所要求的。

32.1 堆肥

32.1.1 工艺说明

堆肥是一种利用微生物作用降解有机物的管理方法，是常用的污泥稳定工艺之一，多用于原污泥的稳定，也常用于消化污泥的进一步稳定。多年来，堆肥主要用于将脱水污泥转化为稳定、无味无臭、类似腐殖质的产品。堆肥应用日益广泛的主要原因是填埋、海洋倾倒、焚烧等其他处理方法成本太高或限制条件增加。在美国，大部分堆肥产品用于土壤改良和园艺应用（WEF，1995）。

堆肥的4个主要目标是：

（1）易腐烂的有机物在微生物作用下转化为稳定的形式；

（2）病原菌减少（堆肥过程中产生的热量用于消毒而不用于最终产品的杀菌）；

（3）通过减少水分和去除挥发性固体，大幅削减湿污泥量（尽管添加膨胀剂有利堆肥，但总体积可能增加）；

（4）产生有用的堆肥产品。

堆肥的最终结果是堆肥产品成为更能吸引消费者对其进行再利用的材料。如果能将堆肥污泥出售，所得收入能抵消掉部分堆肥成本。

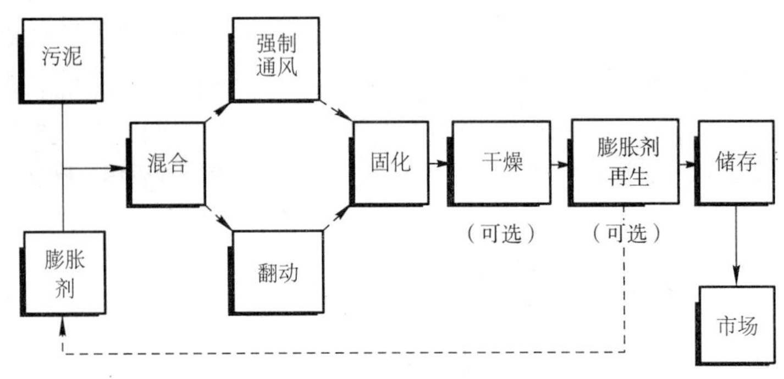

图32–1　堆肥工艺流程图

堆肥工艺典型流程图如图32–1所示。为堆肥提供适宜的环境条件，要求堆肥混合物初始固体含量为40%~50%。为了达到这一固体水平，可以提高碳氮比（C：N）和提供需要的堆肥材料的结构特性（促进充足的空气循环），经常需要添加膨胀剂。随着污泥中的有机物分解，堆肥温度上升到巴斯德杀菌范围的50～70℃，大部分肠道致病微生物被杀灭。

堆肥材料的质量（即某些金属和有机污染物的浓度）决定其是否适宜用作土壤改良剂。肥料的质量需要进行定期监测，以确保满足适用的法规标准。

堆肥可在好氧或厌氧环境下进行。大部分堆肥操作都力图维持堆料的好氧条件，因为好氧能加速物质的分解，提高温度杀灭病原菌，不产生臭气，而厌氧环境会产生强烈臭气。

堆肥可在反应器或非反应器系统中进行。非反应器系统通常被称为开放系统。反应器系统通常是指在容器内进行的、密封的或机械的堆肥系统。根据反应器类型、固体流态、反应器基础状况和供气方式对反应器系统进行分类。

非反应器系统堆肥是一个劳动力密集工艺，包括添加膨胀剂、混合、堆料、筛分和其他操作。然而，这些操作有些可以实现自动化。在容器系统内进行的大部分操作都靠自动化实现。所有的堆肥设施都可能产生臭气，尤其是设计拙劣、运行不佳的情况下更易发生。另外，也可能产生大量灰尘，从而会传播病原菌。

1．非反应器系统

非反应器系统包括条垛式系统（见图32–2）和强制通风静态垛系统（见图32–3）。在条垛式系统中，依靠空气对流运动和周期性翻动维持好氧条件，每天翻动1次，雨天除外。通过翻动或搅动几次后，污泥内部温度更高，此时病原菌被杀灭，有机物得以稳定。在强制通风静态垛系统中，堆料底部设有通风管，鼓风机与通风管相连，将空气强制送到堆料中或排出废气。堆肥3周后，若连续3天内堆料温度在55℃以上，拆掉条垛或堆料作熟化处理。

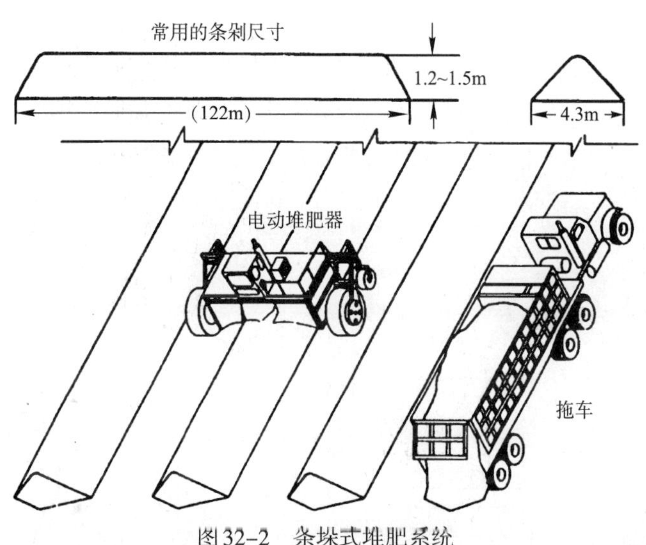

图32-2 条垛式堆肥系统

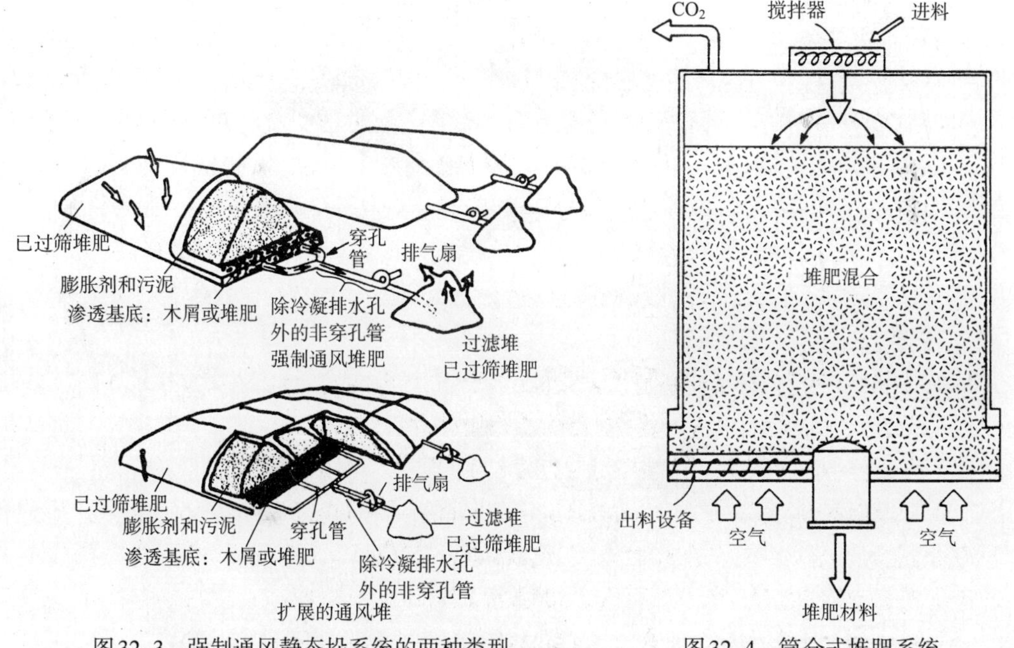

图32-3 强制通风静态垛系统的两种类型

图32-4 筒仓式堆肥系统

2. 反应器系统

在反应器堆肥系统中，污泥和膨胀剂混合后加入筒仓式（图32-4）、转鼓式（图32-5）或卧式（图32-6）反应器中并通风。在这些系统中，堆肥过程在活塞流或搅拌床的静态模式下进行。定期曝气控制系统氧浓度和温度。通常情况下，堆肥在大约14d后即

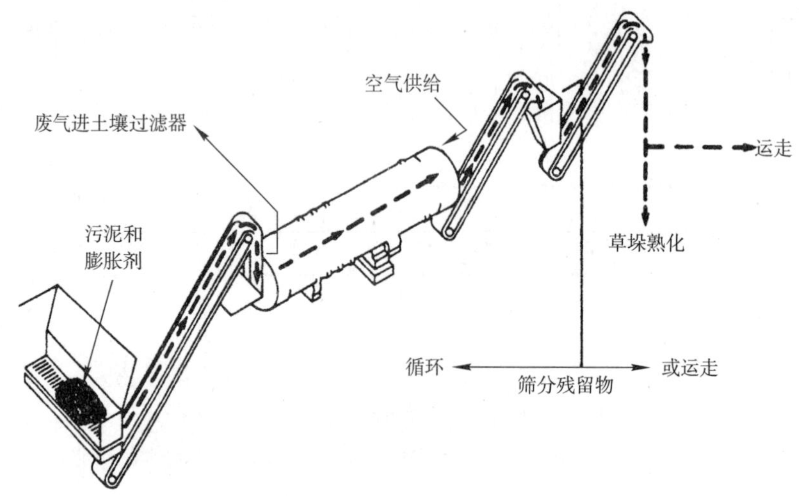

图32-5　转鼓式堆肥系统

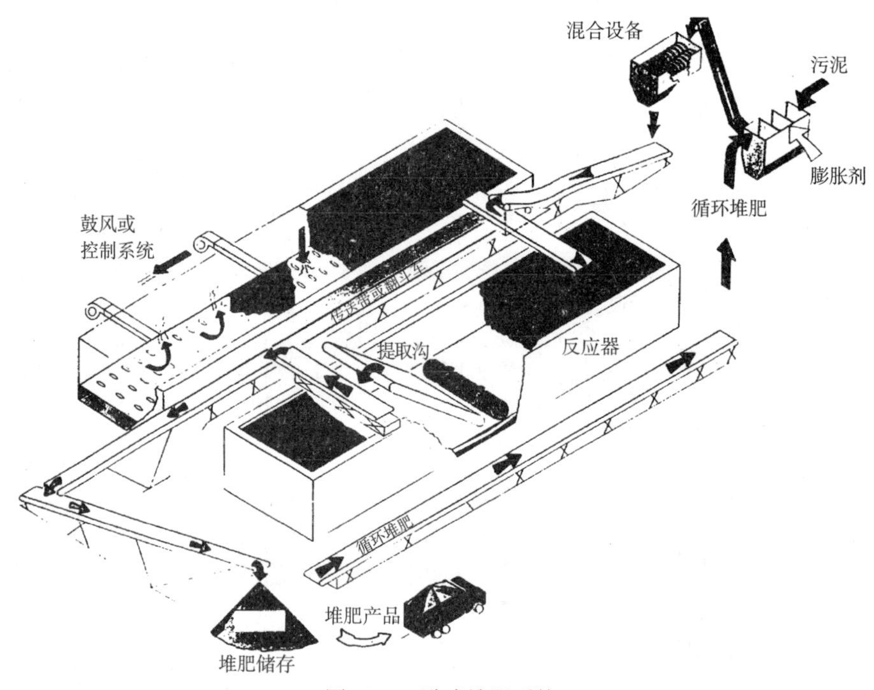

图32-6　卧式堆肥系统

可排出进行熟化。

3. 设施

堆肥操作的基本设施包括铺设的作业区，通风系统，污泥、膨胀剂和堆肥的移动设备，膨胀剂的筛分和分离设备，臭气控制设施，供膨胀剂储存、堆肥储存及堆肥熟化的区域和径流控制系统（WEF，1995）。

32.1.2 基本步骤

尽管完成堆肥有多种不同的方法，但基本流程不变（图32–1）。堆肥系统外观上可能有所不同，但它们都包括以下基本步骤：

（1）混合污泥和膨胀剂；

（2）堆肥或有机物被微生物分解；

（3）膨胀剂回收或产品循环利用；

（4）熟化；

（5）储存；

（6）堆肥材料的最终处置（可作为腐殖质材料分配销售）。

均相混合对于堆肥至关重要。部分脱水污泥（固体含量通常为15%~25%）和循环回收的堆肥或膨胀剂混合可以提供堆料适当的孔隙度、初始含水量和养分。由于污泥可均匀分布于大部分堆肥系统，空气流动更均匀，导致生物活性增强，堆肥效率增加，臭味控制和物料输送更容易。

膨胀剂回收取决于所使用的堆肥方法和污泥含水率，有的方法包括回收一部分完成堆肥的成品。

熟化是堆肥工艺的延伸，可进一步稳定有机物并减少挥发性固体。熟化阶段的长短取决于堆肥产品的最终用途和堆肥工艺杀灭病原菌、控制臭气和减少挥发性有机物的效果。

1. 通风系统

通风系统分为移动式和固定式。移动式通风设备包括堆肥翻料机（用于条垛式系统）或与堆场底部建造的穿孔管相连的0.5~2马力的鼓风机（图32–3）。永久性通风系统包括嵌入堆肥垛或在密闭反应器系统中和进料管或通风管相连的鼓风机。

每个堆料或反应器（某些情况下堆料或反应器的某些区域）的通风系统应单独控制。可以根据定时器或堆料内部的温度传感器手动控制通风量。在一些堆料系统中，排放气体中的二氧化碳含量已被用来控制通风量，这些系统也采用通风管实现正压或负压通风。

堆肥的最佳温度范围是55~60℃。在堆料排出或拆掉之前，为了增加水分去除量、冷却堆料和减少臭味，设定的堆肥温度可以适当降低。去除水分所需的通风量可能是维持好氧环境所需通风量的10倍以上（Hang, 1980）。

2. 混合系统

污泥和膨胀剂的高效混合对于堆肥快速稳定进行非常关键。混合均匀可降低堆料内形成厌氧区域的可能性，从而减少产生臭味的潜能。

通常使用的两种混合系统设备如下：

（1）固定设备（即自动轧管机或滚筒）利用桨板或螺旋钻翻搅混合物

（2）移动设备，如轮式装载机或堆肥机。

小型污水处理厂和临时堆肥操作最好选用移动设备，而处理规模大于10t干污泥/d的设施应考虑固定混合系统。

3. 筛分

筛分对于生产粒度均匀细小的堆肥产品和膨胀剂的回收再利用都非常重要。堆肥的筛分很困难，因为不同含水率的堆肥黏性不同（容易堵塞筛子），堆肥重量也不同（太轻则跳过筛子而不通过筛子）。相对干燥的堆肥（含水率小于48%）筛分效果最好。为了降低含水率，提高筛分效率，筛分之前有时需进行干化，但堆肥太干可能产生严重的灰尘问题。为了防止堵塞问题，几乎所有的筛子都配有震动或冲刷装置以保持筛子清洁。

滚筒筛、转盘筛和振动筛已得到成功应用，但是若处理湿的堆肥，可能振动筛效果更好（WEP, 1995）。筛孔大小取决于膨胀剂回收的需要和堆肥产品销售的需求。为取得较好的膨胀剂回收效果和想要的堆肥产品质量，筛孔大小通常在6~10mm之间。而对于一些商业用途的堆肥，筛孔大小可达25mm。筛孔较小的筛子可除去原污泥中可能存在的刀片、塑料卫生棉条等有害物质。

32.1.3 工艺控制

含水率、温度、营养成分、膨胀剂和通气对堆肥稳定性有显著影响。

1. 含水率

微生物活性受含水率影响。当含水率低于40%左右时，微生物活性开始下降；含水率达到60%左右时，堆料中气体孔隙堵塞（WEF, 1995），影响通风系统效率，导致堆肥床形成厌氧区。因此，含水率和通风系统的相互作用会对堆肥效率和臭气的产生有影响。含水率也会影响堆肥材料的搬运，从而影响处理效率。

2. 温度

温度对微生物种群有显著影响（见表32-1），微生物的分解速率在高温范围最快。研究表明，堆肥的最佳温度范围在55~60℃，超过60℃，微生物活性下降（Feinstein等，1980）。维持最佳温度范围的一个方法是强制通风或曝气并对鼓风机速率进行控制，使条垛出口温度低于60℃。要达到病原菌去除效果，需维持温度在适当范围55~60℃至少3d（见表32-1、表32-2和表32-3）。温度也会影响许多有机物的挥发速率。

好氧堆肥微生物种群（Poincelot,1975）　　表32-1

	每阶段每克湿堆肥的微生物数量			确定的微生物种群数量
	中温环境40℃	高温环境40~70℃	冷却	
细菌				
中温细菌	10^8	10^6	10^1	16
高温细菌	10^4	10^9	10^7	1
放线菌				
高温放线菌	10^4	10^8	10^5	14
真菌				
中温真菌	10^6	0	10^5	18
高温真菌	10^3	10^7	10^6	16

污泥中病原菌杀灭所需的温度和时间——实验室数据（Stern,1974）　　表32-2

微生物	不同温度下的病原菌杀灭所需的暴露时间（min）				
	50℃	55℃	60℃	65℃	70℃
痢疾变形虫包囊	5				
蛔虫卵	60	7			
流产布氏杆菌		60		3	
白喉杆菌		45			4
伤寒沙门氏菌			30		4
大肠杆菌			60		5
酿脓球菌，变种，金色类群					20
结核杆菌					20
病毒					25

堆肥杀灭病原菌所需的温度和时间——场地数据（WEF，1995）　　表32-3

微生物	在不同温度下杀灭病原菌所需的暴露时间（h）		
	45~55℃	60℃	65℃
牛波特沙门菌	168	25	
沙门氏菌	168	48	
第1类脊髓灰质炎病毒		1	
人白色念珠菌		72	
蛔虫		4	1
结核杆菌			336

3. 营养成分

碳和氮是影响堆肥主要的营养成分，微生物活性和有机物分解速率受碳氮比（C/N）影响。微生物的新陈代谢和生长需要碳，而蛋白质合成和细胞构成需要氮。

最好的方法是维持C/N比在合适的范围，供给微生物最佳生长所需，即C/N为26~31（Poincelot, 1975）。如C/N比大于31，堆肥进程缓慢，堆肥温度降低。在大多数情况下，无需直接测量决定堆肥混合物的C/N，因为该值通常可由污泥和木屑的混合物得到。

低C/N（<20）通常会影响堆肥产品，而不影响堆肥过程。如C/N比较低，氨氮释放，堆肥含氮量下降（40 CFR Part 503）。由于堆肥的主要目标之一是生产经济适用的产品，所以最好尽可能保持堆肥的高含氮量。

4. 膨胀剂

添加到污泥中的膨胀剂能有效调节堆肥物料水分，增加孔隙度以利于通风，为堆料提供支撑结构，作为有机物改良剂调节C/N。膨胀剂也可用于堆肥产品的改良。膨胀剂的加入会改变堆肥的物理化学性质，从而影响其应用范围和销路。

堆肥的物理性质各有不同，取决于膨胀剂的性质及膨胀剂是否进行完全筛分、部分筛分还是留在最终产品中。堆肥的化学性质受膨胀剂影响很大。堆肥中残留的锯屑和其他高碳难降解物质使C/N较高，会消耗土壤中的氮，削减可供植物生长利用的氮量（40 CFR Part 503）。

膨胀剂的重要特性包括含水率、粒度和吸水性。膨胀剂性质会影响堆肥处理方法、处理时间和产品质量，一些膨胀剂可能需要进行破碎或筛分。高碳或高纤维素物质一般不进行回收，其再生所需熟化时间较长。对于新膨胀剂应进行小型试验以保证其与堆肥工艺操作的兼容性。

5. **通风**

对于堆肥处理来说，通风的重要性在于其能为分解过程提供氧、控制堆料温度并去除水分。与厌氧环境相比，好氧环境下更易达到高温。通风不足易形成厌氧环境，导致堆料温度较低；通风过量则可能导致堆料冷却。

研究建议每吨干污泥通风量为20~50m^3/h，堆料氧含量为5%~15%（WEF, 1995）。当氧含量低于5%时会产生厌氧条件，导致污泥堆中出现厌氧区，产生臭气且稳定不充分。读取堆料温度读数的同时可采用便携式氧气监测仪对氧含量进行测量和分析。堆肥产品初期必须维持较高的通风率，以控制堆料温度，提高微生物活性。

通风也是去除堆料中的水分、干燥堆肥产品的一种方法。堆料含水率过高，将对物料运输和工艺运行带来不利影响。如果堆料中的固体含量小于50%，筛分效率降低，从而导致静态垛处理工艺受到影响。相应地，堆肥产品产量降低，引起相应的循环物质量增加。此外，堆料含水率过高有助于在其熟化和储存过程中形成厌氧环境，产生令人不快的臭气。过高的含水率也增加了堆肥产品的运输费用。

当向堆料中通入的空气达到饱和时，即可去除堆料中的水分。堆料负压通风时，堆料内部升高的温度逐渐对空气进行加热。温度升高伴随着含湿量的增加，使空气持水能力增加。正是温度与含湿量之间的这种关系，使得即使在相对湿度较高的地区也能达到空气干燥的要求。

32.1.4 臭气控制

堆肥操作过程中，无论是不完全稳定的污泥或是堆肥产品暴露于空气中，都有必要采取臭气控制措施。堆肥操作过程中可能产生臭气的环节包括混合、通风、堆料的拆除、熟化和筛分。维持好氧环境是控制堆肥期间产生臭气的最好方法。

减少臭气的方法取决于涉及发达地区（特别是居民区）堆肥设施的位置。例如，某些设备如混合、筛分设备可加以封闭。堆料通气的废气也可以通过洗涤装置或空气洗涤器后排放。

32.1.5 安全和健康保护

在堆肥操作场地的工作人员应采取预防措施以减少暴露于致病微生物的危险。堆肥温度达到高温范围可以几近消除所有的病毒、细菌和寄生虫病原体，但有些真菌（如烟曲霉菌）耐高温，经堆肥处理仍可存活。在某些堆肥操作下（堆肥的筛分、倾倒和混合以及木屑倾倒），大量的孢子被释放到周围环境中。为了尽量减少暴露于空气传播的病原菌，重型设备室应密封，所有密闭区域要适当通风，还要为在尘土区工作的工作人员提供防尘面具。

32.1.6 故障排除

强制通风静态堆（FASP）系统的故障诊断和排除指南见表32–4，这将有助于运营者发现问题并制定解决方案。如果您要操作反应器系统，请参阅制造商提供的操作和维护手册中的故障诊断和排除指南。

静态强制通风堆肥系统故障诊断和操作指南（U.S. EPA 1978） 表32–4

问题	可能的原因	解决方案
建成后几天内堆肥体温度达不到50~60℃	污泥和膨胀剂搅拌不均匀	若氧含量大于15%，减少鼓风机运行时间
	堆肥太湿	用热废气管道将邻近堆肥体与该堆肥体相接，以升高其温度
	过量通风	减小通风速率；若采取这些措施后几天内堆肥体未达到所需的温度，应将其推倒、重新混合并重建；若膨胀剂太湿（含水量超过45%~55%），必须将其干燥或在膨胀剂贮存堆深处能找到干燥的膨胀剂
温度不能维持50~60℃以上多于1~2天	污泥和膨胀剂搅拌不良	调节鼓风机循环以维持氧含量为5%~15%
	堆肥太湿	用热废气管道将邻近堆肥体与该堆肥体相接，以维持其温度；由于水分积累，这种方法仅能在几天内进行一次
	过量通风	减小通风速率；若温度不能恢复，应循环或再混合物料，且应在下一个堆肥循环前采取措施解决该问题
堆肥体释放臭气	空气在堆肥体内分布不均	检查鼓风机是否正常运行；检查通风管道是否堵塞
	污泥和膨胀剂搅拌不良	通常臭气是由于堆肥体内缺少空气造成厌氧环境而引起的；最好的措施可能是增加鼓风机"开"循环或连续运行直至臭味消失，或经常进行翻堆
	堆肥体内空气分布不充分不均匀	检查管线或鼓风机内是否有水分积累；检查空气分布系统设计和布局方面高压下降的原因
鼓风机不能运行	计时器故障；电力故障；发动机故障；风扇由于腐蚀或结冰而冻结不能转动	检查每个可能的原因到找到故障为止

32.2 石灰稳定

32.2.1 工艺说明

石灰可以用来稳定初沉污泥、活性污泥和厌氧消化污泥。石灰稳定可以在脱水前进行（预石灰稳定）或脱水后进行（后石灰稳定）。预石灰稳定工艺更典型，然而后石灰稳定具有明显优势，包括石灰用量减少和取消对脱水调节装置和设备的特别限制（WEF, 1995）。经石灰稳定后的材料可以进行填埋处置或回用。

石灰稳定的标准处理工艺包括将足够量的石灰加入到液态污泥中，使混合物pH值提高到12以上，并保持pH值在12以上2h，通常这将破坏或抑制污泥中病原菌和参与分解污泥的微生物。因此，稳定过程中很少或根本不发生分解，生物活性低，基本不产生臭气。病原微生物的破坏将细菌危险性降低到安全水平。

在典型操作中，石灰乳和污泥在配有扩散空气或机械搅拌系统的混合池内混合。初步混合后，处理过的物料通常转移到电流接触池中继续混合30min的时间。如有必要，混合后可向电流接触池中额外投加石灰使pH值维持在12以上至少2h。经处理后的污泥进行脱水后储存或立即处置。

个别污水处理厂各种设计之间的差异可能会影响其运行。例如，批式处理过程中，混合过程、30min的接触时间和需要的浓缩过程可能都在同一个池子进行（U.S. EPA, 1978）。如图32–7所示为石灰稳定的典型流程图。

与预石灰稳定工艺相比，后石灰稳定工艺具有以下几点显著优势：

（1）可选择使用熟石灰或生石灰（无需熟化）；

（2）避免了使用预石灰稳定工艺可能导致的机械脱水设备的磨损、腐蚀和结垢问题；

（3）石灰和污泥的混合液中生石灰熟化放出的热量可用于破坏病原菌。

关于石灰稳定有一些专利工艺。污泥和凝固剂如水泥窑灰或硅酸盐水泥和硅酸盐混合，使被处理污泥成碱性。通常情况下，被处理污泥的pH值为11.5~12.5。污泥和凝固剂间发生的化学反应会使污泥温度升高。高温和高pH的组合破坏了污泥中的病原菌并去除污泥中水分。通过风力作用和对污泥的周期性翻动，2~3周内产品的固体含量可增加到50%以上。石灰稳定最终产品适合于资源化利用。

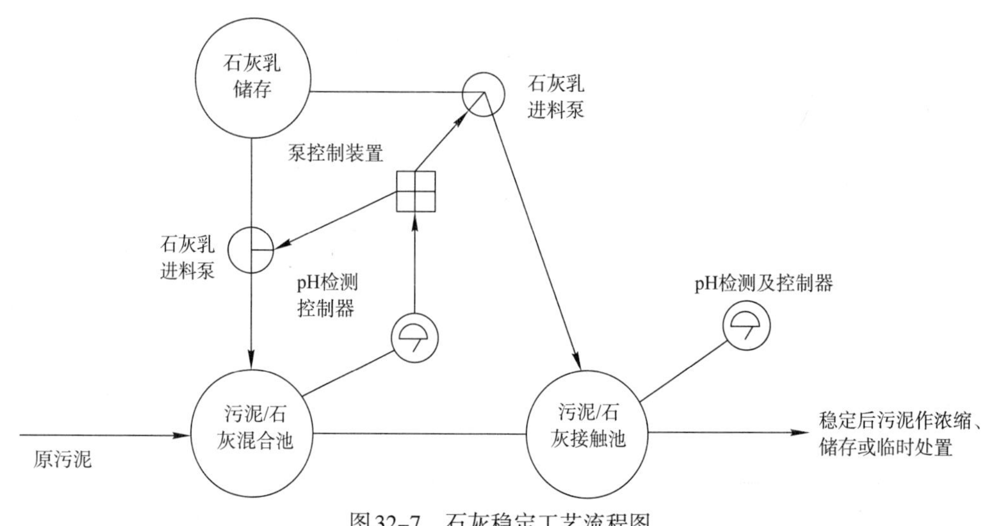

图32–7　石灰稳定工艺流程图

32.2.2 其他技术

一种专利工艺可实现适当的稳定化，该工艺使用搅拌器以缓慢混合污泥和石灰，而不翻转物料成一致的饼型。通过调节螺旋输送机的转速和排放堰安装位置的深度实现控制物料一致性的能力。通过控制搅拌器内物料深度实现其最佳控制。

另一种专利工艺将污泥温度升高到与40 CFR第503条例病原菌减少的要求相一致。该工艺利用石灰使pH升高，以满足带菌体吸收要求。采用辅助加热系统以减少获得合适温度所需的石灰用量。对于干燥固体含量通常为20%的污泥，使用辅助加热系统后石灰用量和工艺操作费用减少1/2。该工艺包括在巴氏杀菌器内完成的热脉冲步骤。巴氏杀菌器完全密闭，加热使其将物料保持在巴氏杀菌温度足够时间，并连续进料和出料。

32.2.3 工艺控制

工艺控制对于实现足够的石灰稳定至关重要。由于不完全稳定带来的影响并不很明显，在污水处理厂中也许看不到，因此适当的控制技术尤为重要。

传感器，特别是pH电极，必须得到适当清洁，校准和维护。专用pH电极必须能够进行pH值在10以上的常规测量。灵敏小范围的pH试纸也可用于工艺监控。

污水处理厂内无臭气或污泥具有可接受的脱水性能均不能充分证明污泥达到足够稳定。只有认真监测pH值才能保证其维持在完全稳定要求的范围内。指示性微生物如粪大肠菌群和粪链球菌的微生物检测应每季监测一次。

与堆肥相比，石灰稳定工艺操作简单。石灰稳定的主要缺点是，若稳定处理后污泥的pH值下降，污泥可能会变得不稳定，微生物可能再次生长，而添加石灰增加了污泥处置量，并且石灰价格昂贵。

32.2.4 安全和健康保护

石灰稳定场地的工作人员应采取预防措施减少工作时暴露于石灰环境。石灰pH值高，腐蚀性很强，直接接触或吸入会对皮肤、眼睛和肺部造成伤害。所有在石灰稳定场所或其周边的工作人员工作时应强制使用个人防护装备，至少包括手套，防护眼镜和呼吸机。应始终遵守化学药品厂商推荐的正确管理和存储手续，因为若处理不当，石灰腐蚀性很强。

32.2.5 故障排除

石灰稳定的故障诊断和排除指南见表32–5，这将有助于运营者发现问题并制定解决方案。

石灰稳定工艺故障诊断和操作指南（U.S. EPA 1978） 表32–5

问题	可能的原因	解决方案
生石灰贮存期间发生风化	湿度高时大气吸收其水分	使贮存设备密封，不传输空气
进料泵排出管路堵塞	化学沉淀	提供足量的稀释水
沙砾输送机或消化器不能操作	输送机内有外来物质	若有必要，检查并更换安全销；除去沙砾输送机的外来物质
石灰熟化桨叶驱动器超负荷	石灰浆太稠	调节齿轮减速装置和控水阀弹簧间的压缩，以使石灰浆均匀
	沙砾或外来物质妨碍桨叶运行	去除沙砾和外来物质，尽量使用低沙砾含量的石灰，或在消化器或石灰浆管线内安装沙砾去除装置
石灰在石灰浆进料器内沉淀	流速太低	使用回流管线至石灰浆贮存池以维持连续高速流动
生石灰熟化程度下降或不完全	加水过多	减少添加到生石灰的水量（消化器/水：石灰=3.5：1；石灰浆：消化器=2：1）
生石灰熟化期间发热	加水不足，导致反应温度过高	为熟化添加足够的水（参见上述比例）
添加石灰后污泥有一定令人讨厌的臭味	石灰剂量太低	检查污泥–石灰混合池的pH值并增加石灰剂量；若有必要，检查pH值，确定是否发生故障

32.3 热处理

32.3.1 工艺描述

热处理系统能释放出细胞结构内的结合水，从而改善污泥脱水和浓缩性能。热处理系统包括热处理工艺和湿式空气氧化工艺。由于热处理工艺最终产物容积有限，是一种极具吸引力的减量化技术。然而，要结合燃料成本、设备开支、空气污染控制需求和最终产品中增加的金属浓度，对容积减量和产品质量进行评估。

1. 热处理工艺

在热处理工艺中（见图32-8），污泥首先破碎成可控的颗粒大小，并在超过2100kPa的压力下泵送（US. EPA, 1986），处理后污泥通过与直接蒸汽喷射热交换后污泥温度大约180℃，污泥在设定温度和压力的反应器中进行加热处理。最后通过与进料污泥热交换使热处理污泥得以冷却。

热处理后的污泥在进行脱水步骤前与上清液进行沉淀分离。分离过程中释放出的气体通过340~400℃的催化补燃室或除臭装置。在有些情况下，分离过程中释放出的气体返回到曝气池中的空气扩散系统进行除臭。

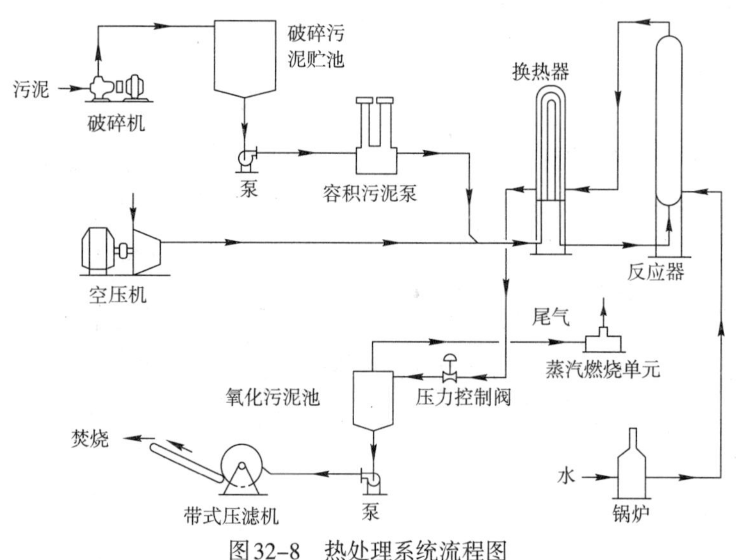

图32-8　热处理系统流程图

2. 湿式空气氧化

湿式空气氧化工艺与热处理工艺类似，只是湿式空气氧化在比热处理工艺更高的温度（230~340℃）和更高的压力（8200~11000kPa）下进行（U.S. EPA, 1986）。湿式空气氧化工艺基于一个原理，即温度在120~370℃时，任何可燃物质在水蒸气存在的条件下能被氧化。达到的氧化程度各有不同，取决于温度、压力、反应时间和向反应器提供的空气量等。尽管湿式空气氧化所能达到的最大氧化程度低于真正焚烧工艺达到的有机物破坏程度，但其可作为一种热调节过程，也可作为一种相对的完全氧化系统。两种操作方法都能使液态污泥取得最佳的脱水性能。

湿式空气氧化工艺的进料污泥不需进行脱水，而涉及热干燥和焚烧工艺的进料污泥需要进行脱水，这一点本章将在后面讨论。但是，湿式氧化必须通过真空过滤、离心或其他固体分离技术进行灰水分离。进料污泥的含水率可能超过95%。进料污泥同压缩空气混合后通过热交换器进入反应器。离开反应器的氧化后污泥向热交换器提供热量。如果氧化程度较高且污泥具有较高的热值，反应器可自我维持其氧化过程；如果不能，可向热交换器喷射蒸汽提供热量。欲达到高氧化程度，反应器内温度通常在260℃左右，所以为了防止水汽化，反应器内必须维持高压（6900~ 20600kPa）。

根据安装位置不同，污泥通过热交换器之前或之后，气体通过压力控制阀进行分离后送入催化反应气体净化器除臭。除臭后气体可以回收能量或排放到大气环境中。如果分离前不进行任何工作，氧化后物质通过热交换器并通过压力控制阀释放然后脱水。液体部分会发出臭味，并且COD很高，这种侧流可能对其他处理工艺产生重大影响，通常会返回到污水处理厂。

32.3.2 工艺控制

下面将对热处理和湿式空气氧化工艺的控制进行讨论。

1. 热处理

热处理将悬浮固体转化成溶解性或分散性固体，这些溶解性固体导致脱水液体污染物浓度较高，需将其返回到污水处理厂再处理。

延长热反应器停留时间可以增强污泥细胞的破坏作用和纤维材料分解效果。例如，在180~200℃下发生低级氧化，停留时间为3min时循环液色度为2150，停留时间增加到15min和30min时，循环液色度相应地分别增加到3800和5500（U.S. EPA，1978）。循环液有恶臭气味，很难处理并且对污水处理厂处理工艺有破坏性。典型循环液的水质特征见表32-6。

表32-6表明循环液的高浓度污染物可能对污水处理工艺带来潜在影响。因此，设计者和运营者必须认识到循环液负荷对整个污水处理厂运行的重要性。

如果循环液对其他污水处理工艺造成了不利影响，可以考虑以下两个解决方案：

（1）先将循环液储存起来，在流量较低或BOD较低（夜间）的情况下再将其循环至污水处理厂处理；

（2）安装单独的处理系统，循环液在回到污水处理厂前先预处理。

热处理循环液的典型特征（U.S. EPA,1978） 表32-6

浓液中的物质[a]	浓度范围（mg/L）（除所示之外）
TSS	100~20000
COD	10000~30000

续表

浓液中的物质[a]	浓度范围（mg/L）（除所示之外）
BOD	5000~15000
NH_3-N	400~1700
磷	20~150
色度	1000~6000个单位

a TSS——总悬浮固体；COD——化学需氧量；BOD——生化需氧量；NH_3-N——氨氮

相同程度的过滤性能和沉降性能在一定的范围内可以通过时间和温度的不同组合实现。例如，较高的温度和较短的反应时间取得的效果与较低的温度和较长的反应时间取得的效果具有可比性。通常情况下，最经济的处理方式是较长的反应时间和较低的温度组合。过度热处理（高温和较长反应时间的各种组合）实际会使纤维材料自我分解（相对于仅释放细胞水），并产生更难于脱水的物质。

经热处理后的污泥在暴露于大气环境之前进行冷却可减少臭气问题但不能消除。增加热处理工艺进料污泥的固体浓度可降低操作费用，但循环液中溶解性COD、氮和磷浓度均会增加，可能导致污泥脱水性能降低。

2. 湿式空气氧化

湿式空气氧化工艺可以间歇或连续操作。向位于反应器前的热交换器注入蒸汽，为启动提供所需要的热量。

依据选定的氧化程度，各个设备的操作也不相同。有机物破坏的程度取决于温度、压力、反应时间和空气量等，通常情况下，增加这些参数的值会导致有机物氧化度升高。

此外，还应注意进料污泥中固体含量会影响湿式氧化的操作和燃料需求。对于给定的污水处理厂湿式氧化工艺装置，在空气量足够的前提下，可以通过增加进料污泥中的固体含量，降低运行费用并提高处理能力。

控制湿式氧化单元性能的4个物理变量是：

（1）温度；

（2）供气量；

（3）压力；

（4）进料污泥浓度。

反应器通常配有调节温度、压力和供气量的控制装置。

反应器压力、温度和使用的供气量共同决定氧化度和氧化速率。高温高压下可能取得更高的氧化度。反应器温度和压力对循环水（液）的水质和氧化后污泥的脱水性能有影响。反应器温度在满足充分调理时，尽可能保持低温。高温使污泥颗粒分解更完全，释放出更多的细胞水，从而向溶液中释放出更多的BOD（U.S.EPA,1978）。高温使处理后的污泥容易脱水，但循环液水质很差，导致湿式氧化后续工艺处理能力降低。

与本章稍后将讨论的传统焚烧炉一样，湿式氧化要达到几乎完全氧化需要外部供给氧气（空气）。湿式氧化工艺的空气需要量取决于污泥氧化的热值和欲达到的氧化度。进气量与热效率和燃料需要量有关，因此，保持空气流量不大于空气需要量这一点很重要。

空气进入反应器后，与液体接触并成为饱和蒸汽，所以为防反应器内的水损失过多，控制气流量也很重要。

32.3.3 其他技术

一种专利技术采用通气高温预处理与传统中温厌氧消化相结合，使处理后的生物固体达到A类标准。该组合工艺尤其适用于污水处理厂现存厌氧消化池污泥处理能力的升级改造，消化池产生的消化气可用于系统加热污泥。通常组合工艺系统的净燃料需求并不比无附加工艺的消化工艺系统大。该组合工艺提高了生物固体的沉降性能和脱水性能，使消化池内能保持更高的固体浓度，还使脱水设备出来的泥饼固体浓度增加，从而减少泥饼运输费用、提高应用前景。

32.3.4 安全和健康保护

通常情况下，为了减少工作人员暴露的可能性，以上工艺都在密闭容器中进行。但是，这些在高温下运行的设备可能有危险，在这些设备、阀门、锅炉、反应器和热交换器内部或周围工作的职员都应采取基本的防护措施。

32.3.5 故障排除

热处理的故障诊断和排除指南列于表32-7，这将有助于运营者发现问题并制定解决方案。

热处理故障诊断和排除指南（U.S. EPA，1987）　　表32-7

问题	可能的原因	解决方案
臭味	滗析池、浓缩机、真空泵排气或脱水过程中释放臭味	构筑物单元加盖，收集气体，并在释放前通过使用焚烧、吸收和洗涤装置除臭
		敞开的池子表面加带有浮动塑料球的盖子以减少蒸发和臭味流失
	当循环液进入污水处理池中时释放臭味	在加盖的池子里对液体进行预曝气并对废气进行除臭
热交换器积垢	硫酸钙沉淀	根据生产商的说明进行酸洗
	运行温度太高，若没有足够空气则会导致污泥烘干	为污泥创造热条件，在温度低于199℃下运行反应器并增加空气量
		使用液压传动清洁小球清洁内部管道
蒸汽用量大	热处理单元污泥浓度低	若可能，运行浓缩机以维持6%的污泥浓度；最少3%的污泥浓度
污泥脱水不良	热处理之前厌氧消化	对将进行热处理的污泥停止厌氧消化
	未维持足够高的温度	温度应至少为177℃
系统压力高	反应器内堵塞	去除堵塞
		检查压力和温度以记录任何不同寻常的差异
	压力控制器设定太高	降低压力控制器的设定点
	断流阀关闭	检查系统，正确安装阀门
	设定温度不合适	调整设置
	热交换器积垢	酸洗热交换器

续表

问题	可能的原因	解决方案
进料泵泵送流量不足	控制设定不正确	调整控制设定
	产物止回阀泄露或堵塞	维修或更换止回阀
	泵缸体捕集空气	排出空气
系统压力下降	压力控制器设定太低	将压力控制器设定在合适水平
	压力控制阀装备腐蚀	更换阀门
氧化温度升高	进口温度太高	通过用水稀释进料污泥
	污泥进料速率太低	增加污泥进料速率
	控制设置不正确	适当调整控制设置
	停泵或泵送减慢	开泵或增加泵送速率
	如气体或油等挥发性物质通过系统泵送	将污泥转换成水并停止工艺空气压缩机
	气动蒸汽阀门不正确运行	维修故障的阀门
氧化温度降低	热交换器堵塞	
	由于污泥浓度低，反应器进口温度太低	减少进料污泥的稀释
	通过系统泵送的流量高	降低高压泵的流量
	气动蒸汽阀门不正确运行	维修故障的阀门
	温度控制阀无信号	检查供气装置
	锅炉不正确运行	参考锅炉生产商说明手册正确运行
过滤泥饼难以向焚烧炉进料	过滤泥饼太干无法泵送	减小处理系统的温度和压力或调整脱水工艺
系统压力低	高压泵、工艺空气压缩机或锅炉停止	重启泵或空气压缩机
	过滤器入口堵塞	清理或更换过滤器
	压力控制器设置太低	增加压力控制器的设定点
	任何放气阀可能部分开启	检查压缩机阀门
	级间弯管泄露	检查弯管是否正确运行
	传动皮带打滑	调整皮带张力
系统压力高	水量不足	调整水量
	泥饼太干	调整脱水工艺
	汽缸阀泄露	维修，清洁或更换
	中间冷却器或保护罩堵塞	清洁中间冷却器或更换
	压油润滑器无流量	加油
		维修润滑器
		绷紧松的传送带，若有损坏则需维修
空气压缩机安全阀泄露	压力控制器设置太高	降低压力控制器的设定点
	压力控制阀无信号	检查供气装置
	系统中一个或多个断流阀关闭	检查系统中的阀门是否正确设置
	压力控制阀堵塞	转换备用的压力控制阀并清洁堵塞的阀门

32.4 加热干燥

32.4.1 工艺说明

加热干燥污泥工艺能有效去除污泥水分至最低限值，减少污泥总体积，同时保留了湿污泥的肥效特征，破坏病原微生物并且产品无臭味。

加热干燥过程提高了进料污泥的温度，从而去除了污泥中水分，减少了污泥总体积。加热干燥要维持足够低的温度，以保持污泥的营养物质。最终产品含有土壤营养物质，但不含致病微生物。加热干燥工艺需要辅助燃料或废热。

3种主要的加热干燥稳定工艺有：低温加热干燥、闪蒸干燥和回转窑干燥。

1. 低温加热干燥

在低温加热干燥中，进料污泥温度升高到100℃以蒸发水分。该工艺可采用圆柱筒或多床炉。

2. 闪蒸干燥

湿污泥与热气流接触后，发生闪蒸干燥，水分瞬间被去除。闪蒸干燥操作灵活，可作为加热干燥机生产化肥，也可作为焚化炉将干污泥回到炉膛作为燃料。如图32–9所示是一个典型的闪蒸干燥系统。

污泥进入闪蒸干燥器之前需进行浓缩和脱水。闪蒸干燥的产品可作为肥料出售，焚化炉灰应进行填埋。

进料脱水污泥与部分热预处理后的污泥在混合器内混合以使气动输送均匀一致，然后与燃烧室出来的热气体（650~700℃）混合一同进入干燥塔，从干燥塔出来的混合干污泥进入笼式粉磨机。笼式粉磨机搅拌使污泥干燥且含水率降至2%~10%，并将温度降至150℃左右。干燥后的污泥进入旋风分离器中将固体与气体分离。此时的干污泥可储存起来或进入焚烧炉燃烧。

从旋风分离器出来的气体通过蒸汽扇输送到燃烧室的脱臭预热器，温度上升到650~760℃。脱臭气体释放出的部分热量对进入燃烧室的空气加热，且可在助燃空气预热器中释放更多的热量。气体温度降至约260℃后再对气体进行洗涤以去除颗粒物并排放。

若干燥后污泥不用于燃烧室作为燃料，则需要天然气、石油、煤等辅助燃料。预热空气通过助燃风机进入燃烧室。如果污泥采用焚烧处理，焚灰由燃烧室底部排出。

3. 回转窑干燥器

回转窑干燥器为圆柱形钢壳，安装在水平方向略有倾斜的轴上（图32–10）。用于污泥干燥时，一般不需耐火衬里。

进料进入回转窑干燥器之前需要脱水处理，并从下端或上端输入。一部分干燥污泥与进料泥饼混合，从而降低泥饼含水率并使泥饼分散。回转窑干燥器可直接由安装在发动机罩上的长火焰燃烧器点火。气体从下端排出，污泥与气体形成逆流运动。当干燥器旋转时，污泥落在沿干燥器内壁的轴向壁架上并以颗粒的形式铺成薄薄的一层。该过程

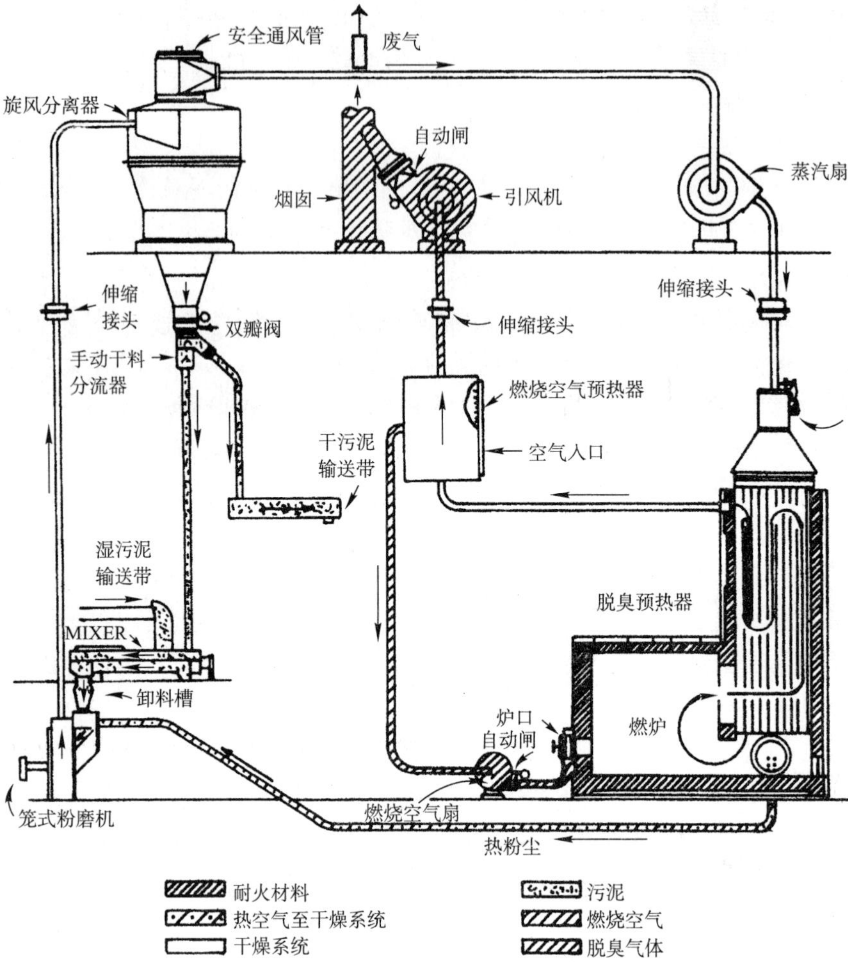

安全通风管
废气
旋风分离器
自动闸
蒸汽扇
烟囱
引风机
伸缩
接头
伸缩接头
双瓣阀
伸缩接头
手动干料
分流器
燃烧空气预热器
远程手动
控制闸
干污泥
输送带
空气入口
湿污泥
输送带
脱臭预热器
MIXER
卸料槽
炉口
自动闸
燃炉
笼式粉磨机
燃烧空气扇
热粉尘
耐火材料
热空气至干燥系统
干燥系统
污泥
燃烧空气
脱臭气体

图32-9　闪蒸干燥工艺示意图

二次洗涤器
烟囱
水
引风机
废水
斗式提升机
一次洗涤器
二次空气
滤饼输送带
进料螺杆
天然气
链段
仓
库
离心机
一次
风扇
1 400°F
传动
支柱
泵
废水
干污泥螺杆
产品

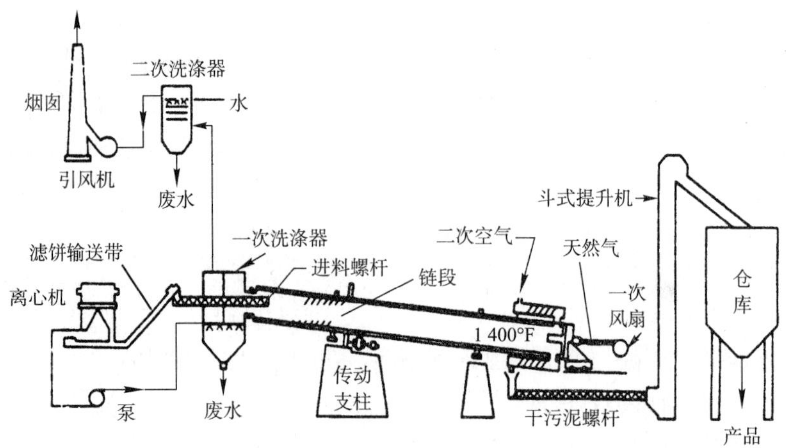

图32-10　回转窑干燥器示意图

的目的是使污泥和气体接触，促进快速干燥。

干污泥颗粒大小不同，作为肥料之前需进行研磨。回转窑干燥器内的温度通常保持在370℃左右。若需对废气脱臭，可将废气在约650~760℃下燃烧，同时也需要通过洗涤器除去废气中的颗粒物。

32.4.2 工艺控制

加热干燥设备的高效稳定运行依赖于对感官指标和分析指标的频繁监控。在轮班期间定期对干燥设备进行检查可检测出特定运行温度下的异常情况，如压力和流量。积累了一定的运行经验后，可以识别出任何异常声音或变化可能带来的问题。

影响干燥加热设备运行的4个主要变量是：

（1）进料湿污泥中固体含量；

（2）干污泥与湿污泥比例；

（3）用于干燥的热燃烧气体量；

（4）系统温度。

控制加热干燥设备前的脱水工艺使产品的含水率在2%~10%的范围。加热干燥系统的高效运行取决于进料污泥中相对恒定的固体含量。进料污泥中的固体含量对于加热干燥系统的经济性也很关键。进料污泥的含水率越高，为蒸发额外的水分所需燃烧的燃料就越多。

如图32-9和图32-10所示，进料污泥和已干燥处理污泥混合后更适于气动输送设备的运行。若进料污泥固体含量发生显著变化，正常运行所需要的干污泥与湿污泥的比例会随之改变。干污泥与湿污泥比例随污泥类型和进料污泥固体含量的不同而不同，需要通过试验反复确定。

为使系统高效运行，需使用刚刚足够的热燃烧气体量干燥泥饼到要求的固体含量。干燥气量取决于干污泥与湿污泥比例和污泥流量，需要通过操作试验确定。

系统运行温度维持请参阅制造商说明书的建议。运行温度太低，污泥混合物得不到有效干燥，而运行温度太高，则系统效率降低且运行成本高。

1. 闪蒸干燥器

小型设备可采取间歇运行的方式，通常每天8h，每周5d或更少。间歇运行在干燥前一般需要1h的预热期。与连续运行相比，间歇运行的预热期需要消耗额外的燃料。

控制污泥脱水工艺可使产品的含水率为2%~10%左右。控制要素包括改变与湿泥饼混合的干污泥量和热燃烧干燥气量。为了确保系统在最佳条件下运行，对整个系统的温度条件需要进行密切监控。

将废气进行二次燃烧以去除臭味物质，洗涤以去除颗粒物质。二次燃烧的温度通常控制在650~760℃。对通过洗涤器前后的废气进行颗粒物分析或对洗涤器压力差监控可反映洗涤器的运行是否出现异常。

2. 回转窑干燥器

通常下列闪蒸干燥器的运行条件同样适用于回转窑干燥器：

（1）该干燥器可连续或间歇操作。

（2）与闪蒸产品相比，通常该产品必须进行研磨。

（3）脱水泥饼进入该干燥器前与一部分干燥后产品混合。

（4）控制烟道气。

与闪蒸干燥器不同，回转窑干燥器是直接加热干燥器，泥饼周围温度控制在370℃左右，为确保混合，干燥器转速约为4~8rpm，而与之相反为快速混合闪蒸干燥器，配有笼式粉磨机。

32.4.3 其他技术

用于污泥干燥的其他技术有多通道污泥干燥器和桨式干燥器/处理器。在多通道污泥干燥器中，采用直接热交换和间接热交换的组合方式，使得污泥干燥过程连续进行并对泥饼进行加热脱水，此举降低了污泥重量和体积，相应的运输费用和处置费用也大大降低。由于污泥通过不锈钢带输入干燥器，避免了污泥的翻滚和悬浮，从而使颗粒物排放量降至最低。为减少异味，热废气和水蒸气在干燥器内循环后排出。

桨式干燥器/处理器采用楔形中空桨叶，安装在中空轴上，其中流过传热介质。这种方法提供了较高的传热面积和处理量之比，传热介质的温度范围为-40~650℉。

32.4.4 安全和健康保护

污泥加热干燥工艺中使用的设备与污泥处理工艺中使用的其他设备类似，包括水泵、阀门、离心机、输送机、风扇和排气系统。安全和健康保护方法有：使用个人防护装备；制定良好的管理和存储方法；容器贴上适当的标签，内容包括处理和急救的详细信息等；张贴警告标志，以提醒员工危险条件并采取特殊的预防措施；张贴临界操作时的应急操作步骤和说明；对操作这些设备的员工进行培训。

这些工艺均在高温下进行，设备，阀门和风扇应装有护栏、盖子和标志以防不慎接触可能造成的灼伤。

32.5 焚烧

32.5.1 工艺说明

焚烧包括污泥中的可燃组分和辅助燃料放出的热量。焚烧可以完全去除污泥中所含水分，从而污泥总体积大大降低。完全焚烧可以破坏全部有机物和病原微生物，并产生无臭味的焚烧产品（WPCF，1988）。

焚烧炉排放的烟气应进行定期监测，以确定无有毒有害物质逸出。U.S. EPA污泥处置条例（40 CFR，第503）对进料污泥和污泥燃烧处置释放烟气中的污染物进行了限制，特定的污染物包括进料污泥中的铅、镉、铬和镍，污泥燃烧排放烟气中的铍、砷和碳氢化合物。焚烧炉中污泥燃烧不能违反这些污染物的国家排放标准要求，见40 CFR第61条所描述的C和E部分。

在美国，应用最多的污泥焚烧设备类型是多段式焚烧炉和流化床焚烧炉。

1. 多段式焚烧炉

和回转窑干燥器和闪蒸干燥器一样，污泥脱水形成泥饼后进入多段式焚烧炉。多段式焚烧炉由多层结实的耐火炉床组成，外加圆柱形钢制炉体，中央转动轴上装有耙齿。通常上层炉床装有4个旋转耙柄，耙齿也比下层炉床多（U.S. EPA, 1936）。

由于燃料燃烧炉工作温度可高达1100℃，压缩空气从焚烧炉底部鼓入，对中空轴和耙齿进行冷却（见图32-11）。从焚烧炉顶部排出的冷却空气部分回流到炉底作为热助燃空气。

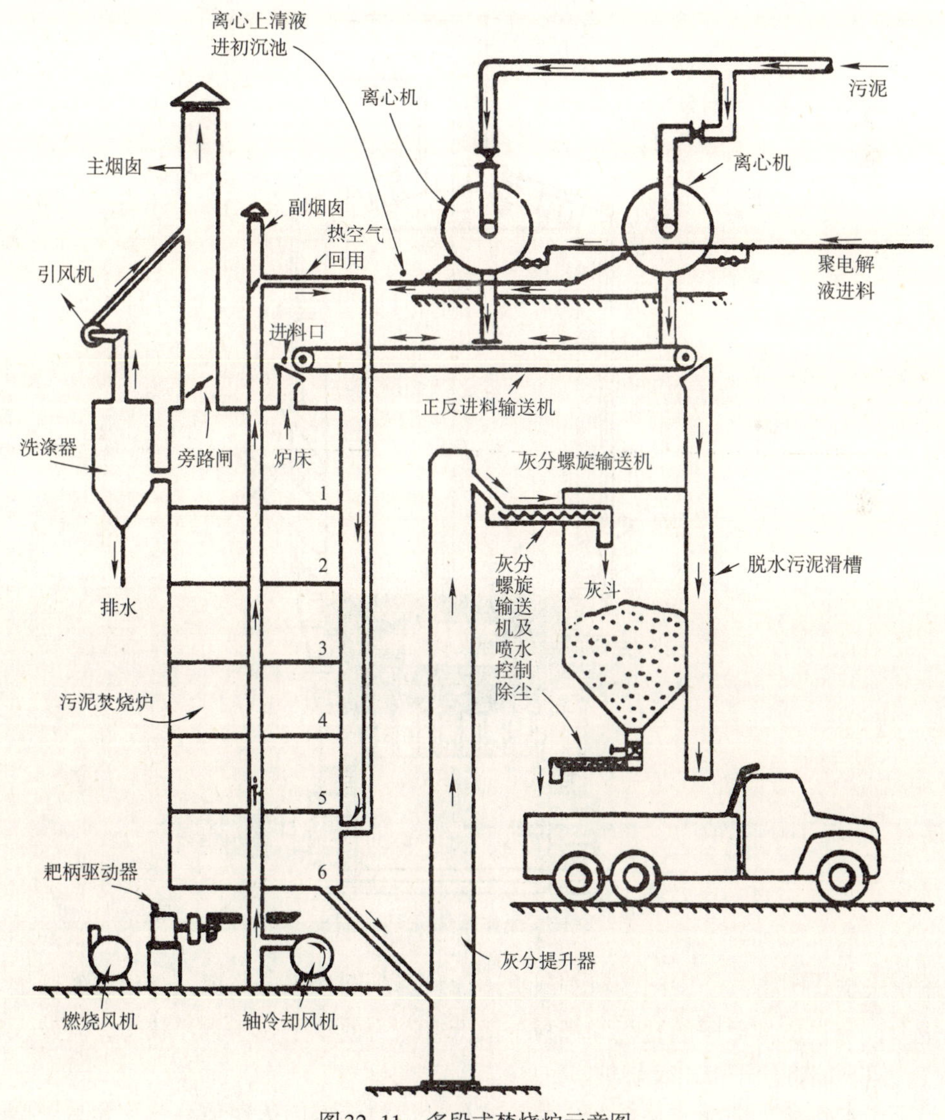

图32-11　多段式焚烧炉示意图

多段式焚烧炉主要分3段：上层为干燥段，中间层为焚烧段，下层为冷却段。如果需要辅助燃料，在焚烧炉中间或焚烧段需装有天然气或石油燃烧器。燃烧空气与污泥逆流流动，耙柄对污泥恒定搅拌，使污泥颗粒和热气最大程度的接触。

从焚烧炉顶部排出的废气经洗涤去除其中的颗粒物。根据焚烧炉运行区域的管理法规和标准决定废气是否需要进行除臭处理。如果泥饼在焚烧炉顶部附近的低温炉层干燥速率不是太快，那么除臭可在焚烧炉内部完成。

2. **流化床焚烧炉**

流化床焚烧是在密闭空间内使石英砂颗粒处于流体运动状态，通过助燃空气不断穿过床层使所有颗粒均匀沸腾状态（U.S. FPA, 1986）（见图32–12）。

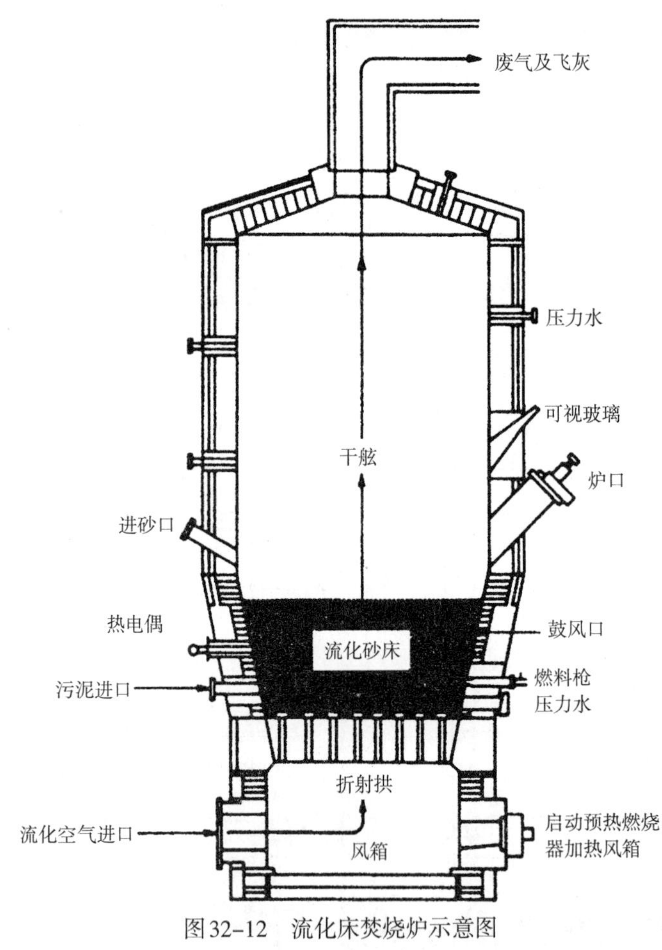

图32–12　流化床焚烧炉示意图

流化床焚烧炉是一个密闭的衬有耐火墙体材料的圆柱形反应器，流化态的燃烧空气进入炉内，穿过支撑砂子的孔板和栅板分散上升。为使沙子处于悬浮状态，需鼓入足量的空气，但不能将沙子带出焚烧炉。

脱水污泥饼输入流化床炉后，床内的流化砂层使污泥固体快速分散，并与燃烧空气充分接触。污泥中的有机颗粒在转化为灰分之前被沙床截留。快速沸腾状态使灰分破碎，从而防止炉渣结块。

为维持燃烧温度，需要向炉床注入辅助燃料，天然气、燃料油或其他燃料来源均可用作辅助燃料。

燃烧和流化空气量根据下列要求确定：

（1）使炉床流化到适当的密度，同时流化床外无飞沙和不完全燃烧产物产生；

（2）完全燃烧污泥中所有的挥发性物质的最小需氧量；

（3）对温度进行控制，确保完全除臭，并且保护耐火材料，热交换器和烟气管道。

由于床层受到冲刷，故需要定期补充沙子，可根据需要从反应器的一边进行补充。

32.5.2 工艺控制

为了使焚烧工艺高效运行，需从以下几方面进行考虑。

1. 脱水

应重点考虑在污泥进行干燥或焚烧处理前对脱水工艺进行优化，从而节省燃料。对给定的污泥，若其泥饼的挥发性固体（VS）含量升高，每吨污泥的辅助燃料费用降低（U.S. EPA，1986）。若泥饼的VS含量足够高，污泥可自燃，不必添加辅助燃料。所需的辅助燃料和进料污泥的固体浓度之间的关系如图32-13所示。

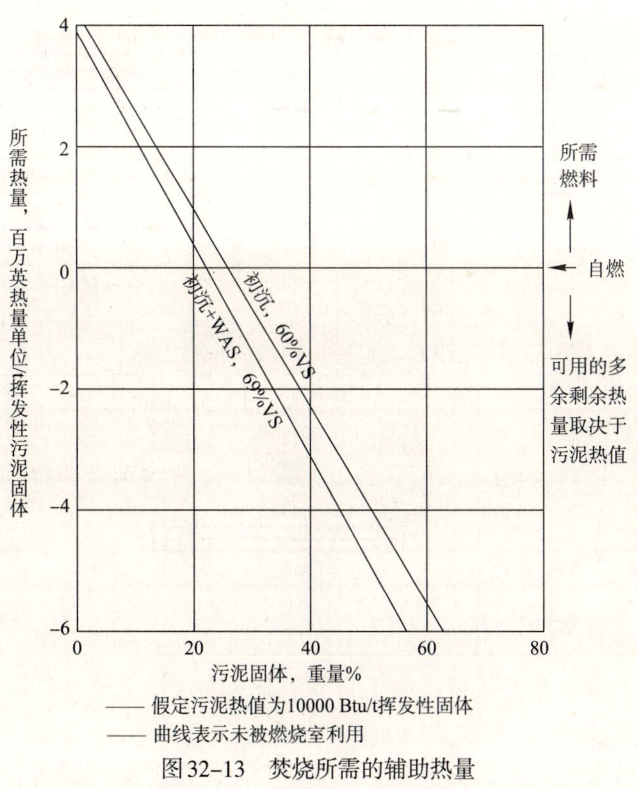

图32-13 焚烧所需的辅助热量

2. 热量回收

通过循环工艺气体可回收热量对助燃空气进行预热。对于固体含量一定的泥饼，只有提供足够的热量才能使水分温度升高，焚烧产品达到最高温度。然而通过热量回收，温度可升高到更高温度进行脱臭。

3. 气体要求

燃烧需要的空气包括为保证完全燃烧所需过量空气的化学计量。过量空气量随焚烧炉类型、污泥类型和烟道气最终处置方式的不同而变化。由于过量空气需要燃料对其进行加热，所以在保证发生完全燃烧和除臭的前提下提供最少的过量空气量。空气量过少会导致不完全燃烧，影响除臭。

4. 污泥的热值

污泥的热值对于降低辅助燃料消耗很重要。污泥中的可燃元素包括碳、硫和氢，它们主要存在于油脂、糖类和蛋白质等有机物中。这些物质与氧气结合释放出热量，并释放出二氧化碳、二氧化硫和水。不同污泥及其组分的典型热值列于表32-8和表32-9。经消化处理后污泥中的挥发性物质含量降低，从而大大降低污泥的热值。随着污泥挥发性物质含量增加，辅助燃料消耗减少。提高污泥挥发性物质含量的方法有：除去污泥中的砂粒等无机物；污泥脱水工艺避免使用氯化铁和石灰等无机化学药品；污泥焚烧前避免采用消化等生物处理工艺。

前工艺对热值的影响（U.S. EPA,1986） 表32-8

污泥类型	热值（Btu/lb干污泥[a]）
原初沉污泥	10000~12500
活性污泥	8500~10000
厌氧消化初沉污泥	5500
原（化学沉淀）初沉污泥	7000
生物滤池污泥	8500~10000

a Btu/lb × 2.326=kJ/kg

某些固体的典型热值（U.S. EPA,1986） 表32-9

物质（干固体）	可燃物（%）	热值（Btu/lb[a]）
油脂和浮渣	88	16700
原污水污泥	74	10300
细小栅渣	86	9000
破碎的垃圾	85	8200
消化污泥	60	5300
化学沉淀污泥	57	7500
高有机砂粒	30	4000

a Btu/lb × 2.326=kJ/kg

5. 多段式焚烧炉

与干燥工艺一样，多段式焚烧炉可连续操作或间歇操作。但是当多段炉未运行时，需向炉内输入辅助燃料以维持温度来保护耐火材料（U.S. EPA, 1986）。

尽管在不同的设备中温度不尽相同，但任何一个给定的炉膛内需保持温度恒定，以确保运行条件一致。温度通常与下列因素关联：进料污泥和供气系统或辅助燃料进料和供气系统。如果温度降低，则需补充更多的污泥或辅助燃料和空气，反之亦然。

通常多段式焚烧炉运行时有3个不同的燃烧段：

（1）2层或2层以上上层炉层，大部分自由水在此蒸发；

（2）2层或2层以上中间炉层，温度超过820℃，污泥挥发性物质在此处燃烧；

（3）底层炉层，灰烬通过加热冷却器进入的空气而在此冷却。

在水分蒸发的第一段，污泥温度不超过约60℃，在此温度下，挥发性物质无明显去除，也不产生臭味。污泥含水率为75%时，不发生挥发性物质的蒸馏，直到80%~90%的水被蒸发后才发生。此时，在焚烧炉内移动了相当距离后的污泥和高温气体接触，挥发性物质燃烧，产生臭味。通常，当需要添加辅助燃料维持多段式焚烧炉的燃烧时，排气口温度超过480℃即表明太多的燃料已被燃烧。

对烟道排放参数的分析可用来确定焚烧炉的典型操作条件。通常对烟道中的氧气、二氧化碳和一氧化碳进行自动监测并与预设值进行比较。一氧化碳含量升高说明发生了不完全燃烧；与此同时若氧气含量与预设值相当，说明污泥和空气的搅拌效率下降或者进料污泥的含水率高于正常值而导致温度降低。当空气从焚烧段鼓入，可能使温度误读过高。任何情况下，可对烟道气进行分析以确定系统是否正常运行，并发现故障。通过采取适当的措施可排除故障，恢复正常运行（见表32-10）。

焚烧处理故障诊断和排除指南（U.S. EPA,1987）　　表32-10

问题	可能的原因	解决措施
多段式焚烧炉		
炉温太高	燃料进料速率过高	降低燃料进料速率
	污泥脂肪含量高	若燃料耗尽，温度仍在升高，可能是污泥脂肪含量高；提高进气速率或降低污泥进料速率
	热电偶烧坏	若温度指示器超标度，则可能是热电偶烧坏；应更换热电偶
炉温太低	污泥水分含量增加	提高燃料进料速率直至脱水系统运行改善
	燃料系统发生故障	检查燃料系统；设置合适的燃料进料速率
	进气速率太高	如果烟道气中氧含量较高，这可能是炉温太低的原因；降低进气速率或增加进料速率
烟道气中氧含量太高	污泥进料速率太低	去除任何堵塞并设置合适的进料速率
	进气速率太高	降低进气速率
	燃烧区以上进气过多	检查臭味和燃烧区以上的窥视孔；若有必要，关闭窥视孔
烟道气中氧含量太低	污泥中挥发性物质和油脂含量升高	增加进气速率或降低污泥进料速率
	进气速率太低	若有必要，检查供气是否出现故障并提高进气速率
焚烧炉耐火材料损坏	焚烧炉开启或关闭太快	更换耐火材料并注意观察加热和冷却程序是否正确
从一炉床到另一炉床冷却效应异常高	空气泄漏	检查闲置焚烧炉的炉床入口、排放管、中心轴封装置、空气蝶阀并停止泄漏
炉床寿命低	不均匀点火	检查所有的焚烧炉炉床；炉床两边点火要平均

续表

问题	可能的原因	解决措施
中心轴驱动安全销失灵	炉床耙臂吃力或外来物质缠住耙臂下方	纠正问题的起因并更换安全销
焚烧炉洗涤塔温度太高	进入洗涤塔的水流量低	设置适当的洗涤塔水流量
烟道气温度太低（260~320℃）；需注意臭气产生	燃料进料速率不适当或污泥进料速率过高	增加燃料或降低污泥进料速率
烟道气温度太高（650~870℃）	污泥热值过量或污泥进料速率过高	加入更多过量空气或降低燃料速率
焚烧炉炉膛结渣	燃烧器设计	咨询厂商并更换新设计的燃烧器以减少结渣
	空气–燃料混合物	咨询厂商
搅拌耙臂下垂	炉床温度过高或冷却空气流失	维持温度在合适的范围内并维持备用系统在工作条件下冷却空气；停止向炉床输入浮渣
流化床焚烧炉		
炉床温度下降	燃料供应不充足	增加燃料进料速率或维修燃料系统故障
	污泥进料速率过大	降低污泥进料速率
	污泥含水率过高	改善脱水系统运行
	空气流量过大	若废气中氧含量大于6%，降低进气速率
废气中氧气含量低（<4%）	空气流量低	增加空气鼓风机速率
	燃料进料速率太高	降低燃料进料速率
废气中氧气含量过高（>6%）	污泥进料速率太低	增加污泥进料速率并调整燃料进料速率以维持床温稳定
控制面板的床深读数不稳定	炉床压力计接口被固体堵塞	反应器不运行时用金属棒进入压力计接口管敲打
		参照生产商的安全说明，在反应器运行时把压缩空气用于压力计接口
预热燃烧炉停止工作并发出警报声	引燃火焰不接收燃料	开启适当的阀门并安排燃料供应
	引燃火焰不接收火花	去除火花塞并检查是否有火花；检查变压器，更换有问题的零件
	调压器有问题	拆开调节器并彻底清洁
	引燃火焰点燃但火焰扫描设备故障	清洁扫描设备上的观察孔，更换有问题的扫描设备
炉床温度太高	通过炉床喷枪的燃料进料速率太高	降低炉床喷枪的燃料进料速率
	因为污泥含脂肪多或污泥热值增加，炉床喷枪关闭但温度仍然很高	提高空气流量或降低污泥进料速率
炉床温度度数超标度	热电偶烧坏或控制器故障	检查整个控制系统，若有必要则进行维修
洗涤塔温度高	洗涤塔无水流量	打开阀门
	喷雾嘴堵塞	清洗喷嘴和过滤器
	水没有再循环	将泵返回维修或除去洗涤塔的堵塞
反应器进料污泥泵停止工作	炉床温度联动装置将泵关闭	检查炉床温度
	泵堵塞	若污泥浓度太高，用水稀释进料污泥
炉床流体化作用差	停机期间，沙通过支撑板泄露	每月清洁一次空气室

6. 流化床焚烧炉

多段式焚烧炉运行的基本原则同样适用于流化床焚烧炉的运行（U.S. EPA, 1986）。流化床焚烧炉的一个优势是：间歇操作时无需消耗辅助燃料。这是因为流化床焚烧炉的沙床就像一个巨大的热库，可在较长时间内维持焚烧炉热量。另外，流化床焚烧炉的温度控制也更简单。

鼓入流化床焚烧炉的空气量是一个重要的变量。过多的空气量会吹走沙子并使烟道气中含有不完全燃烧产物，还会造成不必要的燃料消耗。空气量不足则导致排放的废气中含有未燃烧的可燃组分。流化床焚烧炉一般采用20%~40%的过量空气。实际应用中，通过测定焚烧炉废气中的氧气含量对空气量进行调节，以维持空气中的氧气含量在4%~6%。

由于理论空气量不足以使燃料完全燃烧，故应加入过量的空气。过量的空气用理论空气量的百分比来表示。例如，如果燃料燃烧需要的理论空气量为1000标准立方英尺空气每分钟（SCFM），实际空气量为1200 SCFM，则过量空气百分比为：

$$\frac{（实际空气量-理论空气量）\times 100}{理论空气量}=\frac{（1200-1000）\times 100}{1000}=20\%过量空气 \quad （32-1）$$

在启动过程中，添加辅助燃料以提高沙床层温度到约650℃左右。一旦污泥开始进入焚烧炉，逐步调整降低辅助燃料量使污泥最大程度地释放出热量，避免燃料浪费。逐渐减少辅助燃料的加入量，使其降至维持床层温度在680~700℃的最少辅助燃料需要量。

通常运行时，无空气预热器的流化床所需的燃料量多于多段式焚烧炉，但如果多段式焚烧炉需要进行气体脱臭处理，则两者的燃料需要量基本相等。

32.5.3 安全与健康保护

通常情况下，以上工艺都在密闭容器中进行，使工作人员暴露的可能性减少到最低。但是，这些在高温下运行的设备可能造成危险，在这些设备、阀门、风扇、鼓风机、反应器和热交换器内部或周围工作的职员应采取基本的预防措施。设备，阀门、风扇和鼓风机应装有护栏、盖子和标志以防不慎接触造成灼伤。

32.5.4 故障排除

焚烧处理故障诊断排除指南列于表32-10，这将有助于运营者发现问题并制定解决方案。

32.6 污泥稳定工艺的比较

本章讨论的五种污泥稳定化方法的优缺点列于表32-11。

污泥稳定工艺比较（U.S. EPA,1987）　　表32-11

工　艺	优　点	缺　点
堆肥工艺	产生适用于农业用途的高质量、具有畅销潜力的产品 可以与其他工艺结合 基建成本低（静态堆和条垛）	固体含量需为40%~60% 需要膨胀剂和碳源 需要强制通风或翻堆（人力） 有病原菌通过灰尘扩散的可能 运行费用高；可以是电力或劳动密集型 可能需要大量的土地面积 有可能产生臭味
石灰稳定工艺	建设成本低 易于操作 适于作为临时性或紧急稳定	增加污泥处置的容积 不适于碱性土壤的土地利用 增加化学药品的使用 特定场地的总费用高 处理后pH下降可能会导致臭味和微生物再生长
热处理工艺	产生更易脱水的污泥 污泥有效杀菌	使生物有机体的细胞壁破裂，释放与有机体结合的水分 处理高负荷有机废物时需特别考虑
热干燥或焚烧	污泥处置容积大大减少 病原菌总破坏量大	机械和控制设备复杂 需要辅助燃料 需要时间升高运行温度 需要相对不均的脱水污泥进料 可能会产生臭味

第33章　脱　水

33.1 引言

本章所介绍的污泥脱水方法各有优缺点。污泥脱水过程中应当重点考虑经济性问题。详细列出“必须的”和“所希望的”性能要求的具体情况对于污泥脱水而言十分重要。“必须的”是指在脱水过程中必须考虑的设计要求，而“所希望的”是指为优化脱水系统性能而进行的设计要求，但不是强制性的。比方说，当空间成为严重的限制性条件时，则需选择节省空间的处理工艺，此时占地面积少、操作简单的工艺将成为首选。理性的污水处理厂运营商应该敏锐地预测到今后5~10年城市污水污泥最终处置方法的可能变化。例如，随着污水处理厂的迅速发展，占地面积大、易形成恶臭气体的脱水工艺将逐渐被淘汰。同时，对于那些每周只需要进行1~2d的污泥脱水作业，并将其运往附近的填埋场进行填埋处理的小型污水处理厂，高性能的脱水系统和设备不符合经济性要求。理论上，设备选型是一项具有成本效应的生命周期评价，主要包括目前的设备价值总值、维护、运行和处置费用。人们很容易做出详尽的设备费用清单，但是通常来讲，固定资产价格、运行和处置费用是确定设备选型的三大因素。美国水环境联合会（WEF）出版的《工程设备采购方案–确保工程质量》（WEF，1995）可以指导人们对设备进行正确选择。

此处介绍的污泥脱水工艺和设备都是基本的要求，并未涉及特殊的工艺要求。当需要改变推荐设备的维护和运行程序时应首先咨询厂商的意见和建议。要认真阅读随机操作手册，如发现手册缺失或内容不全则有权要求厂商更换。

33.2 生物固体脱水困难原因分析

在污水处理行业，遗憾的是，管理者主要关注污水处理厂中的水相，因为污水处理系统的目的是处理废水，生产相对较为清洁的处理出水。对绝大多数污水处理效果好、出水水质稳定的污水处理厂而言，污泥脱水系统都是令人头疼的一大问题。有一种错误的观点认为，只要污泥处理车间的工人能够做好他们的本职工作就能有效避免上述问题。由于这种错误观点，人们认为需要浓缩的污泥量和可用的设备决定了污泥脱水过程中的运行费用。为了尽量减少总处理费用，人们的注意力就应该从水相转移至污泥相。

33.2.1 生物固体脱水的难度

不同生物固体的脱水难易程度变化很大。Vesilind（1994）推测生物固体中各种水的存在形式影响了其脱水性能，指出虽然污泥内部非常复杂，但是可以建立一个模型以分析其脱水性能和污泥内各种形式的水之间的关系。Vesilind还指出，水在不同生物固体内的主要存在形式不同，这种逻辑关系可以使人们更好地理解生物固体产生的方式，同时也为那些难以脱水的生物固体的处理提出了可供借鉴的方案。近年来的研究表明，污水处理厂实际产生的污泥远比Vesilind提出的模型更为复杂，但如果只是为了解各种污泥之间脱水性存在差异的原因，Vesilind模型无疑更为方便简洁。

1. 自由水

自由水不与生物固体结合，是生物固体所有水中最容易脱除的。通常情况下，自由水在污泥浓缩过程中就被去除，因此在污泥脱水阶段去除的主要为非自由水。但浓缩过程中不小心会在刮泥机作用下将部分自由水送至脱水单元。

2. 结合水

结合水是通过化学键或细胞膜吸附作用存在于颗粒间的水分。结合水的典型例子如氢氧化铝，它以氢氧化物的形式沉淀，每1mol铝可结合6mol水。加拿大安大略省温莎市污水处理厂采用铁盐或铝盐进行除磷，发现当除磷药剂由铁盐改为铝盐时，产生的脱水污泥的含固率会下降3%，而一段时间后当投加的除磷药剂又从铝盐改为铁盐时，产生的脱水污泥的含固率又恢复至原值（Macray, 2000）。

同样，细菌细胞膜上也包含了大量的水分，机械脱水手段难以破坏细胞膜使这些水分释放出来。初沉污泥经脱水后其含固率可达35%~40%以上，然而同一污水处理厂中的活性污泥经脱水后其含固率却很难超过18%~25%的范围。由此可得出结论：生物固体中活性菌体含量越多，产生的脱水污泥的含固率越低。因此如果取消初沉池，虽然会降低投资费用，简化处理工艺，但是将会大大增加由此产生的生物固体的脱水难度。事实上，易于脱水的初沉污泥通过细菌的分解作用会增加其进入脱水单元时的含菌量。有人注意到，在其他条件相同的情况下，取消初沉池将会使产生的脱水污泥的含水率增加5%。

位于明尼苏达州的明尼阿波利斯市污水处理厂公布的数据显示，当初沉污泥和二沉污泥的比例由50：50变为30：70时，聚合物的用量增加而且污泥含固率降低。

3. 附着水

Vesilind（1994）猜测，附着水是通过静电引力和范德华力的作用吸附于颗粒固体表面的。在这些力的作用下，机械作用很难或几无可能将附着水脱除。由此可知，单位质量的固体颗粒其表面积越大则附着水含量也越多。通过显微镜观察可见，活性污泥的比表面积远比初沉污泥的表面积大，具有相对较大的比表面积是活性污泥比初沉污泥难被脱水的又一重要原因。

假如管道中的颗粒物被打碎，虽然颗粒物的重量未变，但是其面积却明显增加。一般而言，单位质量的小颗粒物其表面积相对大颗粒物而言要大得多，从而具有更多的附着水。因此，大颗粒转化成小颗粒对后续脱水不利，这种情况往往在不设初沉池或初沉池运行效果不佳的情况下发生。

4. 间隙水

间隙水是裹夹在生物固体颗粒间的水分。间隙水的脱水机理有几种解释。相信任何人在往容器中装面粉或麦片时都会注意到，当我们振动容器时，能够使被装的面粉或麦片相互之间更紧密，使得颗粒之间的空气能够被挤出。在该例中，面粉或麦片的颗粒形状并未改变，只是其堆积密度增加了。如果被装的面粉或麦片是可流动的，此时如果对其施加压力将会迫使颗粒间隙中的空气被挤出，从而使颗粒间距减小。在废水处理过程中，当生物固体在澄清池中形成污泥层时，上部污泥层的重力作用也会对下部污泥层造成挤压，从而将间隙水挤出。在澄清池中，越底部的污泥层所受的重力作用越大，如此则污泥中的间隙水将会逐渐被挤出，从而使污泥得以浓缩。污泥浓缩的后续工艺如脱水、压滤或离心脱水等所需的压力更大，则脱除的水分也更多，形成的浓缩污泥也更密实。有趣的是，在污泥浓缩离心机中，可以通过各种技术和措施使得形成的浓缩污泥层尽可能厚，如通过叠加作用提高离心机作用于污泥的压力。另外我们还知道，形成的污泥的含固率与所投加的聚合物成正比。然而只是通过简单的提高聚合物的投加量而不设法提高污泥层的厚度也不能有效提高浓缩污泥的含固率。

5. 毛细水

毛细水是指通过生物固体颗粒孔隙的毛细作用存在于污泥间的水分。一般来说，通过机械手段不能去除毛细水，然而由于污泥并不是刚性固体颗粒，所以在压力作用下也能将部分毛细水挤出，就像挤牙膏一样。因此，对非刚性颗粒施加压力能将其中的部分毛细水挤出。

生物固体中水分的不同存在形式可能是某些类型的生物固体相对其他类型的生物固体容易脱水的根本原因。虽然目前还难以对污泥中存在的各种形态的水分进行量化，但是上述这些概念本身对脱水过程非常有益。例如，通过脱水处理，虽然污泥的含水率从98%降至72%，但是脱水过程并没有去除其中的大部分水分，而从理论上来说，100%的脱水率是可能达到的。Vesilind（1994）指出，仅仅通过机械脱水作用是不可能将生物固体中的水分100%脱除的，50%甚至是33%的脱水率也是难以实现的。和其他去除效率一样，随着效率的增加，要想进一步提高其效率是非常困难的，也是难以达到的。

33.2.2 提高污泥的质量

目前已经有诸多可用于提高污泥脱水性能的工程实践，主要包括：

（1）提高初沉池中悬浮固体的捕获率。因为初沉污泥相对于二沉污泥脱水性能更好；因此，减少进入好氧池的易生物降解有机物量将会减少活性污泥的产生量。如果现有污水处理厂没有设置初沉池，则从污泥减量化而言可考虑在以后的升级改造中加设初沉池。

（2）尽量避免在污水处理厂内存放或贮存污泥，因为一旦污泥发生腐败将会影响其脱水性能。重力浓缩池中的浓缩污泥往往要停留数天以上，因此经常成为影响活性污泥脱水性能的一大问题。但是厌氧消化池是个例外，在厌氧消化池中污泥停留时间越长则所需的聚合物用量越少。

（3）控制微生物的生长。假如厌氧消化池的温度波动不定，则会严重影响其内部的种群关系，导致产生脱水性能差的污泥。在好氧消化池中，过量曝气虽然会减少污泥量，但却使其脱水性能变得更差。

（4）近年来的研究表明，尽管较短的厌氧消化时间也能有效降低挥发性固体含量，但延长消化时间却能降低聚合物投加量。

（5）将厌氧消化设为两段式，即先进行高温厌氧消化，再进行中温厌氧消化，如此既能有效降低污泥量，同时还能减小聚合物用量。

（6）尽量避免在污水处理厂中使用铝盐聚合物，投加铁盐聚合物时产生的污泥含固率更高，另外还应尽量避免将用铝盐处理产生的污泥与剩余活性污泥进行混合。因为使用铝盐产生的污泥中一般无机成分较高（一般铝盐含量较高），另外可能还含有大量砂砾。

33.2.3 污泥脱水性能变化的原因跟踪

目前尚无确定的参数可反映污泥脱水性能的变化。如果污泥的进泥速率发生改变，则污水处理厂工作人员必须确定其变化规律及对污泥脱水性能的影响。有些变化事先是可以预测的，如在污水处理厂中新上了一套消化设备，则产生的污泥的脱水性能与其他有差异。其他有些运行参数对污泥脱水性能的影响是难以定论的。在许多污水处理厂的日常运行过程中发现，污泥的特性随季节性变化明显，夏天和冬天产生的污泥的特性存在一定差异。此外，污水处理系统的工艺选择也是影响污泥脱水性能的一大原因。以下因素一般会对污泥脱水性能产生较大的影响：

（1）进泥总固体含量（TS）、总挥发性固体含量（TVS）、pH和温度；

（2）碱度；

（3）电导率；

（4）聚合物类型、分散性能，活性及砂砾浓度；

（5）污水处理厂处理负荷；

（6）污泥处理负荷；

（7）污泥中生物固体比例；

（8）气候；

（9）污水处理厂旁路回流污泥量；

（10）混合液悬浮固体浓度（MLSS）；

（11）污泥体积指数（SVI）；

（12）污泥龄。

此外，消化系统中的参数特征也是影响污泥脱水性能的重要原因，主要包括：

（1）污泥停留时间；

（2）挥发酸浓度；

（3）碱度；

（4）pH；

（5）温度波动；

（6）进泥速率变化。

33.2.4 展望：加入无机化学物质以实现A级脱水污泥

近年来，比较常用的做法是往污泥中加入石灰以获得A级脱水污泥，目前已有许多关于如何通过投加石灰或其他碱性物质（如飞灰和粉煤灰等）来获得A级污泥的工程实践基础，石灰和污泥的混合方法有以下两种：

（1）湿法混合

湿法混合是最简单的方法，首先使粉末状生石灰（氧化钙）与水混合形成石灰浆，再泵入脱水机前的生物固体进泥管中。该方法运行维护简单、性能可靠。

（2）干法混合

另外还有一种方法是通过螺杆输送机或气力输送的方法将粉末状生石灰投加至搅拌机中，然后与脱水污泥直接混合。该过程中会产生较大量的粉尘、氨气和硫化氢，因此，在不对恶臭气体进行控制的情况下，工人不能长期在此环境下工作。

综上可见，无论从操作运行还是设备要求考虑，相对干法混合而言，湿法混合无疑更为经济有效。

1. 脱水前投加石灰

（1）生石灰和生物固体发生反应时，1mol氧化钙会吸收1mol水，形成1mol氢氧化钙。这1mol被吸收的水来自于进泥中，在不投加石灰的情况下以过滤液的形式被排出系统，投加石灰后就进入污泥相以生物固体的形式排出。

（2）石灰比表面积较大，因此会在脱水过程中吸附部分表面水分。

（3）在高pH条件下，生物固体难与聚合物反应，或需要投加大量的聚合物。仅这一点就将会使聚合物的选择变得复杂，同时也会增加聚合物的使用成本。

（4）在脱水之前投加石灰本身也会增加其用量，因为这个过程会使返回至污水处理厂的脱水过滤液/浓缩液的pH升高。

2. 脱水之后投加石灰

（1）生石灰和生物固体发生反应时，1mol氧化钙会吸收1mol水，形成1mol氢氧化钙。这1mol被吸收的水来自于脱水污泥，此部分水本来是要留在污泥相中被排出污水处理厂的。

（2）此过程中被脱水的生物固体性质是不变的，因此不存在聚合物选择和使用的问题。

在此过程中，只有脱水污泥的pH升高了，不会影响返回液的性质；同时不会有石灰等浪费在过滤液/浓缩液中。

在过滤系统中投加石灰将会降低污泥比阻，这反过来将会提高过滤性能，因此，在没有离心机存在的情况下也能改进污泥脱水性能。在水和废水离心机中，过滤本身并不是一种分离机制，因此不会存在上述作用。在上述两种情况中，污水处理厂需要外运的污泥量都将会有所增加，因为投加的石灰最终也作为废物被外运，同时还包括石灰表面的吸附水，因为投加石灰将会增加形成的污泥固体的表面积，因此会提高污泥表面吸附水的含量。

费用问题是决定生石灰投加方式的主要因素。在污泥处理过程中，使用过多化学药剂将会增加污泥的体积和重量，增加设备使用量，同时也会提高处理成本，而产生的污泥最终都作为废弃物被处置。污泥处置成本和投加过多化学药剂之间的成本需要相互平衡，无论生石灰的投加方式如何，城市污水污泥都有较大的农用价值。另外，投加石灰以后污泥能保存较长的时间而不会带来恶臭问题，这有利于在冬季或农田闲置时将污泥进行回用。

33.2.5 安全防护措施

所有碱性物质对人体的皮肤、眼睛和肺都有一定的刺激性。氧化钙粉末的危害性比氢氧化钙的危害性更大。根据材料安全数据表制定安全防护措施是至关重要的。

33.2.6 获取帮助

因为污泥脱水过程中存在的问题较多，所以要想找到脱水性能不佳的原因一般较为困难。污水处理厂是按照一定的工艺运行的，而且改变污水处理厂的工艺运行参数需要较长的时间。绝大多数污水处理厂的工作人员对其他污水处理厂的运行状况缺乏了解，因此，获取一定的帮助是必要的；但是所有的帮助的侧重点不相同。设备制造商则主要通过开发新产品或对设备进行升级改造的方法来解决问题；而工程师主要通过工艺或设备设计来优化脱水过程。因此，参观其他污水处理厂的运行情况是非常有价值的。通过建立全国的水和废水处理领域操作人员的联合会，并参观主办方所在地区的污水处理厂是至关重要的。但是操作人员了解其所在地区的其他污水处理厂更为重要，因为其他污水处理厂也可能会遇到许多相同类型的问题（即使不是全部），这是一笔宝贵的知识和可借鉴的经验，这对被参观的污水处理厂本身而言也是展示自我形象和能力的一次机会。更为重要的一点是这种学习方式成本低廉，唯一的费用是差旅费。

33.2.7 咨询资深专家

设备制造企业拥有污水和污泥处理方面知识丰富的资深技术人员。他们一般会通过电话咨询的形式免费提供大量帮助。此外还有其他方面的工艺和设备的现场专家。美国水环境联合会每年举行的水处理技术博览会和污泥处理处置会议均有广泛的相关技术讨论专题。在会议上发言的人均被列入专家名库。电话咨询通常是免费的，但并不是所有的问题都能通过电话解决。邀请专家来厂内现场解决问题通常与支付专家的生活费用成正比，这就有很大的可变动范围。有些专家可以通过与操作人员反复讨论的方式阐述自己深邃的思想和知识。不要害怕向他们提问和咨询，而后还可以给他们打电话并和他们讨论技术难题。绝大多数人不愿意向他人坦诚负面的内容，特别是对陌生人。但是这些资深专家却能够向你讲述这些问题，因此可大胆向他们提这类问题。从以前的经验可见，如果某位专家在某一领域经验丰富，那么就不要犹豫，花重金邀请其来交流经验，而不是向工作岗位上的其他同事讨教经验。假如必须在厂内交流，那么可对那些要调离的人员进行访谈，如他没有足够的自信，那么可考虑另外的人选。拒绝别人是件很难的事，但相对于给那些不能解决问题的人付款而言，这似乎更好些。

33.2.8 供货商

那些经常接触的供货商通常也能提供一定的帮助。例如，聚合物供应商几乎走遍了各个污水处理厂，了解各污水处理厂存在的个性和共性问题。通常因竞争原因，供货商更愿意指出与其没有业务往来的污水处理厂显著存在的问题。设备代表对污水处理厂设备和工艺非常熟悉，也可作为业内可提供技术支持的一大资源，即便不是，他们也能帮助几个存在共同问题的污水处理厂之间相互接触沟通。

33.2.9 美国水环境联合会

作为一种有价值的求助资源，美国的水环境联合会经常被大家所忽视。人们几乎可以在其数据库内搜索到各种主题的相关论文。另外美国水环境联合会还收录大量的出版物（如此书），这将会给人们提供大量的帮助。在美国水环境联合会网站上进行发帖讨论对于解决具体问题是非常有帮助的，人们通过发帖可以和该联合会的其他会员进行有益的讨论。

33.2.10 美国国家环保局

位于华盛顿的美国国家环保局有大量的关于各种主题的总结报告（http:// www.epa.gov/owm/mtb/biosolids/index.htm），网址有可能发生变化，可以通过美国国家环保局的官方网站进行搜索（http:// www.epa.gov）。

33.3 脱水的操作运行原理

相对于信息传播而言，目前的信息管理系统通常更加注重形式。每一个监控和数据采集系统（SCADA）大屏幕上一般不会过多关注工艺运行，而更多的是关注屏幕上显示的内容和显示位置。

33.3.1 信息管理

大多数的污水处理厂目前还没有发挥现代通信能力的优势。运行信息、实验分析和经济信息通常是环环相扣的，无论从横向还是纵向而言都具有同等的重要性。污水处理厂运行的目标是遵守操作规程、节约运行成本。当不知道运行费用花在何处的情况下，脱水单元的工人不能使运行成本降至最低。大多数的监控和数据采集系统（SCADA）屏幕上通常涵盖大量的信息和数据，但是真正有用的数据只是一小部分。这些数据显示屏幕外观精致，因为一旦它们被设计好了以后，几乎适用于每一个污水处理系统，也就是说成为了行业的通用标准。但遗憾的是，设计者一般不具备污泥脱水的具体操作经验。而操作人员一般经验更加丰富，他们可能会考虑信息的有用性，包括脱水单元上游和下游的相关参数，并且寻找适合的参数将其显示在屏幕上。假如这意味着要撤除大屏幕上某些精美的图案，那么这也是值得的。同时，考虑脱水过程中液相的相关参数信息，并将其显示在屏幕上也是至关重要的。如果污泥性质发生变化，同时又没有相关的警告信息，那么脱水过程就不能有效运行。从某种程度上说，污泥性质发生变化在所难免，毕竟污水处理厂每天产生的污泥量都不尽相同，因此初沉污泥和二沉污泥的混合比例也会有所不同。然而，污水处理过程中液相处理单元应尽量控制并减小污泥产量的变化，同时要及时告知污泥处理单元（固相）操作人员何时可能会发生污泥产生量的变化。例如，当发现生化池中混合液悬浮固体浓度（MLSS）变大时，经验丰富的员工可能会迅速做出决定，并设法在2h内将混合液悬浮固体浓度（MLSS）调至正常值。如果混合污泥中初沉污泥与二沉污泥的比例突然从50：50变为30：70将会严重影响污泥脱水性能。脱水单元工作人员将控制脱水系统，并设法使其在几个小时内稳定，但是当污泥比例重新变为50：50时又会造成新的干扰。不同性质的污泥混合比例不同是影响污泥脱水性能的一种因素，但并不是绝对的，因为从某种意义上讲产生的污泥似乎是不可预测的。一种更佳的信息管理系统是对污泥进泥速率进行控制和观察，一旦污泥进泥速率发生急剧变化就意味着可能会对污泥脱水性能造成影响，发生这种情况时，应逐渐提高脱水系统的污泥进泥速率，同时设法在24h内将混合液悬浮固体浓度（MLSS）降低至正常值。当无法查明污泥进泥速率变化较大的原因时，那么此时操作人员可能就需要逐渐改变污泥进泥速率。但无论如何，比较理想的做法是当污泥的进泥速率发生变化时，在污泥脱水屏幕上应立即显示出随机形成的污泥生物固体的质量。一旦进泥速率发生改变，那么在45min内，混合污泥中初沉污泥和二沉污泥的比例就会从50：50调整为47：53。在污泥脱水过程中，对设备的运行参数要经常进行适当的调整以保证脱水系统运行的稳定。假如进泥速率是逐渐增加的，同时混合液悬浮固体浓度在24h内降低至正常值，那么系统的运行会变得更为平稳。上述是关于监控和数据采集系统（SCADA）需要从横向传达信息的典型例子。

当然，操作人员也可以通过绘制二沉污泥的产生速率趋势曲线，反过来了解污泥负荷。但是在现实中，操作人员没有空闲的时间来做这项工作，特别是当污泥负荷发生改变的时刻。同时，这项工作也不是必要的，因为如果操作得当，所有相关的参数信息都可以在监控和数据采集系统（SCADA）的屏幕上自动显示出来。

污水处理厂有必要对监控和数据采集系统（SCADA）屏幕进行适当的调整，以使其能更好的反应操作人员想要知道的重要信息，而将另外一些相对不是很重要的信息转移到辅助屏幕上。

33.3.2 参数变化

污水处理厂是一个动态变化的系统，而目前人们较为感兴趣的是变化的参数，而对较为稳定的参数值并不十分关注。对污水处理厂采集的所有数据，人们并不是全部都需要，因此，有必要对某些数据和信息进行压缩和筛选。只有获取到在监控和数据采集系统（SCADA）屏幕上不显示的信息才算是有用的信息。 例如，知道目前传送装置的扭矩为15Nm并不能解决问题，除非你知道传送装置的扭矩跳变点为17Nm，如此你才能发现设备扭矩为15Nm时为处于高扭矩运行状态。当屏幕上显示为88%的负载时，扭矩的显示和读数会变得更加有用。同样，对于扭矩上升和扭矩降低，人们的反应是不同的。相对于大量的数据而言，扭矩变化的稳定性更为重要和有价值。从趋势线上可以查找原因，如果出现拐点，可以找到是什么原因导致这些拐点的出现。监控和数据采集系统（SCADA）会自动寻找趋势并在主屏幕上显示那些非正常变化的趋势。这有助于在在脱水系统出现故障之前将问题排除。

毫无疑问，操作人员都会从及时的信息反馈中受益。采集的样本被送往实验室进行分析测试后数据就会进入监控和数据采集系统（SCADA），但是人们很少会将污泥脱水的有关信息数据显示在屏幕上，但是这些信息却是有用的。同样，脱水单元的操作人员却也会经常进行采样和分析，然后在废纸上写下分析测试结果，随后数据结果就变成废纸一张。但如果他们把这数据加以整理并输入计算机，计算机就会计算出污泥回收率、聚合物用量，甚至是脱水过程中产生的费用，计算机通过一系列数据转换能够产生脱水费用的变化曲线。这些数据可以保存在电脑中，以便其他的工作人员对其进行查看和调用，这些数据在今后的6~12个月中都是有效的。但如果操作人员只是将数据记录在日志本、数据表甚至便签上的话，这些数据就可能在随后的数月中丢失。因此，在现今信息化的时代，操作人员应该及时将得到的数据输入计算机数据库。

总而言之，污水处理厂运行过程的控制需要考虑操作人员，同时其相关的设计要由有经验的操作人员的参与，放之四海而皆准的通用理论并不一定适用于该过程。相信在不久的将来，假如操作人员可以根据自身需求对监控和数据采集系统（SCADA）的相关参数进行点击、拖动、复制粘贴甚至改动以对屏幕进行自定义设置，那么必将对污水处理厂的运行带来巨大的好处。

33.4 无机化学药剂

33.4.1 氯化铁和氯化铝

在废水处理中经常加入铁盐和铝盐进行化学沉淀除磷。但是废水处理过程中这些化学物质的使用会严重影响污泥的脱水性能，投加氯化铁会改善污泥的脱水性能，但是使用氯化铝不但不会使污泥脱水性能提高，相反却会使形成的污泥脱水性能变差。在这一过程中污泥的脱水性能与所投加的化学药剂的用量成正比，因此当这些化学药剂的用量发生变化时应及时调整污泥脱水过程中的操作程序。另外，综合全过程考虑，除了对氯化铁和氯化铝进行成本比较外，还需考虑其投加过程对污泥脱水性能的影响。当氯化铁溶于水后水解形成带正电荷的可溶性铁配合物，会中和污泥固体颗粒上的负电荷，促使其脱稳聚集。与聚合物不同，氯化铝和氯化铁不需要过长的反应时间，也无需搅拌设备。氯化铁还会在生物固体中碱度的作用下生成氢氧化铁，作为絮凝剂与污泥固体发生絮凝反应。

33.4.2 控制鸟粪石的形成

在很多的厌氧消化池中，经常会形成鸟粪石沉淀的问题，鸟粪石是磷酸铵镁晶体。

在厌氧消化池中有二氧化碳产生或发生紊动时就会产生鸟粪石。中心管或过滤管中形成的鸟粪石经常是污泥处理过程中的严重问题，只需1周时间就会堵塞管路。从理论上讲，可以通过改变污泥池中的组分含量来控制鸟粪石的形成，如可通过将鸟粪石形成的关键组分，如磷酸盐与其他物质先进行沉淀的方法来进行控制。通过投加氯化铁的方法可沉淀磷酸盐，同时还可达到降低污泥pH值的作用。投加氯化铁无疑能提高污泥的脱水性能，但缺点是增加了污水处理成本，而且还增加了外运污泥量。

此外，还可通过投加各种酸（包括硫酸、盐酸和硝酸）降低污泥的pH值，创造不利于鸟粪石形成的酸性条件的方法来控制鸟粪石的形成。有时候投加的酸很廉价，甚至是免费的，但是要确保不能含有重金属，以免对污水处理厂处理系统和污泥的后续处理产生影响。总体而言，加酸并不能有效提高污泥脱水性能，但是相对投加氯化铁而言，由于其存在价格优势，因此也具有一定的工程实用价值，所以在污泥脱水过程中为经济有效地提高污泥脱水性能，必须对各种方法的利弊进行权衡。无论在污泥处理最前端还是在脱水设备前端投加氯化铁都能有效提高其脱水性能。当然，按照目前的价格，投加三氯化铁的好处并不仅仅是为了提高污泥脱水性能，此外还包括对污水处理过程的其他方面的好处。

33.4.3 恶臭气体控制药剂

在污水和污泥处理过程中，有必要投加某些化学药剂对恶臭气体的产生进行控制。常用的化学药剂主要有：臭氧、过氧化氢、二氧化氯、高锰酸盐、次氯酸盐和氯气等（Lambert and McGrath, 2000）。这些化学药剂可作为氧化剂氧化硫化氢等恶臭气体，并将其转化为臭气阈值相对更高的其他化合物。不同的氧化剂有不同的控制效果，对于某种特定成分的恶臭气体，某些氧化剂的脱臭效果可能更好，因此在必要的情况下可通过实验来选择氧化剂。有研究（Rudolph, 1994）表明，高锰酸钾除了能有效控制臭气外，还有降低污泥处理过程中聚合物用量的作用，但是降低聚合物使用成本并不是使用高锰酸钾的根本原因。在管道中，臭气控制氧化剂的投加点应位于聚合物投加点之前，并且应保证污泥在与聚合物发生接触、反应之前，氧化剂应与污泥至少接触1min。此外还有臭气中和剂，主要为油类和表面活性剂，其原理是对产生恶臭气体的物质进行吸附、反应和转化，以此来降低臭气产生量。臭气中和剂一般是喷到产生臭气的空气中，但是这些物质本身也有明显的异味，因此一般不大常用。以外还可以通过投加铁盐等将硫化物进行沉淀，或通过投加硝酸盐来抑制硫化氢的产生，但这会消耗VFAs的碳源含量。另外，也有相关文献报道使用微生物酶制剂的方法对恶臭气体进行控制。

33.4.4 化学药剂的采购

上述提及的化学药剂都是大宗商品，当需要采购小剂量的药剂时，可以通过分销商购买。反过来，为了获得利润，分销商往往会根据客户需求按体积出售化学药剂，同时还可提供技术支持，并与工厂采购部门合作。如果这些无益于污水处理厂工作人员，那么污水处理厂可直接从厂家进货，以节省成本。但是无论怎样，污水处理厂工作人员在做决定之前都可先上网搜索所要购买的化学药剂的价格，并比较不同厂家的价格。如果一年内购买两次大宗产品的价格比每月购买一次（即一年购买12次）的价格要低25%，那么增加堆放药剂的仓库库容是值得的。

33.5 有机絮凝剂

33.5.1 背景

在工业生产过程中，有机絮凝剂经常被用于固液分离。有机絮凝剂在固液分离过程中的应用主要包括最终产物的回收、液体的澄清或净化以及固体废物的减容。图33–1说明了几种常见的絮凝剂应用实例，同时还阐明了絮凝剂的电荷和分子量大小对絮凝过程的影响。

有机聚电解质（通常也称有机高分子絮凝剂或聚合物）从20世纪60年代开始就已经在城市污水处理厂中广为应用，近年来，随着城市污水处理厂的迅速发展，特别是对污水二级处理要求的不断提高，有机高分子絮凝剂的应用也日益增加。全美有1.6万个公有污水处理厂使用有机高分子絮凝剂，这1.6万个污水处理厂每天处理的生活污水和工业废水的总量将近1300亿立方米，同时每年约产生690万t干污泥（包括残余物和生物固体）。图33–2显示了在城市污水处理厂污水处理过程中有机高分子絮凝剂的投加点。

最初，污泥浓缩和脱水之前通常采用氯化铁或石灰进行调质。但是现在随着浓缩和脱水系统的日益复杂化，除了真空转鼓过滤和凹板式压滤机外，这些产品已很少使用。

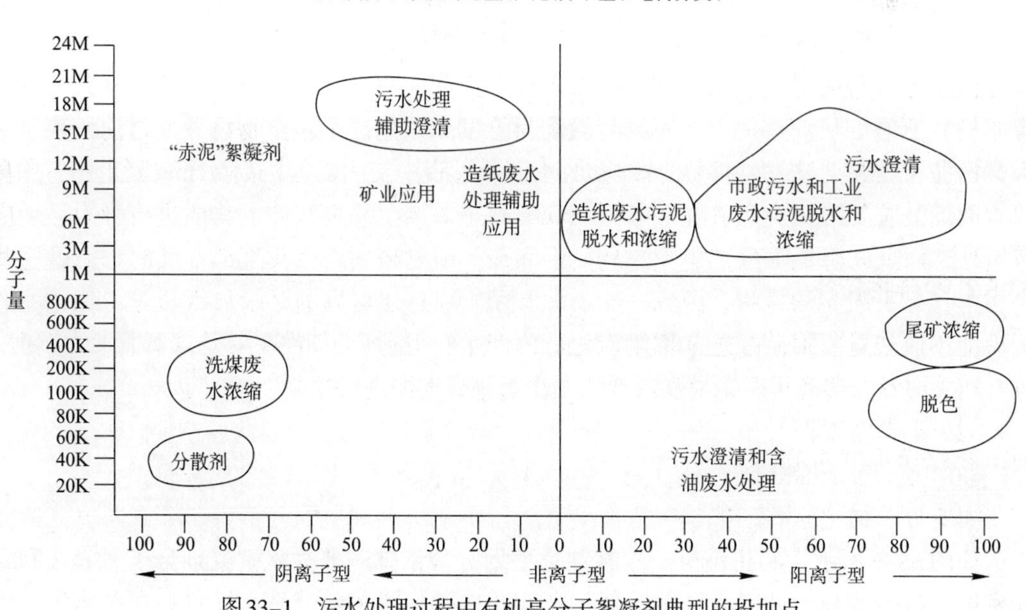

图33–1 污水处理过程中有机高分子絮凝剂典型的投加点

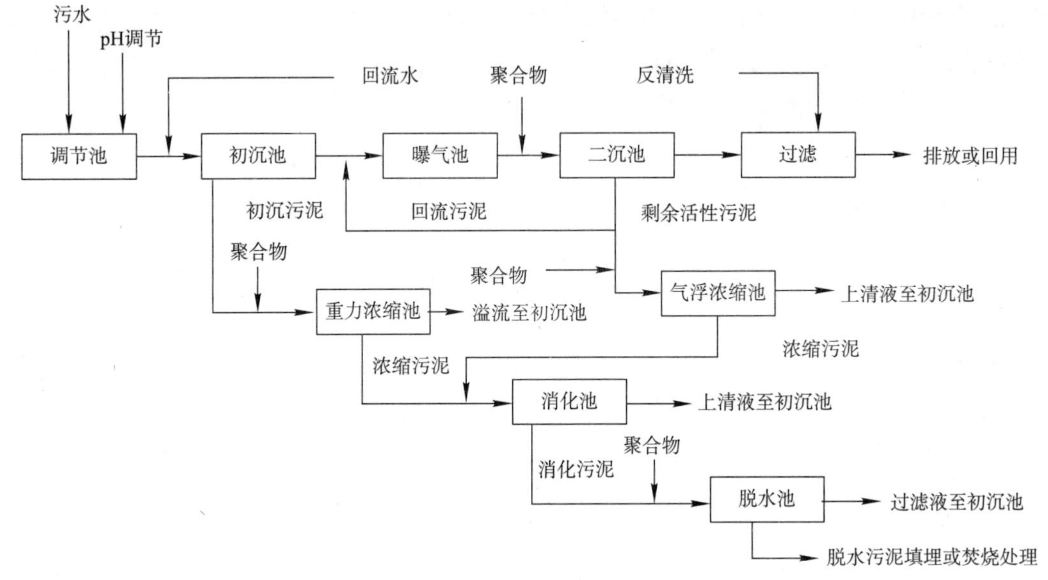

图33-2 污水处理典型流程图

有机高分子絮凝剂不仅用于固液分离，而且在污泥浓缩和脱水过程中也经常使用。2002年，北美城市污水处理过程中，专用的阳离子聚丙烯酰胺（PAM）絮凝剂的使用成本接近1.88亿美元，其中大部分用于污泥调质。

聚丙烯酰胺在污泥浓缩、脱水过程中广为应用的主要原因有：

（1）诸如带式过滤机和离心浓缩脱水机等高端设备的开发和应用；

（2）随着高分子材料和化学技术的进步，使用方便、用户友好的高性能产品逐渐问世；

（3）随着生产技术的发展，聚合物单体的获得更方便、有效；

（4）污泥等固体废物处理和处置费用的日益增加。

由于不同聚丙烯酰胺絮凝剂（PAM）存在不同的特性，故针对不同的污泥其处理效果不同，所有的厂商都提供了不同特性和类型的全系列产品。本书将着重讨论阳离子聚丙烯酰胺（PAM），因为在污泥浓缩和脱水调质过程中使用的有机高分子絮凝剂中，阳离子聚丙烯酰胺（PAM）几乎占了95%~100%。

33.5.2 聚合物特性

上述这些复杂的、首选的聚丙烯酰胺（PAM）絮凝剂的特性主要受以下因素的影响：

（1）电荷（阴离子、阳离子或非离子型）；

（2）电荷密度；

（3）分子量（标准黏度）；

（4）分子结构。

如图33-3所示，有机高分子絮凝剂类型划分的依据主要为该絮凝剂分子量大小和电荷密度。在絮凝剂的应用过程中，常常结合图33-3与图33-1来确定不同应用要求下的絮凝剂类型。

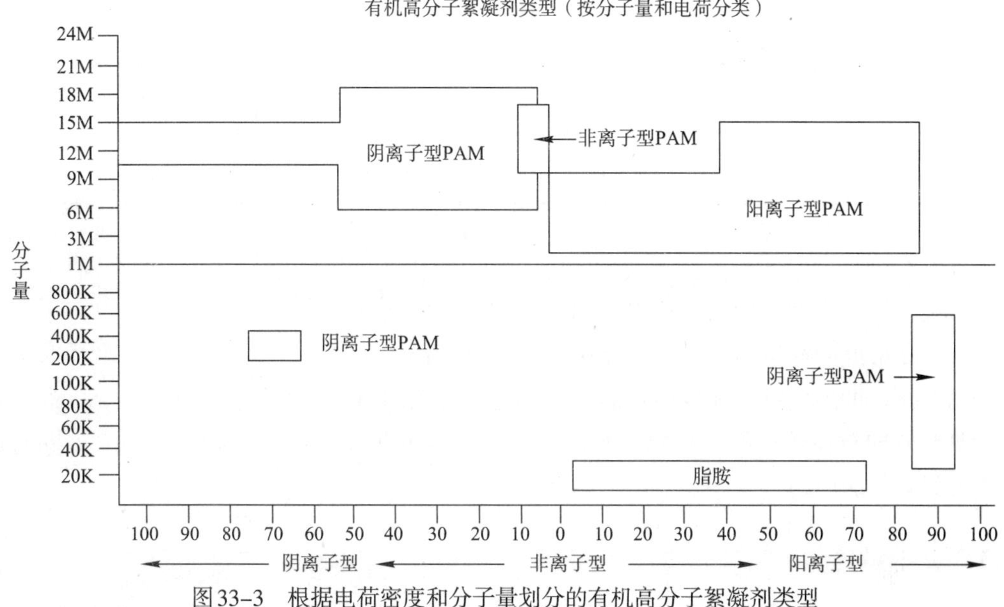

图33-3　根据电荷密度和分子量划分的有机高分子絮凝剂类型

33.5.3 电荷（类型）

有机高分子絮凝剂按照其所带的电荷类型主要可分为以下3类：阴离子型（带负电荷）、阳离子型（带正电荷）和非离子型（不带电荷），分别适用于不同的固液分离应用场合。在污泥脱水工序之前对污泥进行调质所用的有机高分子絮凝剂主要为带正电荷的阳离子聚丙烯酰胺。聚丙烯酰胺（PAM）的生产量较大，根据聚合过程中阳离子单体和丙烯酰胺单体的不同配比的调整，能够生产出各种不同电荷密度的聚丙烯酰胺絮凝剂（PAM）。

阳离子聚丙烯酰胺絮凝剂（PAMs）的生产制备可以通过将带丙烯酰胺单体和带正电荷的阳离子单体进行聚合得到，也可以通过聚合过程中将丙烯酰胺单体进行改性而得到。后一种方法是将甲醛和二甲胺与丙烯酰胺单体进行反应，产生胺甲基化聚丙烯酰胺，这一反应过程最早由Mannich发现，故称为Mannich反应，各种不同阳离子单体可以按不同摩尔比例结合在PAM骨架中，从而会产生各种不同的阳离子电荷密度。丙烯酰胺单体和阳离子单体的典型摩尔比通常采用80：20，60：40和45：55。相对于摩尔比而言，阳离子单体的分子量比不带电荷的丙烯酰胺单体的分子量要大一些。这些阳离子单体的化学结构和命名可以在水环境研究基金会（WERF）（佛杰尼亚州，亚历山大市）出版的《污水处理厂絮凝剂选择指南手册》（WERE，1993）中找到。

33.5.4 电荷密度

由于目前对有机高分子絮凝剂的电荷密度尚无通用标准，所以不同厂家生产的产品电荷密度的具体数值可能存在一定差异。表33-1中关于有机高分子絮凝剂相对电荷密度所对应的电荷密度范围可作为常用行业参考标准。

电荷密度 表33-1

相对电荷密度	电荷密度（mol %）
很高	> 70%~100%
高	> 40%~70%
中等	> 10%~40%
低	< 10%

对于有机高分子絮凝剂的有效性，除了实验室检测和机械处理过程中的全面评估外，目前尚无其他替代方法，通常用以下方法作为指导原则：

（1）高浓度的初沉污泥更适合使用低电荷产品；

（2）高浓度的生物固体或生物活性污泥更适宜使用高电荷产品；

（3）平均粒径较小的颗粒物、长泥龄污泥和腐败污泥通常聚合物用量更大，同时适宜使用高电荷的产品。

33.5.5 分子量

与电荷密度相似，由于目前对于有机高分子絮凝剂的分子量尚无通用标准可以借鉴，所以不同厂家的产品其分子量的具体数值可能存在一定差异。表33-2中关于有机高分子絮凝剂相对分子量所对应的分子量范围可作为常用行业标准。

有机高分子絮凝剂分子量 表33-2

相对分子量	分子量（百万单位）
很高	> 600~1800
高	> 100~600
中等	> 20~100
低	< 20

有机高分子絮凝剂聚合物链长度的变化可能会导致分子量范围的极大变化，这通常用标准黏度的相关数据来表征。此外，可以通过交联、接枝共聚等化学改性方法来提高有机高分子絮凝剂的性能。

有机高分子絮凝剂的分子量只能进行估算。很多厂商会提供其产品的标准黏度数据，以此间接反映有机高分子絮凝剂的分子量。但遗憾的是，不同化学产品间的标准黏度并无可比性。从另一个方面而言，黏度并不是聚合物成分的一项指标。

总体来说，分子量相对低的有机高分子絮凝剂，其可溶性和黏度也相对较低。对于大多数能在由初沉污泥和剩余活性污泥（WAS）组成的污泥离心脱水过程中发挥重要调质作用的有机高分子絮凝剂，其分子量都处于中等偏高的范围，一般在80~600万单位范围之内，所对应的标准黏度介于0.0025~0.0035Pa · S之间。

33.5.6 聚合物存在形式、贮存和处理

阳离子有机高分子聚丙烯酰胺絮凝剂（PAMs）主要有以下3种存在形式，通常作为

城市污水污泥浓缩和脱水过程中的调质剂。

（1）固状聚丙烯酰胺（DPAM）；

（2）乳状聚丙烯酰胺（EPAM）；

（3）聚丙烯酰胺溶液（SPAM），也称液体聚丙烯酰胺。

此外还有第四种形态，即凝胶材料，但在废水处理过程中并不常用。

影响絮凝剂种类选择和最优参数确定的主要决定因素如下：

（1）经济成本；

（2）纯净产品的贮存和处理；

（3）聚合物效能下降、设备老化和供给能力；

（4）对工作人员的安全性。

1. 固状聚丙烯酰胺（DPAM）

固体粉末状聚丙烯酰胺（DPAM）主要有颗粒状、片状和珠状。DPAM的性状会影响其贮存和处理，因为不同性状的DPAM其吸水能力、流动性及含水率等性能参数均不同。固体粉末状聚丙烯酰胺（DPAM）在进行有效防潮的情况下，其有效期通常都大于1年。大多数厂家建议DPAM的贮存时间最多不超过1年。

据报道，DPAM并不是全部组分都有效，其有效组分一般为88%~96%，剩余组分一般为水分和惰性盐分。因此，DPAM的运输费用以有效组分计较为经济。在许多情况下，在DPAM中添加适量盐分能有效提高产品贮存时间和流动性。因此，单纯的DPAM重量这一参数并不能有效反映其活性成分。

有机高分子絮凝剂的有效成分是其使用过程中的重要影响因素。每一种絮凝剂在其使用过程中都需要加水溶解，这一过程中要防止其结块和凝胶。在絮凝剂的溶解过程中，如发生凝胶或白点等不正确的溶解形式将会使絮凝剂无法使用，并造成浪费。

固状聚丙烯酰胺（DPAMs）的储存和处理必须进行认真考虑。在DPAM产品储存和配置过程中必须保证储存场所的干燥，因为潮湿的环境中水分较多，会造成DPAM结块，并使传送设备产生问题。除防潮外，还得控制储存场所的粉尘，工作人员必须戴防尘口罩。有经验表明，某些DPAM产品的产尘量较其他产品多。

片状DPAM必须是包装好的，另外在使用和处置过程中必须迅速清扫或进行气力输送。潮湿的环境和水分会使DPAM存在一定危害，形成凝胶，变得黏滑，因此要严格避免。

要向厂家咨询DPAM的储存和处理方法、产品防潮、抑尘措施，产品使用过程中配置浓度及保洁方面的意见和建议。

2. PAM乳浊液（EPAMs）

PAM乳浊液/分散液（EPAMs）是奶白状液体，尽管有些被称作乳浊液或分散液，因具有较小的颗粒尺寸，也是清透的。液体状的PAM乳浊液易于提供高浓度的活性聚合物产品，一般来说，EPAMs中的有效成分可达25%~60%。

在一般条件下，PAM乳浊液（EPAMs）的保存之间通常不超过半年，置放在冰箱中时保存时间可适当延长。由于乳浊液从通常意义上来讲分为油相和水相，因此PAM乳浊液（EPAMs）也存在固液分离或分层的可能性。为保证储存容器内EPAMs浓度的均匀性，必要时可在使用前适当摇匀。PAM乳浊液（EPAMs）厂商会提供保持容器内EPAMs浓度均匀的方法和建议，同时还会提供搅拌器，以方便对储存容器内的乳浊液进行搅拌，防止结块或沉淀。

在乳浊液中，有机高分子絮凝剂实际上是包含在疏水液滴中的，在乳化剂或表面活性剂的作用下保持稳定。同时，添加乳化剂和表面活性剂也有助于有机聚合物的配置和使用。但是，这一过程中使用的乳化剂和表面活性剂及其外包装却额外增加了处理费用。

PAM乳浊液（EPAM）一般由大罐、中型罐或可回收罐进行运输和贮存。EPAM也可以储存在208L的钢化或纤维桶内，由于这是一个封闭的系统，所以使用过程中需要利用管道或软管。有机高分子絮凝剂的制备和使用通常是方便和可靠的，众多厂家提供的包装好的产品都具有良好的性能。由于EPAM黏度较大，且较易变化，因此会影响泵的能力和校准性能。这就意味着当使用的EPAM产品发生变化时一定要对泵重新进行校准。

当系统中含有EPAM的管路、软管或其他设备需要进行拆解时，必须使用轻质机油（如SAE 10–30）来去除残余的聚合物，而不能用水来冲洗，因为用水清洗的话可能会使残余的聚合物形成黏性凝胶。

另外，一旦发生泄漏应迅速进行控制，应随时备好大量黏土类吸附剂。目前，在市场上有大量的商业清洁剂用于清除泄漏的和移动带清洗过程中产生的EPAM，EPAM生产厂商会提供清洁剂的建议清单。在清洁过程中不能使用水，且清洁后不能排入排水系统，因为这可能会导致地面和排水系统变滑，或者会生成大块凝胶。

在使用一种EPAM产品之前，应当向生产厂商咨询其产品的混合均匀性、储存条件和产品稳定性、产品黏度和对泵的影响，产品浓度和使用、清洁注意事项等。

3. PAM溶液（SPAM）

SPAM如其名所示，是PAM的水溶液，呈透明或半透明状，黏度较高，有点像凝胶状糖浆。SPAM产品也被称为液体PAM，或以该化学过程的发现者Mannichs的名字命名。液体PAM分子量巨大，其活性成分约占3%~8%。纯净的SPAM可能含有惰性盐成分或稀释剂，因此溶液中固体含量并不能真实反映PAM的有效活性成分。

由于液体PAM浓度较低，因此他们通常是用大桶包装出售，因此使用者必须得拥有较大的仓库容积对其进行储存，储存时间最好少于1个月或更短，但也有厂商建议储存时间可达3个月或更久。相对其他产品而言，液体PAM更易被微生物分解或进行化学转化，且在其储存过程中，液体PAM会继续进行反应，增加产品黏度，甚至形成凝胶。轻则会影响泵的性能和产品的使用，重则需对整个储存罐进行清理，里面的产品也不得不丢弃。

SPAM的大容积储存和处理相对而言更为方便，通常是在密闭的系统中进行的，但有时候泵的泵取能力并不能满足输送SPAM的要求。因为传统的絮凝剂都是固状的或是乳浊状的，溶液PAM并不十分常见，通常是将PAM用水稀释至所需浓度，进行充分搅拌后得到所需产品。

液体PAM的活性成分其浓度一般较低，通常为5%或更低，这无疑会增加运输成本。当SPAM的运输距离超过400km时，其产品的使用通常就是不经济的。

一旦SPAM发生泄漏，应当用合适的吸附剂进行吸附处理。目前，在市场上有大量的商业清洁剂用于清除泄漏的和移动带清洗过程中产生的SPAM。在清洁过程中要注意不能使用水，且清洁后不能排入排水系统，因为这可能会导致地面和排水系统变滑，或者会生成大块凝胶。

在使用一种SPAM产品之前，应当向生产厂商咨询其产品的储存条件和产品稳定性、产品黏度和对泵的影响、产品浓度和使用、清洁注意事项等。

33.5.7 常规安全防护

在使用任何一种PAM产品之前都要认真阅读产品说明书和使用过程中相关的安全防护措施。总体来说，污泥脱水过程中使用的PAM毒性并不太大，但最好还是避免直接和人体接触。至于PAM使用过程中产生的安全问题主要为润湿时的打滑和干燥时产生的粉尘。当然，除了做好防滑措施外，工作人员也应注意避免PAM粉尘进入人的眼、鼻和嘴中。一旦PAM粉尘进入人体任何一个潮湿的部位，就会变黏、变滑，难以冲洗掉。因此，在PAM扬尘量较大的工作场所，工作人员应尽量佩戴面具、口罩、隔离服等防护装备。

PAM粉尘遇到水分是非常危险的。当地面上有少量PAM粉尘时，如果所穿的鞋为湿的，那也可能摔倒。与此相似的是，当PAM粉尘迁移、积聚在某一地方时，可能需要数月时间才能自行消失。因此PAM粉尘应该被完全吸附、真空扫除或清理掉，以防造成打滑等危害。

类似的打滑也可能发生在液体PAM、乳浊液PAM泄漏或在运输液态PAM的过程中。当液体PAM絮凝剂变干后，其危害性则相对较小，但是一旦其重新变湿则又会产生打滑的危险。液体PAM的清理工作相对较为困难，且清理工作必须进行彻底，在清理过程中可以使用吸附剂，另外蒸汽清洗也是较为有效的方法。在清理过程中适当添加岩盐或漂白剂（次氯酸钠）有助于破坏絮凝剂之间的架桥作用，便于后续清洗。目前，市场上有大量的商业清洁剂用于清除泄漏的和移动带清洗过程中产生的PAM。任何残留的PAM当遇到水时又会重新被润湿，并可能产生打滑危险。

对于PAM泄漏和产生粉尘的最好防护措施是预防，相对于控制和清理工作而言，预防更为简捷有效。

33.5.8 聚合物特性和质量控制

根据产品范畴、类型和形式，以下列出了聚合物储存条件、泵取要求和潜在危害方面的产品特性标准：

（1）总固体含量（%）；

（2）产品密度；

（3）黏度；

（4）闪点；

（5）凝固点；

（6）储存时间等。

产品特性还应包括相关的质量控制边界条件或者是厂商的生产条件的变化，这些条件的任何一个变化都会对产品的储存和性能产生较大影响，从而影响脱水处理工艺。这些条件分别为：

（1）聚合物活性成分（%）；

（2）电荷密度（摩尔比）；

（3）标准黏度（赫兹）。

1. 聚合物活性成分

聚合物的活性成分应通过终端用户的总固体含量指标来获得。当然，终端用户应从厂家那里获得产品的质量控制能力，应能识别每一个装运聚合物产品的有效成分，并形成产品有效成分的最小和最大值范围。

活性成分含量是评价某种聚合物脱水性能的具体指标。活性成分含量是聚合物中总固体含量减去惰性固体含量的那部分，其中惰性成分对污泥脱水性能无显著影响。确定某种聚合物活性成分的主要方法为溶剂提取法，遗憾的是目前还没有工业应用的标准方法。应该审慎地向厂家索要一份该聚合物活性成分提取过程及提取物的报告，同时进行现场检查和交付。

2. 电荷密度

同样，应该通过终端用户获得阳离子电荷密度的相关数据。阳离子电荷密度应该以阳离子百分含量等量化指标来进行衡量和评价，而不是用低、中、高等阳离子相对电荷密度等指标来衡量和评价。此外，终端用户应从厂家那里获得产品的质量控制能力，应能识别每一个装运聚合物产品的有效成分，并形成产品电荷密度的最小和最大值范围。电荷密度表征了聚合物交联骨架中正电荷所占的比例。对于某一阳离子聚合物，在其污泥浓缩等工程运用中，如果电荷密度低于某一水平，则达到统一浓缩效能所需的聚合物含量就会相应增加。因此，对于某一在现场调试过程中被选定的最佳絮凝剂，确定其最小电荷密度和实际电荷密度至关重要，以此获得投标信息和资料。

3. 标准黏度

对于终端用户来说，表示聚合物相对分子量的标准黏度也是一项重要的参数。标准黏度可以作为分子量大小的替代表征参数。

标准黏度与聚合物的主体粘度或者纯品黏度不同。主体黏度主要用于纯产品，决定了泵的工作程序、流量及相关的设备要求。标准黏度可用来反映各种不同浓度的纯品聚合物的性质，能有效表征聚合物的分子量。对于标准黏度，由于没有工业应用的标准分析方法，因此要向厂家索取分析方法的复印件。

33.5.9 聚合物配制

现在能同时、高效配置干粉固体状和乳浊状聚合物的应用系统已经问世，其信息可以从设备厂商和聚合物厂家那里获得。但遗憾的是，在没有重新经过工程设计的情况下，绝大多数污水处理厂只能有效使用一种形式的聚合物，而不能有效利用其他形式的聚合物。人们都希望获得聚合物使用形式灵活转化的工艺系统和相关设备，因为在将来的工程应用中难以预测哪种聚合物是最有效的。好在目前许多聚合物配制系统都具备同时配制干粉固体状、乳浊状和液状聚合物的能力。

为了真正达到高效配制，一个通用的配制系统必须包括合适的辅助设备，例如计量泵和储存罐，以便能应对聚合物浓度、体积及流量的变化。因此，上述这种通用的配制系统就变得格外昂贵，难以推广利用。对于干粉固体状聚合物和乳浊液产品配置系统的设备安装，需要综合考虑价格和其价值再做决定。有时候正在使用的产品的形式决定了需要安装的配制系统，同时某些辅助设备的内置功能也阻碍了产品从一种形式转化为另外一种形式。

因此，配制系统设备选型应综合考虑以下因素：

（1）纯产品的储存和处理；

（2）个人防护和人员安全；

（3）配制功能和空间限制；

（4）便利性；

（5）脱水性能和经济指标；

（6）聚合物市场的变化和竞争格局；

（7）污泥变化的可能性；

（8）对未来应用工艺的预测。

对于配置制统设备选型和所采用的聚合物的形式应综合考虑上述因素后再做决定。

每一个聚合物配制系统至少应包括配制设备和一个单独的搅动储罐，以便供给脱水工艺中的聚合物稀释溶液。储罐体积应能满足脱水过程中至少1h的聚合物最大用量，通过温和搅拌，可提供至少30min的有效熟化时间。储罐中应安装带刻度的透明观察管以监测聚合物溶液的水平面。

在将聚合物溶液从配制单元转移到储罐的过程中，可以使用低扬程泵来进行一次性转移。旋转齿轮泵和螺杆泵在聚合物溶液转移到脱水单元的计量过程中是更好的选择。切入式流量计在聚合物供给泵中的应用较为广泛，每个计量泵应配置一个大小合适的校准缸，以保证聚合物供给速率的准确性。为克服系统的阻力和确保固体粉状聚合物喷射器的正常运行，通常计量泵的运转需要较大的水压（至少280kPa）和流量。

1. 干粉PAM

对于干燥的PAM而言，应特别注意防潮，确保其干燥性。在干粉状PAM的配制系统和其配制过程中，应对其供给速率进行控制，确保所有颗粒都能润湿并形成均匀的PAM稀释液，防止其结块、凝胶和形成白斑。

一般而言，阳离子干粉PAM配置成聚合物溶液时，其浓度一般为0.1%~0.5%，市场上提供的PAM溶液浓度一般为0.2%。被稀释后的PAM溶液在进入脱水系统之前应通过低速搅拌机（400~500r/min）至少搅拌30min，以确保其熟化以及聚合物分子结构的展开。当PAM溶液的浓度较高或水温较低时，可能需要更长的熟化搅拌时间。

2. PAM乳浊液

在长时间静置后，聚合物乳浊液可能会分层。因此PAM乳浊液使用前应先检查其是否均匀，必要时应进行搅拌。

PAM乳浊液在使用之前应进行有效活化。第一步是反转，这一过程相对较快。在反转过程中，制备系统应输入较大的功率，使乳浊液形成湍流或剪切流，以使PAM从疏水相转移到亲水相。第二步是熟化，此过程大约需要30min，在此期间进行静态搅拌混合，以确保聚合物结构彻底打开，使熟化过程有效进行。

有些乳浊液PAM无需熟化就能具备较好的脱水效果，另外也有些设备生产商声称他们的配制系统十分高效以致无需熟化工序。然而，大多数人还是建议在所有的配制系统中都进行熟化，以灵活应对各种产品。

市场上供应商提供的阳离子乳浊液PAM的浓度一般为0.5%~2.0%，其活性成分一般为0.2%。对于乳浊液PAM而言，其储罐容积应能满足至少1h的最大使用量。

3. 聚合物降解

对PAM稀溶液进行强烈搅拌、泵取，由此造成的剪切力会降低其分子量，并增加PAM的用量。同时PAM在使用过程中，温度最好不要超过50℃。在PAM的配制过程中，稀释水的质量至关重要，如果水中的悬浮固体和溶解性固体含量较高，那么所需要的PAM的用量也会相应增大。另外，在配制过程中还应检查水的pH，确保其在中性范围内。

在城市污水处理厂污泥脱水过程中，阳离子絮凝剂的有效pH范围通常为6.5~7.5，但是当pH值超过这个范围时往往会造成聚合物的降解。例如在液体PAM（SPAM）的Mannich反应中，当pH值为7.5或超过该值时，通常会造成PAM自身分解，从而会形成有气味的胺类物质。另外还有其他一些物质如硫化物、硫化氢、酚和氯化物等也会干扰阳离子聚合物的性能，使其用量超过常规用量。PAM配制系统的相关信息如材料的结构、配制流程、泵和阀的规格、PAM供应商以及有代表性的配制系统厂商等，读者可参阅《城市污水处理厂设计》（WEF, 1998）一书。

33.5.10 污泥调质

关于有机高分子聚合物，应反复强调其在生产性操作中对真实污泥调质效果的性能评估。在污泥带式过滤浓缩和离心浓缩过程中，如果没有用有机高分子聚合物进行有效调质，也会影响脱水过程的有效性。

在调质过程中必须确保所投加的聚合物和每一个污泥颗粒都能良好接触，以使絮凝剂PAM能够捕捉到每一个颗粒，从而形成絮体颗粒。污泥颗粒和聚合物之间的相互结合和聚合主要受混合过程中三个因素的影响，分别为化学药剂的投加顺序、搅拌混合强度和搅拌混合时间。这三个因素的主要作用是使得高粘度的PAM溶液能够很好地分散到黏度本身就很高的污泥中，从而有效提高PAM和污泥颗粒接触、聚合的性能。

上述污泥调质过程可以分为两个步骤，第一个步骤为电性中和或脱稳，即消除污泥颗粒表面的负电荷，该过程反应较为迅速；第二个步骤为网捕絮凝或架桥，该步骤发生在电性中和阶段后几秒钟，该过程主要是在有机高分子絮凝剂PAM的作用下将各分散的污泥颗粒聚集在一起，形成污泥絮体或凝胶。

因此，PAM溶液有效分散到污泥中应尽量做到快速、剧烈搅拌或混合，而在接下来的絮凝和架桥阶段应尽量做到慢速搅拌混合，时间也应相对延长。当然，絮凝和架桥阶段的搅拌混合强度不应过于强烈，以免将形成的污泥絮体打碎。

目前有很多方法可以用于强化污泥和聚合物的絮凝过程。最简单实用的方法是在PAM溶液中加入稀释水，降低其黏度，从而使其在与污泥的絮凝过程中提供更为有效的接触和混合。对于设计良好、大小合适的絮凝池和良好的给料泵而言，对PAM溶液进行稀释并不是一个有效的可供选择的方法。计量泵通常用于控制稀释水的水量，稀释水的压力和体积必须保持不变，以防止聚合物用量的波动和系统压力的下降。在PAM溶液和污泥接触絮凝之前，应对稀释水和聚合物进行充分的在线搅拌和混合。

目前常用的方法是要求脱水设备制造商在污泥流中加设3个以上的PAM投加点。在离心脱水系统中，最后的投加点通常设在离心系统泥线管路尾端已经存在的污泥注入管中。其他的点通常设在该点上方9.1~15m之间，从而为污泥和PAM的聚合提供更为充足的反应时间。

在带式压滤机中，通过机械装置来完成聚合物的投加，可以达到相同的效果。通常建议加设一个由手动调整控制的组合蝶阀PAM溶液注入环。这种方法简洁易行，故障率低，在带式压滤机系统中较为常用，但是在离心脱水系统中较少使用。在离心脱水中使用较少的原因也只是从原理上推测其不可行，但是这并没有在工程上加以试用证实。

静态混合器通常用于聚合物和污泥的混合。电机动态混合能够提供可变能量的污泥-聚合物流，这也已经得到商业应用，但由于其运行成本高，现在暂未得以推广

33.5.11 脱水性能优化

在污泥的脱水过程中，性能优化要在经济承受能力范围之内，其中，有4个主要经济因素影响了污泥脱水性能，它们分别是：

（1）聚合物耗费（聚合物用量乘以单位价格）；

（2）污泥处理成本和后续处理工艺费用（取决于脱水污泥含固率）；

（3）污泥回收的费用（取决于污泥捕获率）；

（4）处理负荷（进泥速率）。

对于污水处理厂工作人员来说，能正确理解脱水过程中的相关成本因素并能迅速根据实时数据计算出运行费用是至关重要的。假如操作人员不具备分析进泥含固率（%）、脱水浓缩污泥含固率（%）、捕获率（%）和聚合物用量等实时数据的能力，那么就无法维持系统的最优性能。由于浓缩污泥含固率、进泥含固率、回收液的悬浮固体浓度等实验室数据的获得需要24h，因此操作人员不能立即得到相关信息并进行有效调整。

同样，对操作人员来说，进泥、循环回收液（过滤液/浓缩液）和脱水污泥的取样点设置的便利性也是十分重要的。 当然，除了采集循环回收液（浓缩液）样品，没有必要下到底部采集进泥样品或在不同水平面上采集脱水污泥样品。在理想状态下，当管线畅通时，操作人员可以看到浓缩液/过滤液的排水过程。

1. 聚合物成本

简而言之，污泥脱水过程中聚合物的成本计算为单位污泥处理时所需要的聚合物的

用量乘以其单价。聚合物用量通常取决于标准条件下的正式聚合物评价。这将会在后续的章节“聚合物的有效评价和产品选择大纲”中进行详细阐述。

2. 脱水污泥处置以及后续工艺成本

脱水污泥的处置以及后续工艺成本主要为脱水过程中所形成的污泥泥饼的处理成本，如焚烧、运输和填埋费用。在需要进一步处理以回用时，例如需要进行堆肥或石灰稳定时，除了上述费用外，还需加上运输和土地利用过程中产生的费用。从更为广义上来讲，污泥处理处置的费用大体可分为聚合物成本和后续处置费用。如果污水处理厂的监控和数据采集系统（SCADA）不能自动计算和显示上述单位质量污泥的处理费用，那么操作人员就无从得知他们是否是基于最低费用运行。

3. 污泥回流（捕获）成本

在处理工艺中将回收污泥回流至流程前端也是一笔较大的费用。遗憾的是，大多数的污水处理厂都没有意识到这个过程消耗的费用。对于回流污泥的成本进行简单有效估算的方法是参照含有较多悬浮固体（SS）的工业污水进厂收费标准。或者，污水处理厂的预算也可根据悬浮固体量（SS）和生化需氧量（BOD）进行划分。上述两种方法是处理循环回流液中悬浮固体的比较合适和有代表性的成本估算方法。大多数污水处理厂将回流作为故障处理时的旁路，要求达到95%的回流率。他们将这一分配系数值作为操作过程的标准参数，并随后按此标准进行操作调整。

4. 污泥通量（进泥速率）

污泥通量或进泥速率作为污泥脱水系统中与总体运行成本相关的参数通常被人们所忽视。大多数的参考资料将此参数视为设备设计参数。污泥脱水设备都有指定的污泥通量，该参数主要受水力负荷（体积负荷）或受单位时间内污泥负荷的影响（对于带式压滤机而言为“m/h”）。对有效的过程控制而言，操作人员应清楚单位时间内的污泥质量负荷，主要指标为每小时干污泥质量，相应地，操作人员必须能获得关于水力负荷（流量）和污泥浓度等相关参数的实时数据。污泥通量随被脱水污泥性质的变化而变化。关于各种不同污泥通量的特定数据请参阅《废水处理工程规范手册》以及美国水环境协会（WEF）的相关出版物。一般而言，初沉污泥的污泥通量最高，剩余活性污泥其消化污泥的污泥通量最低，初沉污泥和剩余活性污泥（或消化后的剩余活性污泥）的混合物处于中间水平。遗憾的是，污泥脱水设备的能力通常受以下因素的影响：

（1）设备的内在设计；

（2）设备的设置和运行方式；

（3）污泥类型和污泥质量；

（4）污泥和聚合物之间的反应程度。

从设备运行角度而言，显而易见的是当设备在最大通量条件下运行时是最经济的，同时还能得到令人满意的脱水污泥含固率和污泥捕获率。同样在最大通量条件下运行有利于降低电耗、劳力以及运行维护费用，从而大大提高其运行经济性。但是直观上的评价并不能准确表达经济性的提高，为获得更为科学的经济性指标还需对运行过程中的相关数据加以评价。

然而，许多污水处理厂脱水过程中污泥通量的确立都是依据后续工艺的处理能力或者是为了满足外运能力而定的。另一个影响污泥通量的指标是个人完成其作业工序所需要的时间。但有时候需要多台机器在低于最大污泥通量条件下同时运行，而在高通量条件下可能只要相对少的机器数就可完成相应体积的脱水任务，这可节省电耗和设备损耗。

众所周知，某一脱水设备的最佳通量可能受多方面因素的影响，因此污水处理厂操作人员应花费相当的时间和精力来调整各项参数使脱水设备性能达到最优。一旦最佳性能参数得以确立，操作人员就应进行系统培训以确保脱水设备在最佳污泥通量和最佳性能条件下工作，同时降低电耗、设备损耗、劳动力和设备维护等相关运行费用。

33.5.12 自动化

污泥最佳脱水性能管理和聚合物优化管理控制系统因传感器、控制器和相关软件等自动控制系统的快速发展而应运而生。污泥脱水系统最成功的做法是将设备、安装参数及其应用进行综合考虑。污泥脱水自动化并非只是一个盒子中的传感器。操作人员还应经常进行必要的例行维护，例如探头清洗和校正，总的来说不会花费太多时间。自动化控制能使污水处理厂脱水单元的污泥通量变化较为平稳。

欧洲废水协会（WERF和STOWA）目前正在致力于污泥脱水过程自动控制这一项研究，另外污水处理厂本身现在也与自动化工程咨询顾问进行合作，努力推广自动化设备和系统在该领域的应用。现在已有诸多出版物对污泥脱水操作的自动化运行进行了较为详细的介绍。

33.5.13 聚合物的选择

在污泥脱水工程中，选择最有效的聚合物对于大多数操作人员和工程师来说都是一项既耗时间又耗精力的工作。即使经验丰富的操作人员和工程师在谈及污泥脱水过程中的聚合物选择和评价时都心存畏惧。本章将简述有效评价聚合物的成功经验、建议和失败教训。

一般来讲，对聚合物产品的选择过程，市政公用管理部门一般采取产品评价和竞争性招投标两种方式相结合的方法，这主要是为了区分标准条件下不同产品间的性价比。但遗憾的是，这些评价的结论往往还是会误致人们选择不合适或效果不理想的聚合物。在现有城市污水处理厂污泥调质过程中约有30%的污水处理厂（约5600亿美元）存在聚合物使用过量或选择不当的问题。

更有甚者，对于传统的聚合物产品评价来说，评价周围都很长，有时往往超过4~6周。而且在这一个完整的评价过程中光内部人员所需的费用就超过6000~10000美元。开展评价工作的污水处理厂将会免费使用聚合物的说法也是有误导性的，只不过对聚合物进行打折而已。

这些关于聚合物性价比的评价通常包含较大的缺陷和片面性，只是对某些特定的产品进行了评估。聚合物的性价比往往会受到其辅助因素的影响，这有可能比其实际性能影响更大。这些因素主要为：

（1）评价过程中的试验条件；

（2）评价过程中的试验管理。

上述关于聚合物选择的两个步骤主要是为了区分标准条件下每种产品的性价比。此处需要强调的是，标准条件对于聚合物产品的有效评价至关重要。标准化的实验条件就意味着在产品的整个评价过程中，污泥性质必须保持一致，因此，4~6周甚至更长的评价周期难以保持污泥的一致性，这对评价结果影响很大。如老办法中“污泥即为污泥”不能有效对正式产品的性价比进行评价。评价过程中2月17日（星期一）的受试污泥和3周后，即4月7日（星期五）的受试污泥的性质差异相差较大，而对许多市政公用管理部门来说，在其对正式产品进行评价的过程中却经常存在延期现象，往往在第一周进行某种产品的试验和评价，而在第三周甚至第五周进行另外一种产品的试验和评价。有些市政公用管理部门用衰亡污泥作为聚合物产品评价的受试污泥，然后再将依据评价结果筛选出来的聚合物应用到其他污水处理厂，这就很难确保评价结果的可靠性和聚合物产品的有效性。

评价试验条件主要包括污泥性质和设备参数的一致性，这主要是受操作人员的控制。关于标准化条件有许多相关的细节问题，都十分便于管理，其中最主要的影响因素为缩短评价周期。具有竞争力的产品的评价时间可缩短至8h，一周可以评估5种聚合物产品。

关于试验过程中的试验管理，存在许多除了聚合物产品本身以外的影响脱水性能的其他因素，这些辅助影响因素必须消除。一般来说，市政公用管理部门要求参加产品性能正式评估的聚合物厂家都要对自己产品的性能评价有既定的兴趣，这至少会影响不同公司或供销人员的评估试验技术，更有甚者，参加评估的供应商或厂家可能会篡改受试样品的成分和其浓度及剂量的分析报告。

另一个影响试验管理问题的影响因素为试验设计或规程。特别是影响产品性能的随时间变化参数的平均值确定在很大程度上受到评估试验人员的影响。试验结果的平均值自身不会影响或优化聚合物产品的性能，这仅仅是销售人员或市政公用事业工作人员在试验调整和管理上的反应。更为糟糕的情况是产品剂量的变化，这取决于累加器在特定时间内的读数。这些关于试验设计的类型尤其受试验人员的影响，因此会导致评价结果的不可靠，当相应的聚合物产品应用到具体工程中时，这些评价结果不能重现，更有甚者，聚合物类型或种类的选择也会经常出错。

聚合物评价目的不是为了区分不同的公司或销售、试验和管理人员，而单单是为了区分聚合物产品本身的性能。在产品的正式评估过程中，各受试产品的厂家或供货商和市政公用事业管理部门之间存在着明显的利益冲突。供货商希望在评价过程中其产品的最佳性能能充分发挥，从而区分其与其他产品之间的性能差异，而市政公用管理部门则希望能有效执行标准条件使各产品的性能能得以充分显现。此外，欧洲废水协会（WERF）出版的《废水处理过程中聚合物选择指导手册》（WERF，1993）一书认为存在这种利益冲突的原因是“产品供应商希望在评价过程中推广自己的产品，从而提高其销售量。”

33.5.14 聚合物产品评价和选型的概要

在市政污泥脱水过程中关于聚合物评价和选型有许多需要注意的细节问题，为了得到更为有效的评价结果和聚合物类型，应注意以下几点：

（1）确定产品性能的标准；确定经济价值。

（2）对所有参评产品，要求在最短的时间内完成试验和评估。当产品供应商推荐大宗产品时，允许其进行较长时间的非正式的实验室试验和现场调试；将产品的正式评估、现场调试周期从4~6周缩短为1周。

（3）规范污泥性质和参数条件。不要在“污泥即为污泥”的概念条件下进行操作。2月17日（星期一）的污泥和4月7日（星期五）的污泥，其性质不具备可比性；在整个评价周期中，确保所有影响污泥性质的变化因素都能全面理解并得到控制。

（4）减少参加正式评估试验的工作人员。产品的正式评价工作由内部工作人员单独进行，如果必要，可配以独立的顾问；尽量减小参加评价试验的工作人员，为其提供全面的培训和书面操作程序，特别是对聚合物配制过程中的校准，以确保聚合物一致性；要阻止产品供应商进入评估试验现场。

（5）规范取样和分析过程，并实时生成表征聚合物性能的相关参数数据。有关进泥含固率、脱水污泥含固率和捕获率等参数的实时分析数据对于操作参数的合理调整至关重要，从而有利于确定聚合物产品的最佳性能和操作范围。假如污水处理厂没有微波炉，建议购置或借用一个。

（6）聚合物产品的评价方式应以评价其真实性能为目的，而不是评价试验条件。确定基于产品用量和脱水效果的曲线，如脱水污泥含固率和聚合物用量的关系曲线；不要根据单次试验数据的平均值来确定产品性能；不要以某种产品在整个试验周期内的用量来确定聚合物剂量参数；不要使用用量累读计。

根据以上建议，污水处理厂操作人员和工程师将会选择出符合产品性能和成本效益的最经济有效的产品，建立由市政公用管理部门确定的相关标准。在日常的操作运行条件下产品性能可以重现。

33.5.15 个案资料

以下几点阐述了导致聚合物评价缺乏有效性的类型，更有甚者，可能会使选取的聚合物种类不合适。

1. 试验条件（污泥和设备管理）

某些大型污泥脱水设备可能会通过大型运输设备（如驳船）从其他污水处理厂转运污泥。而在其他污水处理厂，污泥运输工作可能只是定期从消化池或二级处理单元转运至脱水工序前的湿井或污泥储料池中。这些污泥转运设备的类型必须严格管理和监控，以保证聚合物正式评估过程中污泥的一致性。少量多次的转移方法更有利于保证评价结果的有效性。

2. 污泥的驳船转移

通过驳船转移的污泥含有大量污水污泥残余物，如铝盐或铁盐，对污泥调质过程中所需的电荷和聚合物用量都有显著影响（相对于100%有机物或剩余活性污泥所需的聚合物用量）。这在聚合物正式评估过程中必须严格控制。

3. 污泥厂内转运

通常为满足泵的工作程序和工作人员的工作便利，需要定期将剩余活性污泥（WAS）从单独的处理单元转移至集泥井。假设某污水处理厂集泥井的容量大约为379m^3，在每一次转运工作开始时，转运泵会按常规运行1h，从三个上级单个处理单元转移265m^{3}污泥于集泥井中。上述转运方法在每一次转运作业中从三个不同处理单元转运不同污泥，导致聚合物评价过程中的受试污泥不一致。对于该转运方法，较为有效的管理规程是每次转运作业均从三个不同上级处理单元转运污泥，每个泵的吸泥时间分别控制为20min，以保证集泥井中的污泥量处于较高水平。这种方法能够保证得到的受试污泥为均匀的混合体，确保集泥井中的污泥性质一致，然后再进入脱水单元，从而保证评价结果的有效性。

4. 消化污泥转运管理

消化污泥从消化池转移至集泥井中也会带来潜在的污泥性质的不均匀性。在污水处理厂中，消化污泥的转运工作较为盲目，主要是根据体积进行的，没有考虑污泥性质的一致性、含固率和挥发性。在特别严重的情况下，消化污泥从消化池转运至脱水单元，其平均损耗量可达2.5%~0.5%。

进一步调查显示，消化池内污泥混合不均，转运取样口和运输管路都有可能运行不良。这种情况有时非常严重，对聚合物的评价工作产生极大的不利影响。此外，这种情况也会影响污泥脱水系统日常运行的稳定性，必须及时进行更正。

5. 设备及工艺设计的局限性

在污水处理厂中，聚合物配制和搅拌池的体积都过大。在配制池中，对池子的上部和下部液位高度都进行了控制，使池子的实际工作体积仅为真实体积的三分之一，造成投药频率加大，聚合物活化时间降低。上述过程不会发生在内部控制产品中，但是会对自己配制的替代产品显示出局限性，因此在配制过程中需要降低聚合物浓度。另外，在同一个污水处理厂中，聚合物进料泵的泵送能力有限，因此配制过程中聚合物的浓度也不能太低。因此，工艺设计和设备性能限制了污水处理厂对聚合物有效性的评价，同时也限制了替代产品的的有效评价和处理。

6. 设备限制

在竞争性招标和聚合物种类的选择过程中，产品供应商经常建议不同的聚合物类型应配备或设计不同的工艺设备；同时他们还会主动向污水处理厂提供他们自己的设备，以期在评估试验过程中使用他们的配套设备。但遗憾的是，这种方法使产品评价过程的标准化程序又增添了一项缺乏监控的因素。这些评价是有价值的，但在聚合物正式评估试验中没有太多的时间来对不经常在这些设备中使用的聚合物产品进行评价。大多数的污水处理厂目前均有较为开放的政策，乐意接受供应商的建议并提供产品非正式评估试验的便利，但是由于污水处理厂操作人员还需要关注硬件设备的测试，所以这项工作可能需要一段时间。

7. 试验管理

试验设计或规程通常包括通过累读器来确认聚合物用量或其性能，这些设计类型通常是由评估试验人员进行操作的，这种试验评价方式不能有效决定某一产品的真实性能，而是代表了某一部分工作人员对试验评估和管理的个人偏好。

相对于平均数据而言，聚合物的用量-响应曲线更能有效反映聚合物的性能。用量-响应曲线提供了聚合物性能优化的最直观、有效的指标，也更精确。

8. 实时分析和数据处理

为有效确定聚合物产品的最佳性能，操作者必须对有关指标的实时数据进行及时调整。因为相关的实验室分析检测数据要在24h以后才能得到，所以操作者不能及时有效地调整聚合物用量。如果污水处理厂没有可用的固体含量实时分析仪，供应商会将他们自己的仪器提供出来，以便于产品的正式评价。

9. 试验设计的操作

以下实验结果基于各数据的平均值，在该试验中聚合物的用量由累读器读取。由于这是个典型例子，供应商被允许参加他们自己产品的评估过程，同时被允许在实验全过程中对聚合物的进料速率进行管理和控制。这种特殊的试验证明了试验设计的操作过程将会因某种产品有长期的回报而影响产品的选择。遗憾的是，基于这种方式选择的产品在以后的使用过程中不能重现试验时的性能，从而导致合同期内聚合物预算费用严重超支。

关于试验操作对聚合物评价过程影响的数据　　表33-3

时间	进泥含固率（%）	污泥流量（m^3/d）	聚合物流量（m^3/d）	聚合物泵功率(%)	聚合物用量(g/kg干污泥)	脱水污泥含固率（%）	捕获率（%）
8:30	1.95	392	13	50	10.30	28.77	94.72
9:15	1.87	484	10[c]	50	6.58①	26.44	94.01
10:00	1.88	366	17	50	14.71	27.93	94.02
10:45	1.85	364	6①	50	4.92①	28.79	93.39
11:30	1.87	562	27	50	15.53	26.71	94.01
12:15	1.93	615	18	50	8.82	27.83	94.67
平均值	1.89	464	15	50	10.14①	27.75	94.14
平均投加量（除10:45运行数据）					12.35 22%①		

①数据依据累读器读取

从表33-3的数据可以明显看出，10：45取样时（此处加以突出强调），其污泥进泥含固率和聚合物用量均为最低，聚合物用量约为平均值的50%，然而此时聚合物供给泵的参数设置和其他取样点的设置是一样的。很明显，聚合物供给泵的参数设置不可能在整个试验过程中一直保持不变，因此会产生如上表所示的聚合物用量和流量的巨大变化。

但有意思的是，聚合物用量最少的脱水污泥含固率却最高，这和典型聚合物的性能是不一致的。

从该试验还可以发现，在4.92g/k和6.58g/(kg干污泥)这两个低聚合物用量条件下，脱水单元甚至不能正常运行。上述试验设计和管理是基于累读器计算的聚合物用量和数据平均值而进行的。

图33–4是根据上表中的关于聚合物用量和形成的脱水污泥含固率之间的关系而绘制的曲线。由该图可见，在实验过程中所使用的聚合物的性质并不是一致的。这是将各个数据点用光滑细实线连接起来的曲线图。需要注意的是，这些具体的数据点代表了某种聚合物对污泥的脱水性能（用污泥含固率表征）非常不稳定。图中的虚线表示这些点的对数线性回归分析（趋势线），从图中可以看出，趋势线是往下走的，因此较高的聚合物用量反而会降低所形成的脱水污泥的含固率。该试验中关于聚合物用量和污泥含固率之间的趋势曲线与通常的关于聚合物性能的钟形曲线不符，一般来说聚合物用量的提高会增大污泥含固率。上述试验表明，除了聚合物本身的性能外，其他因素也会对试验结果产生影响。

图33–5为两幅反映聚合物性能的关于聚合物用量和形成的脱水污泥之间的关系的曲线图。与图33–4相同，这两幅图中也是将各个数据点用光滑细实线连接起来的。从这两幅图中可见，聚合物用量的增加均能提高污泥脱水性能（脱水污泥含固率提高）。同样，图中的虚线表示这些点的对数线性回归分析（趋势线），该曲线的形状为典型的钟形曲线，该曲线反映了污泥脱水性能（以脱水污泥含固率表征）随所投加的聚合物量的增加而增加，直至达到最大，当达到最大后，继续投加聚合物用量污泥含固率也难以进一步提高，有时反而会有所下降。

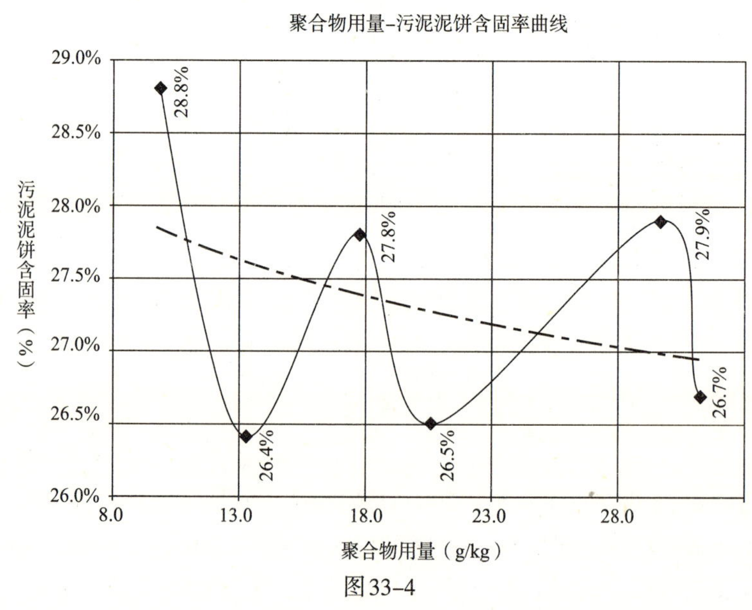

图33–4

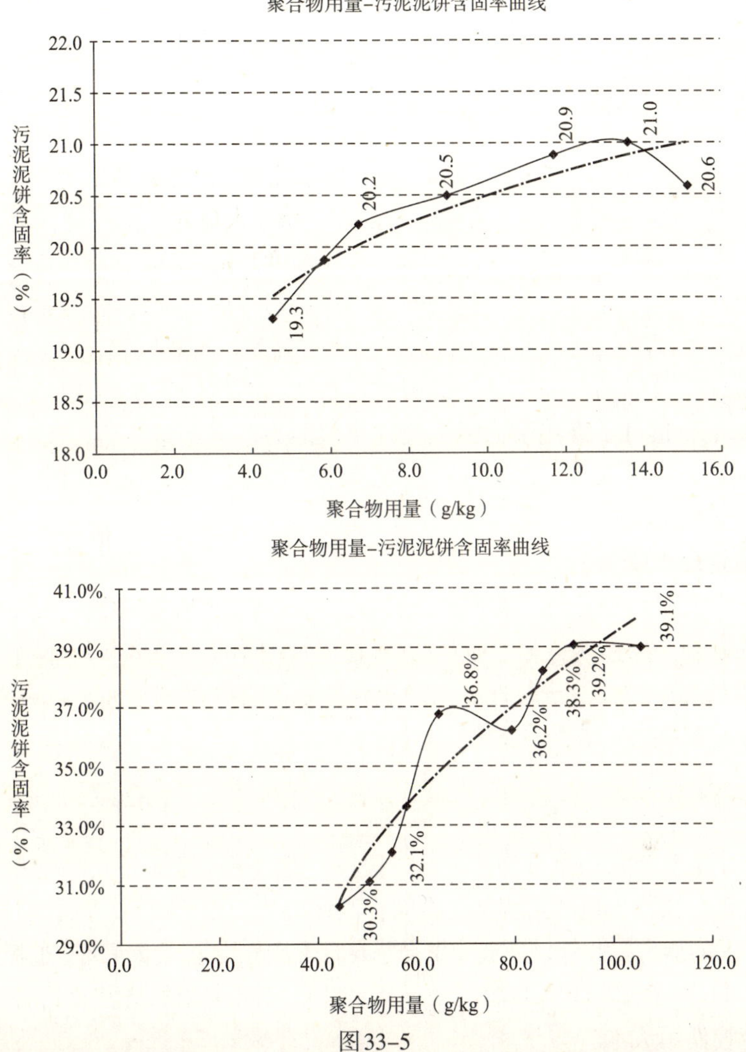

图33–5

10. 试验管理（污泥控制）

现在有一种特殊设计的设备用于直接从消化池或污泥调节池中对污泥进行进样，该消化池或污泥调节池是通过分流槽中的控制阀进行自动控制的。污泥调节池主要起到缓冲作用，以平衡上游产生的污泥量和下游脱水工序的需泥量之间的关系。在聚合物产品的正式评估和试验过程中，污泥只是被单纯的看成污泥。所有的聚合物产品评价试验的受试污泥均来自于污泥调节池，此处储存的污泥大大过量。所有的准供应商都不知道这一规程，只有在污水处理厂允许的情况下才能参与到评价过程中来。在试验过程中，只有当前的供应商才知道这一关于污泥控制阀的规程，使得他们的产品在进行试验时能够利用新鲜的消化污泥。

上述试验结果显示，与当前供应商的产品相比较，对于等量污泥，准供应商的聚合物用量为当前供应商聚合物用量的两倍，其聚合物的活性仅为当前供应商的一半。受试污泥为消化污泥时，聚合物产品的性能经过相互比较以后，准供应商和当前供应商的产品还要针对调节池内的污泥进行进一步性能比较，然后再做出综合评价和决定。

11. 试验管理（取样和分析）

关于聚合物在大型污水处理厂浓缩污泥方面的试验过程，受试污泥取自重力浓缩池，每小时一次以确定聚合物24h之内对浓缩污泥的脱水性能。这些样品是实验室工作人员与受试产品的供应商一起采集的。除了实验评价以外，操作人员通常也在每一次日常操作运行改变之后对污泥进行取样，同时记录相应的污泥层高度变化和潜流污泥泵的连续循环记录。

整体性能评价结果显示，某一受试聚合物产品对浓缩污泥的脱水性能效果最好，形成的脱水污泥的含固率最高，事实上，污泥含固率高到令人难以置信。进一步研究发现，试验过程中有几个夜间的污泥样品在受试聚合物产品的作用下所形成的脱水污泥的含固率异常高，以至于超过了潜流泵的最大设计泵取能力。有意思的是，从取样时间、操作日志和泵的运行记录等来看，浓缩池污泥层厚度均较低，浓缩池底部污泥含量很低，潜流泵实际上处于关闭状态。

12. 试验管理（取样）

在另外一个大型污水处理厂的评估试验中，脱水设备产生的浓缩/过滤循环液通常被操作人员收集起来。操作人员知道循环浓缩/过滤液中不能含有太多固体物质。因此，有特别的操作人员对循环滤液进行回收，静止后使悬浮物漂浮到水面上，再倾倒出表面的悬浮固体，盖好容器盖后送实验室进行分析。

33.5.16 结论

上述典型个案和建议为聚合物的评价过程和类型的筛选提供了有效的保障。通过上述建议，污水处理厂操作人员和工程师能有效提高按市政公用管理部门的标准选择最经济有效的聚合物产品的能力。此外，所选的聚合物在日常操作中也能重现试验过程中的性能。

目前，对每个污水处理厂的污泥处理而言，已有可利用的方法来提高污泥脱水率，同时降低聚合物使用成本。

33.6 自然风干污泥脱水系统

33.6.1 概述

自然风干法是通过自然蒸发、渗透或强制排水等措施以去除水分的污泥脱水方法。污泥进行自然风干之前要先经过好氧或厌氧消化稳定。相对于机械脱水而言，自然风干系统更为简单，便于操作，能耗更低。但另一方面，自然风干脱水系统需要较大的场地，有时候还需要大量的劳动力外运脱水污泥。此外，在冬季以及和雨季，自然干化场的污泥脱水性能将受到严重影响。自然干化法适用于气候温暖、干燥，污水设计负荷小于7500m^3/d的农村污水处理厂。在寒冷或多雨的地区，自然干化法的污泥脱水效率较低，运行时应进行加盖处理，或采用其他的替代方法。此外，自然干化场可能会产生异味，影响周边居民的正常生活环境。当有恶臭气体产生时，自然干化场无疑是一大臭气源。以下是自然干化场的一些基本特征：

（1）污泥自然干化场最简单的做法是在床底铺设沥青或混凝土；

（2）包含不透水性衬垫和底部排水系统的砾石床，砾石床上逐级铺设不同粒径的沙石；

（3）有些干化场种植芦苇，以吸收水分；

（4）绝大多数的自然干化系统都投加聚合物以加速脱水性能（芦苇干化床除外）；

（5）有些干化场设有表面水滗析设施；

（6）有些自然干化系统使用滤料或塑料块，以替代沙土和砾石；

（7）有些系统使用抽真空的办法加快固液分离；

（8）有些系统配备有加热管以加快固液分离。

对自然干化场的低效运行进行改进后可显著提高污泥脱水效果，但同时也大大增加了投资和运行成本。对自然干化场架设玻璃温室虽然能有效避免下雨对脱水性能的影响，但同时也减小了自然风的风干作用，因此该举在雨季较为有效，但在其他时间却会降低脱水性能。在床底铺设排水管虽然能提高脱水率，但管网有可能被重型设备压坏，同时还会增加脱水污泥的清理费用。在污泥床中增加网格能够对重型设备起到支撑作用，但网格的建设费用较高，而且每次排泥时清理工作较为麻烦，投加聚合物能有效提高污泥脱水率，增加污泥负荷，但同时也提高了运行费用和操作难度。

自然风干系统有芦苇干化床和蒸发/排水干化床。所有床体都必须铺设防渗透膜，以防污染地下水，在自然干化系统中绝不允许干化场排水进入地下水系统。

在有些自然干化场中，底部排水层上部往往铺设有沙石层，以防止在脱水污泥清理过程中伤及防渗膜和排水管。脱水后的渗滤液含有较多的生物固体，因此需要循环至污水处理厂进水中。床体周边要设有一定的安全超高，以防雨雪季节发生溢流（图33–6）。

图33–6　春季茂盛的芦苇

33.6.2 自然干化场操作运行原理

该部分主要讲述典型的诸如芦苇床、沙石床、抽真空辅助床、滤料床以及砾石铺床等，所有这些系统都会在长时间的运行之后失效，因此建设多个小的干化床系统比建设一个大的系统更为经济有效。在某些气候条件下，自然干化场的脱水效能有时可能会非常低。对自然干化系统而言，需要大量的污泥储存设备和场所以及相应的污泥最终处置的替代方法。

33.6.3 芦苇干化床

芦苇干化床主要是为了模拟自然生态系统，在该模拟系统中，芦苇除了对生物固体进行稳定外，同时还提供适合蠕虫等其他原生和后生动物生长的环境条件，这些原生和后生动物反过来又对污泥进行分解稳定（Garvey, 2002）。芦苇可以吸收污泥中的水分然后再释放到空气中。芦苇干化床不经意看还以为是自然生态的沼泽地。芦苇床干化床底部铺设有坚韧的膜，膜上覆有沙土、砾石，并设有排水系统。芦苇干化床采用的芦苇一般为旱生芦苇，这可以通过商业渠道进行购买也可以从污水处理厂内挖掘。

图33–6展示了在污泥床上生长的芦苇。经过好氧或厌氧消化稳定的污泥定期不断地泵至芦苇床内，形成约7cm厚的污泥层。在污泥芦苇干化床中，污泥中的水分或被芦苇吸收，或直接蒸发和下渗外排。芦苇的根部如能保持湿润就能生长良好。一个设计良好的排水系统能保证床底保留有一定的水分，以使芦苇根部能充分润湿，而不是将水全部排干。当芦苇干化床中存在其他植物时，这些植物可能会和芦苇竞争水分而抑制芦苇的生长。

在自然脱水干化过程中，有时候可能需要将污水处理厂处理的尾水泵至芦苇干化床。在芦苇床自然干化系统，芦苇的蒸腾作用是脱水过程的一大优势，另外一个优点是污泥在芦苇自然干化床中的停留时间可达6~10年，使得需要进行最终处置的污泥量很低。芦苇干化床的排水需要返回至污水处理厂进水中，但是相对其他脱水系统的滤出液而言，芦苇干化床排出的滤出液水质相对较好，因此对芦苇的生长不会造成太大的影响。污泥是每1~3周分批排到芦苇床床体中的，厚度约为7~15cm。在每一个生长季节结束后，芦苇都能大量收获，如图33–6所示。在某些地方，收割后的芦苇可耙至芦苇床边上进行焚烧，或者清理后将其剁碎后进行堆肥或填埋处理。

遗憾的是，有报告表明，大家对芦苇进行回收后再进行资源化利用的兴趣和需求普遍不大。若干年以后，当芦苇床的污泥深度达到1m左右时，顶部的78%~80%需要清理掉，脱水处理的周期又重新开始。收获的芦苇通常进行土地利用，因为在沼泽湿地中，芦苇的竞争力不如其他植物，因此在农业生产系统中对芦苇进行资源化利用问题不大。有些操作者可以定向筛选出芦苇品种，产生更高等级的收获产品。芦苇干化床几乎是一个自动运行的脱水系统，与其他后文将要介绍的脱水系统相比，具有投资运行费用低，占地面积省等优点。

33.6.4 沙石床

20世纪伊始，沙石床就已经是废水处理领域公认的技术。沙石床的污泥脱水作用主要表现在滗析、自由水的重力排除以及蒸发作用，直至达到所期望的污泥浓度。图33–7描述了典型沙石床的构造。总体来说，只有经稳定后的污泥才适合进行自然干化脱水。沙石床与芦苇床的构造非常相似，唯一的区别是沙石床的污泥厚度一般不超过15~20cm，且沙石床的设计使其能够承受重型设备。

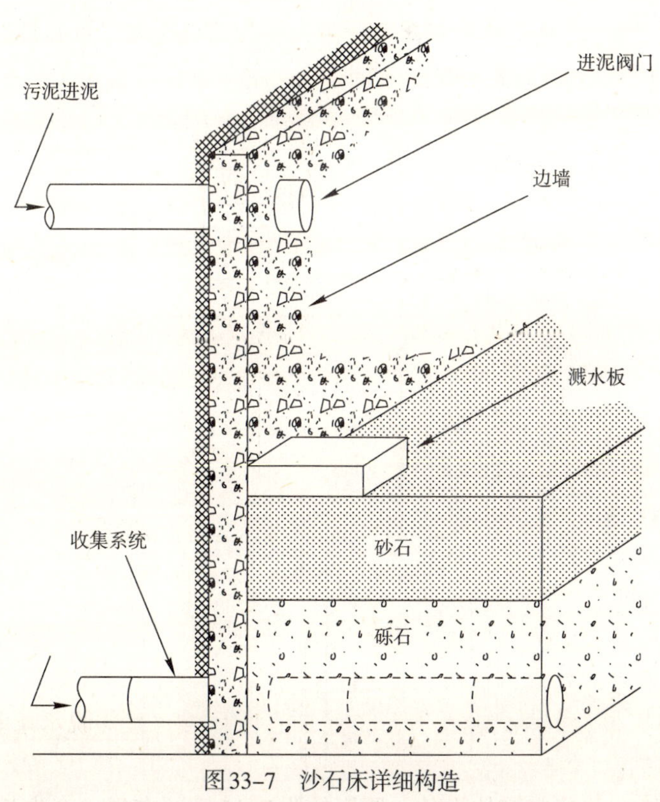

图33–7　沙石床详细构造

沙石床的脱水过程主要通过蒸发和表面滗析的方法进行。水分从污泥中排除后通过沙石和砾石再进入底部排水系统。现代城市二级污水处理厂产生的污泥其自然脱水性能往往不佳，需要加入大量的聚合物才能显示出较好的脱水性能。排水过程可能需要数天时间，直至被细小颗粒堵塞或者所有的自由水已经从排水系统中排出才算结束。一旦污泥层表面形成液面，那么无论这部分水是来自于污泥还是降水，都需要将其滗除并返回至污水处理厂进水。

滗析是在生物固体中投加聚合物时释放的水分的重要排除方法。水分通过最初的排水系统和滗析系统排除后，再进行蒸发。在运行过程中，需要大功率的搅拌设备提供适当的搅拌和曝气。当脱水完成后，通常要用铲车去除表面脱水干燥污泥，同时去除少量沙石。随着生物固体的去除，沙石逐渐暴露出来，脱水过程又进入下一个周期。

33.6.5 真空辅助脱水床

我们可以发现真空辅助脱水床在网上的点击率很低，这表明脱水系统的设计主要还是考虑技术的成熟性和厂家兴趣。由于真空辅助脱水床的建设投资成本较高，这阻碍了其在污泥脱水过程中的应用。虽然从构造上看真空辅助脱水系统像是个自然脱水干燥系统，但实际上它是通过排水系统进行脱水作业的。真空辅助脱水技术的问世使得经大量聚合物处理过的生物固体排入刚性、多孔性过滤介质材料上进行脱水处理成为可能。微弱的真空条件能够使得自由水通过介质材料，直到这种真空环境被破坏。图33-8为典型的单床系统的平面图。在真空辅助脱水系统中，绝大部分污泥又重新被返回至脱水系统。必须对过滤介质进行清理，在每一个脱水周期后，必须冲洗排水系统。

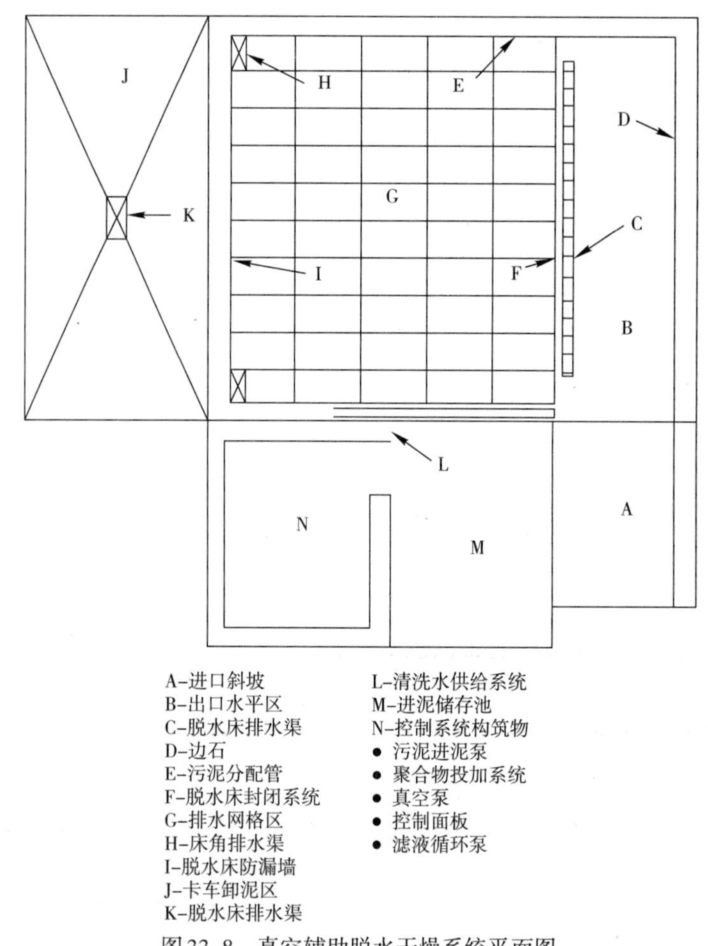

A–进口斜坡
B–出口水平区
C–脱水床排水渠
D–边石
E–污泥分配管
F–脱水床封闭系统
G–排水网格区
H–床角排水渠
I–脱水床防漏墙
J–卡车卸泥区
K–脱水床排水渠
L–清洗水供给系统
M–进泥储存池
N–控制系统构筑物
- 污泥进泥泵
- 聚合物投加系统
- 真空泵
- 控制面板
- 滤液循环泵

图33–8 真空辅助脱水干燥系统平面图

33.6.6 填料床

填料床系统和真空辅助脱水系统的外形构造比较类似。填料床含有一个过滤界面，称为过滤隔膜，内有楔形槽（约2.25mm宽），相当于真空辅助脱水系统中的多孔介质板，也有设计采用多孔性介质板。隔膜支撑板支撑住经聚合物调理过的污泥，使水分能通过隔膜排除，如图33–9所示。可控性的排水过程对床体施加了一个相对较为微弱的静吸作用，以促进水分从生物固体中排除。合成填料（塑料或滤料）过滤脱水床系统占地面积比自然干化系统要小，但建设和维护费用相对较大，所需的劳动力成本和运行费用也更为昂贵，另外，为了达到较好的脱水性能以便于外运，填料床污泥调质所需的聚合物用量往往接近于带式过滤机或离心机所需的聚合物用量。

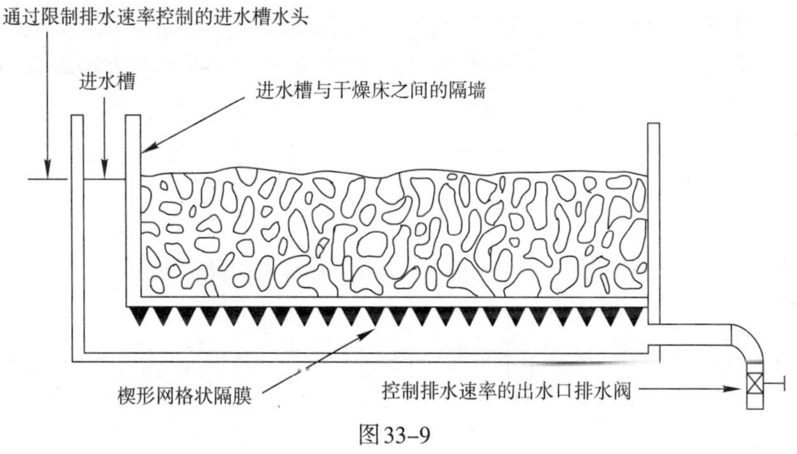

图33–9

33.6.7 砾石床

砾石床是最为简单的污泥干化床。它们通常包含有防渗膜、上部铺沥青或混凝土，周围为池壁，加入的污泥厚度约为15~30cm。在砾石床的工作过程中，聚合物的加入通常不起作用，但偶尔也会加速脱水性能。当污泥表面干燥结壳以后，可以利用拖拉机耙齿将其破坏，使得湿污泥又重新暴露于空气中。进行这一项工作的工人必须维护好拖拉机挡泥板，耙泥工作重复进行，直至所形成的生物固体的含固率达到要求为止，然后再由装载机将脱水干燥污泥转移至卡车后外运。相对于自然干化系统而言，砾石床的脱水效率较低，所需的土地面积也更大，一般只适用于气候干燥的地区，其他地区不大适用。

为了提高砾石床的脱水性能并从排水系统中获得某些效益，床体未铺设砾石的地方可建设砂滤排水系统，可沿着砾石床的周边或床体中心进行建设，以便收集和运输床底的排水，然后再返回至污水处理厂进水中进行处理。砾石床的主要优点是清理脱水污泥的大型设备可在其上方工作，沙石和底部排水系统的相关问题也可以得到解决；其缺点是由于砾石粒径和相互间空隙较大，因此为了获得相同的脱水效果，所需的床体总面积也相应增加，同时还需加入适量的聚合物以使大多数的污泥获得良好的脱水性能。图33–10为砾石床的相关照片。

图33-10　砾石填料床

33.6.8 工艺参数变量

对于自然风干污泥脱水系统而言，工艺运行参数基本维持不变。干化床的性能主要受气候条件、进泥特点、系统设计以及污泥的化学调质和在床体中的停留时间等因素的影响。

高温、少雨、干燥和平均风速较大的地区通常脱水性能较好，相反，低温、多雨、潮湿和平均风速较小的地区干化床的脱水性能通常较差。由于受气候的影响，干化场的污泥储存和处理能力必须足够大，否则应配套其他的处理处置设施。

33.6.9 进泥类型和特性

在污泥机械脱水过程中，被脱水污泥中二沉污泥的含量越高，则该污泥的脱水性能越差，所需化学药剂的用量也相应增加。这主要受限于生物固体中的含水量，污泥含固率越高，则污泥达到某一规定程度的含水率所需要的排水和蒸发时间就越短。经过脱水处理以后稳定污泥的等级一般要达到B级，以减少恶臭气体的产生。

33.6.10 系统设计

介质种类、排水管网分布、进泥系统分布，以及真空辅助系统和各类水泵设备的分布都会影响自然风干脱水系统的运行和维护。系统如何避免受气候的影响同样也非常重要。

33.6.11 化学调质

投加聚合物能提高排水量，因此会显著提升干化床的性能，同时缩短脱水干化时间。除了芦苇床和砾石填料床，大多数自然风干脱水系统所需要的化学调质剂量都非常小。在任何一个过滤系统中，聚合物都是至关重要的。

33.6.12 芦苇床的过程控制

与其他系统相比，芦苇床的典型操作程序要简单得多（Fleurial，2003）。芦苇床基本上无需每月的例行维护，只是芦苇需要每年收获一次，6~10年后，当脱水污泥厚度达到0.6~0.9m时，累积的脱水干燥污泥才用挖掘机进行清理。在这一过程中通常无需聚合物。以下是芦苇床的相关特征：

（1）新建芦苇床必须用根茎进行种植，且必须保持湿润至其发芽。此时污泥厚度可保持在2.5cm左右。当芦苇发芽了以后，芦苇床中污泥厚度可以填充至7.5~10cm，同时要确保新芽不能被淹没。

（2）污泥必须2~3周新进1次，这依天气变化而定。

（3）芦苇床最好模拟湿地系统，必须通入污泥脱水过程产生的排水或添加污水处理厂尾水以确保根部湿润。床体中杂草的存在表明芦苇的生长受到抑制。

（4）红虫等原生和后生动物的存在有助于污泥生物固体中有机质的分解。

（5）芦苇通常在每年冬末收获一次。往复式收割机对芦苇的收割效果较好，但是如果床体太软以至于不能支撑拖拉机牵引设备时，通常可使用安有刀片的旋转式收割机（运行方式为圆周型，而不是直线型）。

在寒冷和多雨水季节，自然风干脱水系统接受污泥负荷的能力将会降低。若干年以后，床体中的污泥层将会上升，此时床体必须进行清空，然后全部床体休耕4~6月。一般来说，芦苇污泥床上不能支撑重型设备，除非在冬季床体冰冻。一旦重型机械下陷，则有可能损坏排水系统和防渗层；挖掘机在芦苇床床体边上能够进行良好的挖泥作业，然后有目的性的留下最低15cm厚的污泥。通常来说，每次挖泥作业完毕后都会留下大量的污泥在床体中，以促进芦苇根部发芽，使下一周期中无需重新种植芦苇。

挖出来的残余生物固体进行筛分后可作为高质量的土壤改良剂，也可进行农业上的土地利用。芦苇是湿地植物，在农田中将难以生长。与其他自然干化场相比，芦苇床所需的建设和运行费用低，占地面积相对较小，所需的劳动力也较小。除了上述经济因素以外，芦苇床的另一优点是与自然景观融为一体。至于资金方面，只要有需要，当地政府将会大力支持。基于上述特点，芦苇床在目前应用较为广泛。

33.6.13 问题解决措施

沙石床和砾石床。沙石脱水干燥床和砾石脱水干燥床的运行性能主要受床体条件和排水性能、污泥进泥浓度、床体中污泥层厚度、通过排水系统去除的水量、进入床体的污泥的消化类型和程度、蒸发速度以及污泥清除的方法类型和最终处置措施等因素的影响。床体的最佳负荷是上述各因素综合考虑的结果。操作人员必须完全熟悉被脱水污泥的质量、污泥调质对脱水过程的影响，影响脱水性能的环境因素以及维护环境因素的最佳方法。如果某一脱水污泥床的主要运行机理为过滤，则其对滤料或填料的条件/性质较为敏感。

表33–4列出了沙石床在运行过程中遇到困难时，识别问题和提出解决措施的参考指南。

沙石床运行维护指南　　表33-4

存在的问题	问题原因	检查或检测	解决措施
脱水时间过长	污泥层太厚	通常的最佳污泥厚度为20cm	当床体中污泥已较干后应及时清理污泥；降低污泥厚度同时每三天测量水位降低量；在进行下一批次时每3d测量两次水位下降值
	污泥运用于不合适的床体	注意空床条件	当床体中污泥已较干后应及时清理污泥；如有需要应刨去、更换床体表面1.2~2.5cm的沙子，进行翻新
	排水系统堵塞或管线破裂		用清水对床体和排水管路进行反冲洗，检查沙石床床体，必要的情况下更换填料/滤料；在寒冷季节应注意排空排水管，以防结冰
	床体尺寸过小	提高聚合物用量	通常阳离子聚合物的投加量为每千克干重污泥2.5~15g
	气候条件	温度；降水	对床体进行遮盖，减小气候因素的影响
污泥管线堵塞	管线中发生砂石或污泥堵塞		运行初期，打开所有阀门，必要时对管线进行清洗
消化池中流出的污泥变稀	随着水的排出和污泥的留下，消化池中形成污泥锥体。		降低消化池中的污泥排泥速率
污泥床中蚊蝇滋生			利用硼酸或硼酸钙等杀灭虫卵或利用合适的杀虫剂杀灭蚊蝇
产生恶臭气体	污泥消化不合适	消化系统运行状况	建立消化系统正确的运行方式
污泥或干脆易碎	过度脱水干燥	水分含量	当脱水污泥的含水量下降至40%~60%时，应将其从污泥床中清除

1. 沙石床

以下为关于沙石床运行使用过程中的简单介绍：

（1）去除杂草和动植物残骸；

（2）如果床体过低则需往内加沙；

（3）定期对沙床进行清理和翻沙；

（4）如有需要可投入聚合物溶液，使床体的高度达到15~30cm；

（5）为促使脱水干化应尽可能经常进行翻沙；

（6）按要求进行脱水，这通常需要数个星期时间；

（7）小心地将清理后的脱水干化污泥转移至卡车中。

2. 真空辅助脱水干燥床

一般来说，典型的真空辅助滤料干燥床的运行周期与上述芦苇床和沙石床的运行周期相似，不同点主要为以下方面：

（1）在运行初期，真空泵处于关闭状态，床体暂时不运行，过滤泵设置为自动运行，运行过程中需要使用大量的聚合物，排水系统被床体覆盖或密封。

（2）床体中应注入约2.5cm的水，以助于污泥的均匀分布。

（3）开启污泥进泥泵和聚合物进料泵，调整聚合物的用量以形成大块稳定的污泥絮体，污泥层高度通常会发生变化，但一般来说为90cm左右。

（4）如无特殊情况，重力排水系统相关参数应具有连续性，除非操作者觉得滤液收集速度太慢。重力排水时间应在整个运行周期的末端，排水时间为30min至数小时。

（5）在重力排水结束以后操作者应开启真空系统，真空抽滤阶段应分为几个阶段按序批式运行。随着真空泵的运行，污泥中将持续保持真空状态，直到形成的脱水干燥污泥水分足够低，以至于形成裂痕，导致真空度的下降。

（6）为了产生可以用手抓起的脱水干燥污泥，还需要有选择性地进行蒸发处理，一般来说所需的污泥的最小含固率为10%~12%。蒸发所需要的时间依具体情况而定。

（7）配备草坪轮胎和挖斗的小型牵引机，能去除大部分的脱水污泥，但不能完全去除所有的脱水污泥。残留在床体中的污泥需要用铲子进行人工清理。有必要对床体进行完全清理以便于填料的最终清理。

（8）人工用带有喷嘴的软管从远离排水口的一端逐渐冲洗至排水口，回收床体中的残留污泥。经常对挡板进行清理，以便冲洗出滤液通道。

（9）不带自然风干系统的真空辅助脱水干燥床的循环周期为8h左右，可完全由一位工人操作。

真空辅助脱水干燥系统运行过程中的主要问题是不正确的污泥调质和挡板清洗过程。聚合物选型不正确，生物固体和聚合物搅拌混合不理想以及聚合物用量的不当均能导致床体性能的下降。聚合物过量容易导致挡板滤孔的逐渐堵塞，而这种堵塞的清理需要特殊的方法。挡板的清理至关重要，假如挡板没有定期妥善清理，势必造成堵塞，床体的性能就能不到有效发挥，还会使清理工作费时费力。

33.7 机械脱水设备

33.7.1 概述

在有机高分子絮凝剂广泛使用之前，污泥脱水系统通常只限于压滤机和真空过滤机，在这个阶段，为了有效提高污泥的脱水性能，通常会使用大量的氯化铁、石灰和其他无机聚合物来对污泥进行调质。对于真空过滤和压力过滤污泥脱水系统而言，虽然近年来已经取得了长足的进步，但仍然只在有特殊需要的污水处理厂中使用。对于一般的城市污水处理厂，通常采用带式压力过滤机（BFPs）和离心脱水机。目前，禁止随意倾倒污泥以及填埋费用和要求的升高这两点决定了污泥脱水系统及设备的选型，如今随着有机高分子絮凝剂应用技术的发展，带式压滤机（BFPs）和离心脱水机的应用与日俱增。通常来说，随着聚合物用量的增加，产生的浓缩污泥的含固率和干燥程度也越高，由此产生的经济效益往往可抵消投加聚合物所产生的费用。但较高的进泥速率往往会导致产生的脱水污泥的含水率增加，因此，相对较高的运行成本会与由此带来的脱水污泥含固率提高的效益相抵消。几乎所有的污泥脱水系统都是在现有价值成本分析的基础上进行购买的，这个购买过程需要寻求设计使用寿命范围内最低的投资成本。

33.7.2 脱水设备的脱水能力

本书的早期版本列出了不同厂商生产的污泥脱水设备的脱水性能。由于设备型号繁多，且在过去关于污泥的定义与现在的定义存在一定差异，因此早期版本所得出的相关数据并不可靠。现在操作人员更关心的是现有和将来有发展潜力的污泥脱水设备的脱水性能，因此希望获得不同厂家的最新的关于污泥脱水设备脱水能力相关数据的资料，操作人员应仔细钻研这些资料，不要认为工程师会解决一切问题。当厂家热线电话暂时打不通时，一定要保持冷静，因为有时候区号和电话服务系统往往会发生变化。在电话询问之前要逐个核查所要问的问题。

同时要确认被询问的对象和业主的身份。如有可能，最好能到厂内进行现场调查。遗憾的是，通过电话调查的方式往往会出现这样一个问题，即不同操作人员得到厂商的答案往往不尽相同。在询问过程中要调查清楚所使用的设备，特别是污泥脱水系统所使用的设备的准确型号。如果被调查的设备型号与你所期望的不同，这将会是令人头疼的事情。如果所调查污水处理厂被脱水的污泥性质和脱水操作工艺与本厂不同，那么该厂的相关信息作为参考资料就不具有代表性，也是值得怀疑的。当然，相对于在使用过程中对脱水性能差的设备进行调整和处理而言，在购买过程中避免低性能设备的引进能更有效保证脱水设备的性能。

33.7.3 设备安装要点

一般而言，污泥机械脱水设备的安装有诸多要求，特别是对于大型污泥脱水设备的安装而言，这些要求就显得更为重要。例如，电动葫芦移动吊梁在大型污水处理厂中较为普遍，而在小型污水处理厂中则不多见，还有其他许多较为常见的特点，以下是设备安装过程中的注意要点：

（1）对于操作和维修人员而言，确保设备的安全移动是至关重要的。各设备间距至少在0.9~1.2m以上，如果设备需要垂直提升，则各方向的廊道需保持一定的次序。

（2）洗手槽应安装在每一层操作台的中间。

（3）系统中取样点的设置也是十分重要的。在污泥脱水系统中，聚合物投加前的进泥取样点、脱水污泥取样点以及过滤液取样点和聚合物溶液取样点的设置都很有讲究。对于操作人员来说，应能便捷地观察到过滤液。连续频繁使用的取样点比不经常使用的取样点更好。因为，取样时间间隔较长的取样点容易发生堵塞，此外反冲系统应为硬质管材。在反冲过程中，应避免管道平流，尽量使管道自流排水。

（4）从离心机排出的离心分离液（或称过滤液）可能会含有大量泡沫，因此管道要设计地大一点以避免发生堵塞。

（5）离心脱水机必须在良好的换气条件下才能正常工作。换气条件较差时可能会导致污泥固体堵塞，引发火灾，侵蚀转筒边壁。如果离心机的脱水污泥排放口和离心分离液是和大气压相通的，那么离心机会进行自动换气。如果脱水污泥排放口和离心分离液排放口两者之一或同时发生封闭，那么必须进行负压换气，以使两者压力相同。

（6）当离心机需要进行相关的维护等服务时会发生剧烈振动。振动仪是监测振动的重要工具。当然，在振动发生时，关闭离心机比调整振动开关更为有效。

（7）流速仪在污泥进泥和聚合物投加时的流量测定过程中也是十分重要的。除非流速仪刚好位于聚合物投加点上游，否则难以得到精确的数据。在污水处理厂中，每一套污泥脱水设备都有其配套的流速仪。

（8）对于污泥脱水聚合物投加系统，大多数的厂家都建议设置多个聚合物投加点。聚合物投加系统应按如下设置，即操作人员可以用一只手来关闭一个阀门而用另一只手来打开另一个阀门。

（9）脱水过程中，经常会有污泥溅到地板上，应及时用水管将其冲洗至排水槽中。显然，排水槽的位置应设在便于污泥排除的位置。且排水槽的尺寸应足够大（15~20cm），以防发生堵塞。

（10）在离心脱水系统启动时，污泥相尾端常常发生污泥液体溅出的情况。在系统安装时，应使用压边浇口或反向螺杆输送机来控制含水率较高的污泥排出。

（11）对于污泥进泥和聚合物投加而言，最好使用容积式泵，最大程度减小剪切力对聚合物和生物固体造成的影响。在某些大型污泥脱水系统中，有时通过调整脱水设备变速离心泵的流速控制阀来控制污泥流量和流速。当变速离心泵的转速控制在最低条件，且流速控制阀60%~80%打开时，使用变速离心泵也是行之有效的。在使用变速离心泵过程中，应尽量避免脉冲流的产生，以防造成不利影响。

（12）离心机控制室无需与离心机设在同一层上，这样不方便观察离心机的运行状况。当控制室设在离心分离液和脱水污泥排放口下方时，更便于观察其运行状况。

（13）压滤机控制室应和压滤机设置在同一层，以便于观察压滤机的运行状况。

（14）污泥固体时常会产生硫化氢气体，对操作人员身心健康会有较大的危害，即使在低浓度情况下也会腐蚀电路、开关和空调器线圈等。因此应对操作人员和各设备做好硫化氢安全防护措施。

（15）管理者应确保操作人员所使用的设备和工具的安全性。在高噪声车间，应为操作人员配备防噪耳塞。目前，各类橡胶或乳胶手套是操作人员处理污泥时的标准防护措施，应确保工作人员能够及时获取这些防护器具。

（16）升降的需求．各设备说明书通常都注明了各设备组件的重量。目前功能最齐全、费用最昂贵的升降设备为桥式起重机。如果各主要提升点在同一列上，那么可以使用单轨索道代替。较小的桥式起重机可以按金字塔型构造进行安装。当所需提升或下降的设备或物体的重量超过1~2吨时，特别是要将物体进行下降作业时，应使用电动葫芦。一般来说，叉车不能代替电动葫芦，因为其精确度不够。

（17）当转鼓或其他部位需要使用聚合物时，此时聚合物投加区域就需配备升降装置。

（18）对所有污水处理厂而言，聚合物投加系统管线都应配置流速仪。特别是在进行聚合物投加试验确定聚合物投加流量时，流速仪的作用就显得更为重要。对同一时间内在不同脱水单元同时运行的设施，在其工作时应规定能将聚合物泵至其中一个单元。

（19）设备维护时，应将特殊的维修、拆卸和组装工具存放在防尘柜中。

（20）应考虑在脱水车间配置一个备用库房。

（21）脱水车间的通风是十分重要的。可按照以下两种运行模式进行考虑，一是当操作人员只是偶尔在脱水车间内工作时，此时通风要求可以设置的低一些，另一种当是操作人员长期连续呆在脱水车间内时，此时的通风标准则相应要设置得高一些。

33.7.4 污泥进泥泵的相关要求

除了运行费用以外，脱水系统的污泥进泥泵还存在下列两个主要的影响因素：

（1）污泥泵存在的脉冲流；

（2）污泥泵会对污泥产生剪切力。

理想的污泥进泥泵能够产生稳定、一致的流率，对污泥造成的剪切作用也应控制在最低水平。稳定一致的污泥流率对于维持稳定的聚合物投加量是至关重要的。因此，对污泥进泥泵而言，如果流率不稳定将会带来一系列问题。第二个问题是关于污泥泵内的脉冲流问题，脉冲流是污泥脱水系统中流率变化波动造成的。脉冲流对污泥过滤脱水系统所造成的影响远比对离心脱水系统所造成的影响要低。因为在过滤脱水系统中存在浓缩、重力及堰板等之间的缓冲作用，而离心脱水系统没有缓冲设施。对于活塞泵来说，当活塞杆将污泥混合液推向脱水设备时，流率会发生变化，而当塞杆返回时，污泥流率就变为零了。上述这种现象会导致污泥泵内峰值流率比平均流率高出1倍左右，造成不能精确计量向污泥中所投加的聚合物。一般来说，带有止回阀的污泥泵（活塞泵和隔膜泵）较易产生上述问题，因为这种泵的运行速度通常较低。当泵的运行速度较高时，其内的脉冲流通常也随之升高，则峰值流率和最小流率之间的差异也较易控制。

以下是针对泵的脉冲流特征对带式压滤机和离心脱水机所进行的评价，但并不是绝对的评估。

（1）为排除剪切力所造成的影响（见下文），通常建议使用离心脱水机；

（2）通常不建议使用隔膜泵；

（3）允许使用双碟片泵；

（4）尽量少使用蠕动泵；

（5）一般不推荐使用活塞泵；

（6）允许使用螺杆泵和转子泵。

剪切力是污泥泵中另一个影响因素。有一种假说认为，在污泥脱水之前对生物固体的剪切作用会导致所形成的絮体被破坏，这反过来需要额外的聚合物使被破坏的絮体重新絮凝。通常，正位移泵（容积式泵）所造成的剪切作用较小，因此常常被用在污泥脱水系统中。离心泵虽然流率较为稳定，但由于其对污泥的剪切作用较大，因此不宜采用。更为糟糕的是，尺寸巨大的离心泵的运行速度通过排放液的流率控制阀被固定后，使得流量被维持在设定值，则此时泵和阀同时对污泥造成剪切作用。在这种情况下，通常需取消流率控制阀来降低对污泥所造成的剪切作用。另外，泵的流速也可以适当提高，如至少使1个控制阀打开85%以上。

33.8 脱水污泥的传送

一旦生物固体离开污泥脱水设备，则设计人员可能就要开始关心其如何传送至最终处置阶段了。我们唯一的建议为越简单越好。对于污泥传送系统的传送路径，由于其需要拐过多个弯，提升6m之高，因此该系统设计繁琐，建设和维护费用也较高。以下是一些特定的注意事项：

（1）脱水污泥从任何高度自由下落都有可能产生溅泼，至少有些时候会发生这种情况，这种现象必须避免；

（2）几乎所有的脱水设备都偶尔会有湿污泥外漏，因此污泥传送系统设计必须考虑到这一点，并对其进行处理；

（3）传送线路应尽可能避免转弯；

（4）避免提升过程急剧上升；

（5）应注意各传动带连接点可能引起的问题；

（6）所有的移动部件最终都需要进行更换，在设计时就应做好计划；

（7）在传动过程中，垂直的输送机和陡峭的传送带运行时间占据了大部分。

污泥脱水是污水处理厂最后的处理单元，该处理工艺上游的诸多错误和问题在此处显现和堆积，因此对脱水系统进行良好的设计是不可避免的，必须按照多功能、高要求的准则进行。在设计过程中，应主动参观其他污水处理厂，并向操作人员咨询相关问题，以获得第一手资料。对拟采用的设计方案，对其可能存在的问题应进行讨论并提出建设性意见。

33.9 添加剂

有时候为了提高脱水污泥的性能或缓减可能产生的问题，往往需要添加各种类型的添加剂。根据要求不同，碎报纸、煤渣、沙石或其他无机化学药品通常都可用来作为添加剂。消泡剂通常用来减小离心分离液/过滤液可能产生的泡沫，除臭剂用来消除恶臭，如使用氧化剂来消除硫化氢气体，以减少可能带来的投诉。目前在污水处理厂中也有使用恶臭气体掩蔽剂来掩盖硫化氢等恶臭给人带来的不快；此外还可使用高锰酸钾、过氧化氢等强氧化剂来对污泥中的硫化氢进行氧化，以减少对环境和操作者身心健康造成的影响。目前还有诸多污水处理厂尚未推广添加剂的使用。因投加添加剂对污水处理厂造成不利影响的原因大多是因污水处理厂本身运行管理或设计不当造成的。当然，解决污泥脱水单元各种根本问题最好的方法是从源头上进行校正和改进，而不是通过每天投加药剂等增加运行费用和后续处理费用的方法来解决。

33.10 污泥机械脱水的一般计算

污泥机械脱水的一般计算是在分析离心机周围液体各种流态的基础上进行的。在任何情况下，污泥采样都是一项常规工作，此过程中要强调的一点是：如果进泥样品要被送往实验室进行分析，应尽量避免添加聚合物。实验室操作人员应从被送来的装满污泥和聚合物泥水混合液的取样瓶中提取出有代表性的样品，这是件困难的工作。因此在对进泥进行取样时，应将取样点设在聚合物投加点的上游。

第33章　脱　水

1. 术语

按惯例，小写字母代表浓度，大写字母代表流率。例如，在美国通用单位中，含固率为2.5%，进泥速率为120gpm（gal/min）的生物固体，可表述为：F=120gpm 和 f = 2.5%。干固体量可用浓度乘以流率来表示。

即污泥负荷=f × F

= 2.5% × 120gpm × 1/100% × 60min/h × 8.34lb/gal × 1ton/2000lb

= 0.75tons/h DB(0.7Mg)　　（33–1）

另一种惯例涉及出水澄清液，而不是离心分离液、过滤液或溢流澄清液。根据系统所有单元的综合计算，可以建立进水和出水之间的物料平衡。对总的干污泥固体含量，进水和出水之间应该是相等的。即：

$$fF = sS + eE \tag{33–2}$$

根据物料平衡原理，进入脱水设备的生物固体含量应该和从脱水设备排出的各组分中的生物固体含量相等，即：

$$F = S + E \tag{33–3}$$

式中（按美国通用单位）F——进泥流率，gpm(120gpm)；

f——进泥浓度，%(2.5%)；

S——固相或泥饼流率，gpm；

s——固相或泥饼中固体含量，%（20%）；

E——排出脱水机的液相流率，gpm；

e——液相中固体含量，%（1.5%）；

P——聚合物流率，gpm（15gpm）。

只要前后保持一致，浓度和流率也可用其他单位表示。另外，回收率表示脱水设备对被脱水污泥中生物固体的去除率，通常用被去除的污泥含量除以进泥中总固体含量来表示，即：

$$回收率 = sS/fF \times 100\% \tag{33–4}$$

通过式（33–2）和式（33–3），可得脱水机的液相排出流率，重新整理回收率的表达公式，可将回收率表示成进泥、出流固体含量之间的函数，此公式中不涉及进泥流率、出流流率等涉及流率之间的计算。即：

$$回收率 = 100 \times s(f-e)/f(s-e) = 100 \times 20\%(2.5\%-1.5\%)/2.5(20\%-0.15\%) = 95\% \tag{33–5}$$

从逻辑上考虑，我们可以很快知道，如果过滤液/分离液中不含固体物质，即$e = 0$，那么就表明回收率为100%。相反，另外一种极端情况是，如果过滤液/分离液中的含固率和进泥中的含固率相等，即式（33–5）中的（f-e）项为零，则表明回收率为零。上式对于污泥澄清池、浓缩池和机械脱水设备均适用，与污泥以及过滤液/分离液的流率和含固率单位无关，只要一致就行。

对式（33–2）和式（33–3）进行合并和重整，即可得出脱水污泥和出流过滤液/分离液的流率，用下式表达：

脱水污泥流率，$S=F(f-e)/(s-e)$ = 120gpm(2.5-0.15%)/(20%-0.15%)=14gpm　(33-6)

过滤液/分离液流率，$E=F(s-f)/(s-e)$ = 120gpm(2.5-2.5%)/(20%-0.15%)=106gpm　(33-7)

上式中未提及聚合物和冲洗水的影响。一般来讲，如果聚合物和反冲洗水的体积小于进泥体积的10%，那么由聚合物和冲洗水造成的稀释作用是可以忽略的。同样，相对于污泥进泥的固体含量而言，由于添加聚合物造成污泥含量的升高作用也是可以忽略的。当聚合物溶液和冲洗水对污泥进泥的稀释作用较大时，那么最简单有效的弥补方法是在进行回收率计算之前，调整进泥和出流的含固率。例如，如果进泥流率F=120gpm，聚合物流率P=15gpm，测得进泥含固率f_m=2.5%，那么进泥的修正计算公式如下：

$$f_c = f_m \cdot F/(F+P) \tag{33-8}$$

将前述的参数代入式(33-8)后，计算得出进泥含固率，即为

$$f_c = 2.5\% \cdot 120\text{gpm}/(120\text{gpm}+15\text{gpm})$$

式中　f_c——校正后的进泥含固率；

f_m——实测的进泥含固率；

P——聚合物流率（包括后来稀释的）。

当过滤液/分离液的含固率一定时，稀释水会影响脱水系统的污泥回收率。同样地，如果过滤液/分离液被冲洗水稀释（如带式压滤机BFP），那么出流的过滤液/分离液的含固率也会因稀释作用而变小。如果带式压滤机的进泥流率F=120gpm，冲洗水流率W=100gpm，进泥含固率为2.5%，脱水污泥为20%，测得的出流过滤液/分离液含固率为0.15%，那么因受冲洗水稀释作用而得到的出流过滤液/分离液含固率修正计算公式如下：

$$e_c = e_m\,(\text{E+W})/\text{W} = 0.15\%(106\text{gpm}+100\text{gpm})/106\text{gpm} = 0.29\% \tag{33-9}$$

式中　e_c——校正后的出流过滤液/分离液含固率；

e_m——实测的出流过滤液/分离液含固率；

E——出流过滤液/分离液流率式（33-7）；

W——清洗水流率，gpm。

将前述的参数代入式（33-9），计算中因考虑了冲洗水的作用，使得出流过滤液/分离液含固率变为原来的两倍，从而使污泥捕获率从95%降至90%。

2. 聚合物用量

最后一个公式为聚合物用量的计算公式。虽然目前关于聚合物用量的计算通常用去除单位质量的污泥所需的聚合物量来表示，但这并不是聚合物用量的定义，聚合物用量的真正定义为单位进泥含量所需的聚合物量。计算公式如下：

$$\text{聚合物用量}=\frac{\text{聚合物用量}}{\text{进泥含固率}}\times\frac{\text{聚合物流率}}{\text{进泥流率}}\times 2000\text{lb/t} \tag{33-10}$$

如果按照国际单位制来计算，那么就应将美制单位2000lb/t按国际单位制转化为1000kg/t。上述公式的优点是可以使用任何单位对流率进行计算（只要进泥和聚合物流量的单位一致即可）。根据前面给出的数据（进泥流率120gpm，聚合物流率15gpm，进泥含固率2.5%，聚合物有效浓度约为0.12%）和式（33-10）可计算出聚合物用量：

$$\text{聚合物用量}=(0.15\%/2.5\%)\cdot(15\text{gpm}/120\text{gpm})\cdot 2000\text{lb/t=15}$$

该公式同样适用于烧杯实验，此时用进泥的样品体积和聚合体积取代和流率相关的参数。如果烧杯实验过程中所使用的是相同的聚合物和相同的进泥，那么在120mL污泥样品中投加15mL聚合物溶液，相当于机械脱水过程中在1kg污泥样品中投加7.5g聚合物。

33.10.1 带式压滤机

本节主要介绍影响带式压滤脱水机（BFP）在其运行和维护过程中系统参数的最佳运行条件。图33-11是典型的带式压滤机的过滤过程示意图。

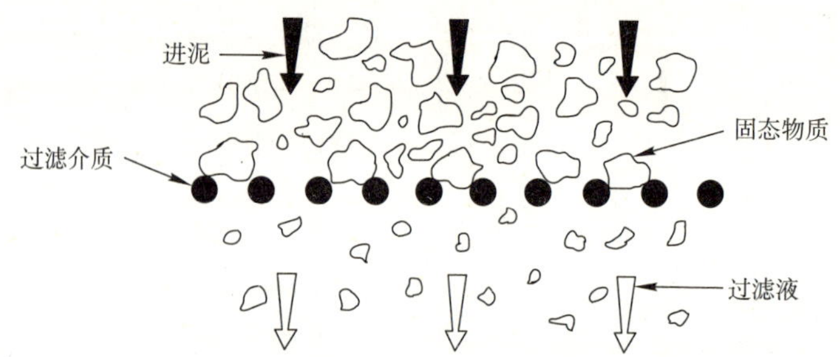

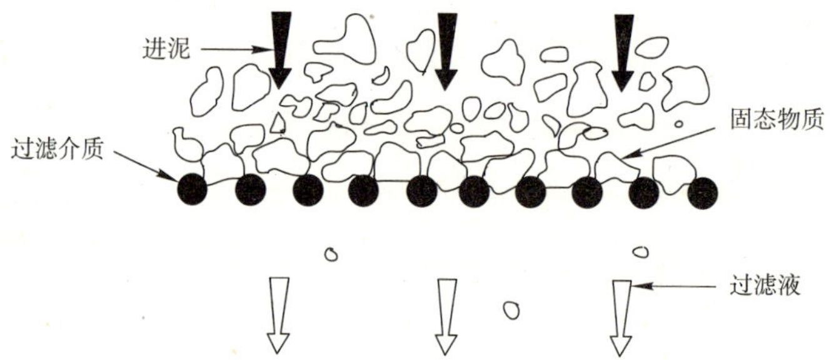

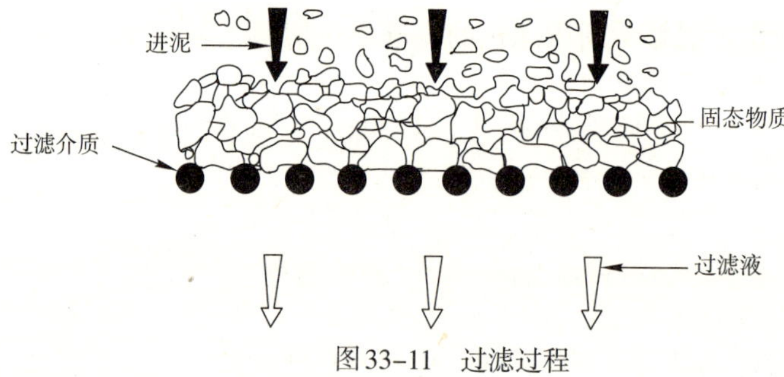

图33-11 过滤过程

1. 操作运行原理

带式压滤机的操作运行主要基于过滤技术，通常由以下区域组成：

（1）重力排水区，该处进泥被浓缩；

（2）低压区；

（3）高压区。

图33–12介绍了带式压滤机所包含的不同工作区域。在重力排水区，污泥中的大多数自由水通过移动带上的多孔介质排除。重力排水区之后为低压区，在低压区浓缩污泥由于受到负压作用将絮体中的更多水分排除，以形成黏度更高的污泥絮体。在高压区，通过多孔介质移动带和一系列直径逐级降低的滚轴之间的挤压作用，污泥进一步被脱水浓缩。在挤压过程中，滚轴间距和直径等的合理安排将不断提高挤压压力，使得更多的水从污泥絮体中被排出。关于带式压滤机，不同厂商之间的设计有一定差别，不同区域的尺寸大小比例各异。

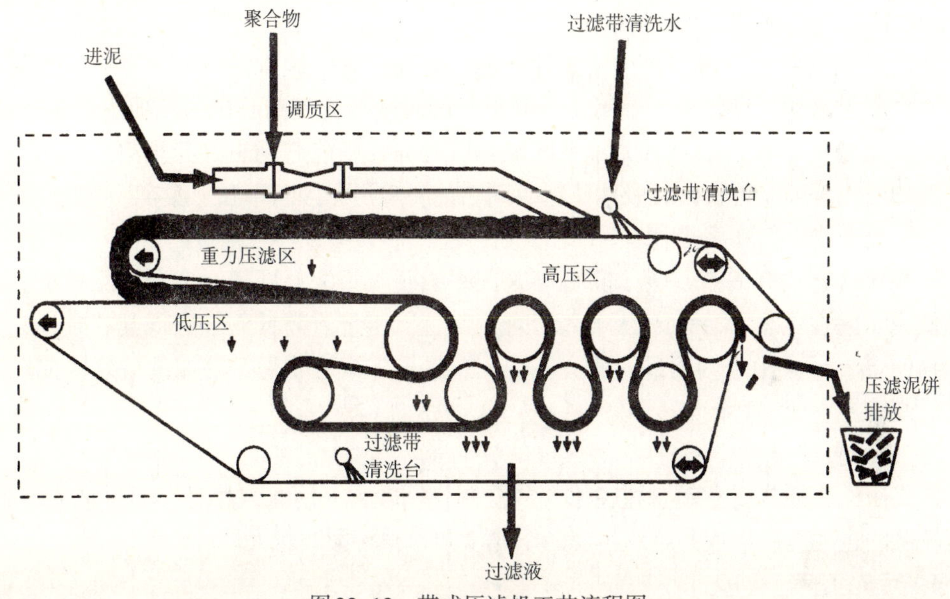

图33–12　带式压滤机工艺流程图

一般来说，因为操作者能够看到压滤机的内部工作情况，因此能方便地判断压滤机内部所发生的情况，因此能提高其可操作性。带式压滤机运行声低，动力消耗少，机械故障容易辨识，虽然维修安装可能比较耗时，但过程较为简单，维修费用较低，因为大多数的零部件可以从当地供销商和厂商那里获得，这大大降低了带式压滤机的机械故障或现场大修的平均维修费用。但带式压滤机运行过程可能会显得较为混乱，会散发臭气，需对操作人员进行特殊的防护，并且带式压滤机（BFP）的功能也较为单一。

2. 工艺变量

在污泥脱水系统中，有几个工艺变量会影响整个脱水系统的性能。一般来说，污泥脱水设备的捕获率必须达到95%以上。捕获率实际上并不是运行过程中的变量参数。此外还有其他一些参数，如脱水污泥干燥度(含固率)、污泥负荷和聚合物用量等，操作者都能从一个变量转换到另一个变量。为了得到含水量更低的脱水污泥，操作者可以通过降低负荷或增加聚合物用量的方法得以实现。

（1）污泥类型和质量

如前所述，污水处理工艺决定了产生的生物固体的质量，这反过来又影响污泥相的处理过程。

（2）聚合物活性

一般来说，聚合物选型每年进行一次，但在一年中生物固体却经常发生变化。假如所投加的聚合物不能与生物固体进行良好的混合反应，那么脱水性能就会受到影响。

（3）聚合物添加和混合

大多数带式压滤机都配有各种类型的在线混合系统，可调整混合过程中的最佳污泥/聚合物比例。同样，在接近或远离系统的投加点投加聚合物也将会影响脱水性能。

（4）脱水污泥泥饼干燥度

在低污泥负荷和高聚合物用量条件下能够提高产生的脱水污泥的干燥度（含固率）。从很大意义上来说，获得高干燥度（含固率）的脱水污泥是离心机的一项主要设计指标。对于带式压滤机而言，如果重力排水区能得以延伸，则能起到更好的预浓缩作用，添加高压区的压力滚轴能延长污泥脱水停留时间，使脱水污泥含固率和干燥度提高。

（5）聚合物类型和用量

有些聚合物的开发就是为了获得高含固率的脱水污泥。同样，聚合物用量也会提高或降低脱水污泥的含固率。对于某些聚合物而言，用量过高反而会降低其有效性，这在聚合物的烧杯试验中较为明显，研究发现，过量投加聚合物后，污泥的脱水性能反而有所降低或维持不变。

3. 水力负荷

带式压滤机通常受移动带过流水量的限制作用较大。因此，相对离心脱水系统而言，浓度较低的进泥对所形成的脱水污泥的干燥度和含固率影响较大。

4. 污泥负荷

同样，在其他条件相同的情况下，如果需要进行脱水的污泥量越多其停留时间就相对较短，因此产生的脱水污泥的含水率也会相对较高。

5. 污泥捕获率

污泥捕获率通常是由污水处理厂管理人员根据要求进行设定的，并不是运行过程中的工艺变量。

6. 机械变量参数

机械变量参数主要从以下几个方面影响带式压滤机的性能：

（1）移动带组织构造和条件、移动带运行速度及张紧程度；

（2）移动带尺寸和滚轴数量；

（3）进泥浓度；

（4）聚合物浓度；

（5）聚合物投加方式和搅拌状况；

（6）反冲洗水的流量和压力；

（7）反冲洗水的悬浮物浓度。

带式压滤机（BFP）运行过程中应该按照相关表格中的指标进行监控，如表33-5所示(BFP电子制表软件)。如果这些数据是经常监测的，那么操作者就很容易调整运行参数，使带式压滤机运行性能达到最佳。根据该表格中的相关数据，BFP电子制表软件能快速计算出单位质量污泥处置所需的费用，这使得污水处理厂中的每个工作人员都能了解到污泥脱水运行的目标。另外，这对污泥脱水系统运行过程中的故障排除也是非常有价值的信息。

带式压滤机数据清单　　表33-5

污水处理厂名称： 污水处理厂地址： 被脱水污泥类型： 联系人：			电话： 日期： 混合程度： 压力大小（m）：		
运行批次：	1	2	3	4	5
时间（分：秒）					
进泥pH					
进泥温度（℃）					
进泥碱度（mg/L）					
进泥灰分（%TS）					
进泥含固率（%）					
水力负荷（m^3/h）					
脱水污泥含固率（%TS）					
脱水污泥厚度（cm）					
聚合物类型；干/湿					
聚合物代号					
聚合物溶液浓度（%TS）					
聚合物流率（m^3/h）					
聚合物用量（g/kg）					
过滤液流量（m^3/h）					
过滤液总悬浮物（mg/L）					
在线搅拌器尺寸（cm）					
停留时间（s）					
污泥捕获率（%）					
移动带类型					
移动带运行速度（m/min）					
液压（Pa）					
清洗水压力（Pa）					
清洗水流量（m^3/h）					
清洗水悬浮物浓度（mg/L）					

33.10.2 污泥脱水系统启动顺序

对于带式压滤机（BFP）而言，运行过程一般按照以下顺序进行启动：

（1）打开冲洗水阀门；

（2）开启冲洗水水泵；

（3）开启移动带气动/液压张紧系统；

（4）开启移动带驱动器和脱水污泥传送装置；

（5）开启聚合物进料泵；

（6）开启污泥进泥泵。

现在的带式压滤机通常有一键启动系统，因此操作者只需要人工开启污泥进泥泵和聚合物投加泵。在任何情况下，按操作规程填写运行日志的好处是能够知道前一个操作者所使用的运行条件，特别是当需要知道几个星期或几个月前的情况时，操作日志更为有用。

带式压滤机配备有一系列警报和自动停车系统，当下列状况发生时，该系统就会启动：

（1）移动带断裂；

（2）移动带为进行调偏处理；

（3）气动/液压系统发生故障；

（4）发冲洗水水压过低；

（5）带式压滤机旁边的紧急拉索被拉下；

（6）按下带式压滤机仪表盘上的停车键；

（7）聚合物溶液进料泵发生故障；

（8）脱水污泥传动带装置关闭/储泥箱泥满溢出；

（9）污泥进泥泵故障；

（10）稀释水系统发生故障。

33.10.3 带式压滤机（BFP）系统性能优化和故障解决

当带式压滤机（BFP）系统的脱水污泥含固率、污泥负荷和捕获率目标要求确定以后，就可以通过调整带式压滤机（BFP）和聚合物投加系统的相关参数来达到这些目标要求。当带式压滤机（BFP）运行以后，通过大功率的微波炉或其他相关设备可快速（约10min）确定泥饼污泥含固率。

如果过滤液样品中包含有移动带冲洗水，那么在实际过滤液及其污泥捕获率的分析计算上应考虑冲洗水的稀释作用。从实际运行过程中来看，有经验的操作者能够通过肉眼判断出脱水污泥泥饼和过滤液的质量，然后通过实验室检测证实其估算值。

计算值应该和带式压滤机前几个运行批次中的数据进行比较。如果脱水污泥泥饼含固率、脱水系统污泥捕获率和污泥负荷较低，或者投加的聚合物量较高，那么就应该按照下述建议的操作方法进行工况调整，以提高系统脱水性能。所有过滤设备的脱水性能都易受能通过泥饼的水分的量的影响。一般来说，浓缩程度越高的污泥其脱水性能比浓缩程度较低的脱水污泥的脱水性能好。对于浓缩程度较低的污泥可通过投加聚合物的方式对污泥进一步浓缩，以提高其可脱水能力。

与其他需要投加聚合物的设备相同，聚合物制备系统中可能出现的问题往往会影响整个脱水系统的性能。带式压滤机性能受聚合物注入环和其他搅拌混合设备的影响。注入环一般有六到八根软管，环状分布于进泥管周围，用于添加聚合物。环状分布的软管偶尔将聚合物和泥水混合液输送至注入环中，因此需要不定期进行清洗。当部分软管发生堵塞时，就会出现聚合物分布不均的现象，如果不及时进行调整和校正，就会增加聚合物的用量。搅拌设备是一个带权的止回阀，能够对搅拌混合强度进行调整和控制。更为复杂的搅拌设备主要包括静态或机械搅拌装置。不断探索和实验对于确定搅拌混合设备的最佳设置是必要的。与其他所有的优化程序相同，对于注入环软管的设置通常随污泥、聚合物或脱水目标的改变而改变。

1. 脱水污泥含固率低

为提高脱水污泥含固率，可按以下步骤对系统运行参数进行调整：

（1）调整移动带速度。适当调整移动带速度，使其小幅下降约10%，以此来增加脱水污泥泥饼浓缩度。在带式压滤机高压区，当经过压力滚轴时，泥饼厚度较大的脱水污泥受到来自移动带的剪切作用更大。对移动带速度进行调整后，可以让带式压滤机（BFP）先稳定15~20min，然后对脱水污泥进行取样分析，并与先前测定的脱水污泥泥饼含固率进行比较。

（2）调整聚合物流量/用量。增加少量聚合物用量可以使水分在重力区的排放速率得以提高，因为通过移动带的水分越少，形成的泥饼的含固率越高，这会提高运行费用。但同时，过量的聚合物则会使移动带表面形成粘液层，阻碍脱水过程，所以粘液层应定期进行清理。因此，对于带式脱水系统中聚合物的有效使用量有一个上限值。对聚合物用量进行调整后，可以让带式压滤机（BFP）先稳定15~20min，然后对脱水污泥进行取样分析，并与先前测定的脱水污泥泥饼含固率进行比较。

（3）调整移动带液压/气动系统，对其张紧程度进行调整. 将移动带速度提高10%~15%。但有些时候，如果液压/气动系统压力过大，则可能将污泥压入移动带介质的空隙中，使移动带堵塞。对移动带液压/气动系统进行调整后，可以让带式压滤机（BFP）先稳定15~20min，然后对脱水污泥进行取样分析，并与先前测定的脱水污泥泥饼含固率进行比较。

（4）调整聚合物在线搅拌器。絮体大小在很大程度上会影响污泥的可脱水性。聚合物的用量会影响搅拌混合强度。

2. 污泥捕获率低

污泥捕获率较低主要是由于在高压区污泥固体是从移动带侧面被挤压出来的。为了改变这种状况，可以按以下步骤进行调整：

（1）调整移动带速度。逐渐提高移动带速度直至污泥固体不再从移动带侧面被挤压出。对移动带速度进行调整后，可以让带式压滤机（BFP）先稳定15~20min，然后对过滤液和形成的脱水污泥进行取样分析。

（2）调整聚合物流量/用量。增加（有时减少）聚合物用量可以使水分在重力区的排出速率得以提高，降低污泥固体含水率，使得污泥在高压区的允许压力提高。对聚合物用量进行调整后，可以让带式压滤机（BFP）先稳定15~20min，然后对过滤液和形成的脱水污泥进行取样分析。

（3）调整移动带张紧程度。将移动带张紧程度逐渐调小，直到污泥固体不再从移动带侧面被挤压出。对移动带速度进行调整后，可以让带式压滤机（BFP）先稳定15~20min后再对过滤液进行取样分析，并与先前测定的过滤液含固率进行比较。

3. 污泥负荷较低

（1）确保重力区支架结构的清洁。刷杆如果被污泥堵塞，则会导致排放速率降低。

（2）污泥负荷较低的主要原因是进泥污泥浓度或流率下降。这种情况可以通过对进泥样品进行取样、分析其进泥含固率的方法来校核，也可以核查污泥泵是否损坏或堵塞。

（3）较为不明显的情况是移动带的逐渐堵塞。这可能是由于移动带冲洗不充分造成的，也有可能是化学药剂堵塞的。用高压水枪对移动带进行人工清洗能够在一定程度上恢复其排水性能。

33.10.4 维护

对带式压滤机按以下程序进行维护能够延长其使用寿命：

（1）在每天完成脱水作业后，对带式压滤系统（BFP）进行冲洗。这能防止污泥干化并积聚在带式压滤机（BFP）的不同区域。

（2）核查并确保所有的滚轴都能运行自如。

（3）每周对压滤系统进行定期检查，核查其轴承是否损坏。

（4）每年2次对齿轮进行检查，防止颗粒物进入压滤机系统。

（5）按照厂家的操作运行规范，定期对润滑系统加油，这会提高滚轴轴承和移动带驱动器的使用寿命。

（6）尽量对清洗水系统喷嘴进行清洗（这主要依赖于清洗水的质量），确保移动带的清洁。

（7）必要时检查和更换生物固体储泥器和冲洗盒的密封口。

（8）检查和清洗毛发及任何外来物，以防阻塞。

（9）运行停止后清洗重力区。

对于带式压滤系统（BFP）中其他较为复杂机械单元的维修和维护应联系厂家，以取得相关意见和建议。

33.10.5 安全性考虑

为避免工作人员受到伤害，应按照以下方法和程序进行安全防护：

（1）小心水滴、污泥和聚合物，所有这些都能引起滑倒，后果严重。

（2）当机器处于运行状态时禁止排除高压区的固体物质和异物。若有异物掉入移动带单元，应设法对脱水单元进行停车，并在异物进入高压区之前将其取出。

（3）千万不能将手伸入带式压滤机内部。

脱水车间应保持良好的通风条件，以防硫化氢等气体堆积。此外，移动带还会产生大量气溶胶，确保良好的通风条件，使这些气溶胶能排出操作单元。如果带式压滤机配备有防护盖，应确保在其运行过程中都处于使用状态。有些防护盖的设计和性能优于其他类型，对于防护盖而言，市场上应该有能满足客户需要的各种类型。

33.11 离心脱水机

本章将主要阐述影响污泥离心脱水过程的变量参数，及最优化条件下的运行维护措施。

33.11.1 操作原理

离心脱水过程主要是通过沉淀和离心力强化作用进行固液分离的污泥脱水方法。按此定义，根据沉淀原理工作的污水处理厂的浓缩池和澄清池和离心脱水机较为类似。在澄清池中，进泥是从澄清池的表面流至出水堰的，当进泥流过澄清池表面时，尺寸和密度较大的颗粒首先沉降下来，然后是尺寸和密度较小的颗粒。在沉淀池和澄清池中，污泥刮刀缓慢将沉淀后的污泥刮至排放口。污泥刮刀是和齿轮箱相连，运行过程中由齿轮箱内点击进行驱动。当污泥固体被刮到排放口以后，聚集成堆，然后再由潜流泵将其排除。离心脱水机从原理上而言与上述的澄清池是相似的。

离心脱水机（见图33-13和图33-14）是一个圆柱形的转筒，在运行过程中高速旋转以产生离心力。离心力的大小与转鼓转动过程中的边缘线速度成正比，转动线速度微小的变化就会使离心力发生较大的变化。当污泥进入旋转的离心脱水机内部时，它流过转鼓的环形表面，然后再流至排放堰。在污泥逐渐向排放口流动的过程中，污泥在离心力作用下逐渐沉淀于转筒内壁。离心脱水机中螺杆输送机的运行速度控制了污泥的排放速度，也决定了转筒内壁形成的污泥层的厚度。螺杆输送机卷轴驱动器的运行速度设置成与转鼓转动速度略有不同，因此将转鼓内壁的污泥逐渐刮除形成污泥锥体并将其从离心机中排出。与二沉池中的污泥潜水泵速度类似，离心浓缩机中的螺杆输送机卷轴驱动器和转鼓驱动器之间的单位时间速度差控制了转鼓中的污泥层厚度。在所有的离心机中，螺杆输送机的类型都是相同的，并也是使用变速驱动器。离心脱水机有两个驱动器，其中之一为转鼓驱动器，驱动力较大，主要驱动转筒；另外一个是螺杆输送机驱动器，驱动力相对较小，主要用于控制螺杆输送机的转速。

通常来说，从离心脱水机的构造图可以看出，脱水污泥是被螺杆输送机卷出转筒，排放至尾端的。这在污水处理过程中是不发生的。转筒的高度一般等于或高于排放口的高度，排放口不会出现干滩现象。过滤对于污水离心处理来说不是主要的脱水机制，离心脱水主要原理是沉淀。

关于离心脱水机，目前有诸多设计可供选择。如图33-13和图33-14所示。目前离心脱水机生产厂商正在推出一些根据不同污泥特性进行区别设计和制造的服务，并希望提高污泥脱水性能，这些设计很少进行专利申请保护。因此，对于所有的生产商来说，这些选择都是开放的。对于生产商来说，生产成本的降低是进行设计的驱动力。

离心脱水机能够通过堰板的微小设置（也称澄清池设置）对污泥进行浓缩或脱水。同样，在离心脱水过程中可以加入少量聚合物以获得含固率中等的脱水生物固体，若加

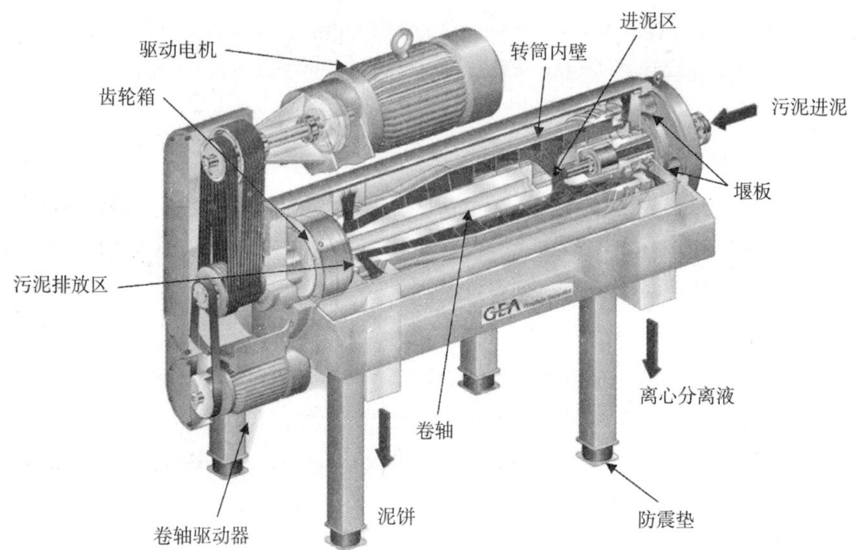

图33-13　离心脱水机剖面图（韦斯伐里亚分离机公司，新泽西州，诺斯维尔）

图33-14　离心脱水机拆装图（安德里茨公司产品，德克萨斯州，阿灵顿）

入剂量较大的聚合物即可获得含固率相对较高的脱水污泥。离心脱水机由于自身密封性较好，所以很容易和恶臭气体控制系统相连。离心脱水机中螺杆输送机的扭矩（脱水过程中）是与脱水污泥的黏度和其他各种阻力之和成正比的，同时也与机械效率有关，这是离心脱水机所特有的。当离心机在进行污泥脱水作业时，污泥黏度产生的阻力通常要比机械阻力大，因此，对于大多数控制器来说，操作人员可以将扭矩设置在一个较为可靠的水平，同时使污泥离心脱水机在污泥浓度相对较为稳定的条件下运行。这就使得离心脱水机的自动化运行过程更易实现，同时降低了监管的需要。但遗憾的是，当离心脱水机进行脱水作业时，因污泥黏度产生的扭矩通常比机械阻力更小，导致扭矩自动控制失效。图33-14描述了奥地利格拉茨的安德里茨离心机公司生产的设备。

离心脱水机经常容易发出噪声、产生振动，另外其齿轮减速器也易于损坏，同时还经常需要进行昂贵的厂外维修。从某种意义上来说，设计和制备良好的离心脱水机，上述问题可以得到缓减。一般来说，对已经严重损坏的机器来说，从费用上考虑，与其对其进行维修和更换零部件，还不如重新安装新的设备。同样，对于那些表面坚固的，使用寿命相对较长的产品一般比使用寿命低的产品的费用更高。例如，对于相同使用时间而言，使用寿命为20000h或使用过程中不会出现故障的离心脱水机的投资费用远比使用寿命为6000h的要多。从另一方面来说，污水处理厂污泥脱水时间约为600~1000h，因此使用寿命为6000h的机器也是不错的选择。

33.11.2 离心脱水机的数学公式

在离心脱水过程中，有几个公式特别有用，离心脱水机主要根据其在脱水过程中产生的离心力和运行速度来定价。离心力反映了离心脱水机的加速度，与速度的平方成正比。转筒直径为74cm（29英寸）的离心机，当转速为2600r/min时，其产生的离心力大小为：

$$\text{离心力} = 0.0000142 \times (\text{r/min})^2 \times \text{直径(英寸)}$$
$$= 0.0000142 \times (2600)^2 \times (29) = 2784\text{g}$$

这就意味着转筒边壁上0.5kg重量的不平衡将会产生1263kg的力，因此会产生强烈的振动。

33.11.3 工艺变量参数

在污泥脱水系统中，有几个工艺参数的变化对脱水性能影响较大。总体来说，脱水过程中离心机对污泥的捕获率都要求达到95%以上，甚至更高，因此捕获率实际上不是波动的运行参数。其他的参数，如脱水污泥干燥度(含固率)、污泥负荷和聚合物用量等，操作者都能从一个变量转换到另一个变量。为了得到含水量更低的脱水污泥，操作者可以通过降低负荷或增加聚合物用量的方法得以实现。

1. 污泥类型和质量

如前所述，污水处理厂污水处理工艺决定了产生的生物固体的质量，这反过来又影响了污泥的处理过程。

2. 聚合物活性及与污泥的混合程度

一般来说，每年对聚合物进行一次选型，但是在一年中生物固体却经常发生变化。假如所投加的聚合物不能与生物固体进行良好的混合反应，那么脱水性能就会受到影响。同样，在接近或远离离心机的投加点投加聚合物也将会影响脱水性能。

3. 脱水污泥含固率

在低污泥负荷和高聚合物用量条件下能够提高产生的脱水污泥的干燥度（含固率）。

从很大意义上来说，获得高干燥度（含固率）的脱水污泥是离心机的一项主要设计指标。

4. 聚合物类型和用量

有些聚合物的开发就是为了获得高含固率的脱水污泥。同样，聚合物用量也会提高或降低脱水污泥的含固率。对于某些聚合物而言，在高用量条件下反而会降低其有效性，这在聚合物的烧杯试验中较为明显，研究发现，过量投加聚合物后，污泥的脱水性能反而有所降低或维持不变。

5. 水力负荷

与过滤设备相比，离心机受过流水量的限制较小。因此，相对过滤设备而言，浓度较低的进泥对离心脱水机的性能变化影响不大。

6. 污泥负荷

污泥停留时间非常重要。在其他条件相同的情况下，如果需要进行脱水的污泥量越多则其停留时间就相对较短，因此产生的脱水污泥的含水率也会相对较高。

7. 污泥捕获率

污泥捕获率通常是由污水处理厂管理人员根据要求进行设定的，并不是运行过程中波动的变量。

8. 污泥温度

离心机的性能通常与污泥温度相关，污泥温度越高性能越佳，但不能超过60℃。

33.11.4 性能水平

设计和安装一套性能高（形成的脱水污泥含固率和水力负荷高）、使用寿命长的污泥离心脱水系统价格较为昂贵。当然，价格高的污泥离心脱水系统的性能水平要比价格低的污泥脱水系统的性能水平高。

影响离心脱水机性能的主要机械变量参数如下：

（1）传送装置扭矩或转速差；

（2）转筒转速；

（3）堰板设置；

（4）聚合物投加点。

33.11.5 卷轴转速差扭矩

卷轴驱动装置允许操作者改变转筒和卷轴（传送装置）之间的速度差。在离心脱水机中，通过改变这一速度差来改变脱水污泥的去除速率，从而改变离心脱水机中转筒壁上的污泥层厚度，就如在重力浓缩池中通过改变底流污泥泵的速率来调节污泥层厚度一样。当转速差较低时，形成的污泥层厚度随之升高，脱水污泥含固率也有所提高。当污泥层不断变厚时，形成的生物固体可能又会进入离心分离液中。根据这一情况，操作者可以通过提高聚合物量来降低离心分离液中的污泥，此外也可以通过提高转速差来降低产生的污泥层厚度。同样，提高转速差能够提高污泥从离心脱水机中去除的速率也可以有效降低污泥离心脱水机中的污泥层厚度。这会导致产生的脱水污泥的含水率较高，但是却能保证离心分离液中的污泥含量至最低，同时可以降低聚合物用量。

33.11.6 扭矩控制

近年来，几乎所有的离心脱水机都具有允许操作者选择卷轴（传送装置）驱动负荷或扭矩设定点的控制器，通过控制器可以调整转速差从而维持某一设定点。通过这一控制措施，扭矩和形成的脱水污泥含固率得以稳定。判断离心脱水机的性能是通过昂贵的黏度计来进行监测，而传送装置主要淹没于生物固体内部，在一个可控制的速度范围内运行。传送装置运行所需要的作用力或扭矩通常是通过卷轴驱动装置进行测量和确定的。当形成的脱水污泥含固率提高时，其黏度也随之增加，这反过来也会增加卷轴驱动装置所需的扭矩或负荷。当离心脱水机在负荷控制条件下运行时，控制器可以自动调节每分钟转速差以维持扭矩在一恒定值，操作者的唯一任务是时刻注意离心分离液的水质，并适当调整聚合物流率，以降低离心分离液中的污泥含量。上述的控制方法简单易行，其优点是运行费用（基于脱水污泥干燥程度）固定，且任何操作失误都会通过离心分离液中的污泥含量显示出来，这一指标很容易观察，即使稍有下滑也不会造成太大的费用提升。

33.11.7 转筒速度

每一台离心脱水机铭牌上都标有特定污泥浓度下的转速等级。每个速度对应一个特定的驱动该浓度下污泥固液分离的离心力。一般来说，当转筒的离心力从1800g上升到2000g或2500g，甚至3000g时，在澄清池设置合理的情况下，系统性能是逐渐提高的。但遗憾的是，随着离心力的提高，动力消耗、污泥所受剪切力、零部件磨损以及机器噪声和振动也会随之增加。离心脱水机的动力消耗是和离心力成正比的。目前市场上出售的离心脱水机运行过程中的离心力通常都在2000g以上。通常情况下，离心脱水机都在其额定转速以下运行，因为在连续高速运行条件下的机器噪声、振动和维护等相关方面未进行充分设计。从理论上来讲，提高离心力是能提高离心脱水机的性能。在离心脱水机运行过程中应征询厂商关于运行速度变化的相关意见和建议。

33.11.8 堰板设置

堰板设置在离心脱水系统中，是一个经常被误解的操作变量参数。应考虑离心脱水机的截面积（离心机中的气－液交换面积），通过提高离心机中气液界面的高度（即转筒长度）、减小转筒直径的办法能有效降低发生固液分离的筒体的截面积。这将会有利于离心分离液中污泥含量的降低，这与所形成的脱水污泥的干燥程度似乎并无关联，但确实能提高其含固率。筒体较深的污泥离心脱水机的缺点是启动时可能会有部分污泥溅出，且筒体越深所需的密封时间越长，这是因为要从排泥末端排除脱水泥饼的原因。千万不要认为离心机中转筒堰板设置已在最佳状态，每隔一两年，要将堰板向上或向下调整4mm左右，并观察哪种设置是最佳的。

33.11.9 聚合物投加点

大多数的离心脱水机厂商都建议设置4个以上的聚合物投加点。总体来说，如果聚合物形成的絮体强度较弱，则建议投加点离离心机越近越好；如果聚合物和生物固体直接反应较为强烈，形成的絮体强度较大，则建议聚合物投加点远离离心脱水机。一般来说，建议将4个投加点的位置分别设在离心机上游20~30m处、12m处、离心机与进泥管连接处和离心机内部。有些离心机在其内部可以投加聚合物，投加位置可为进泥区或筒体固液分离区。聚合物投加的便捷性对于离心脱水系统而言至关重要。目前最佳的设计为带阀门的多支管投加系统，聚合物可以从一根总管出来，通过支管分流至各个不同投加点。

33.11.10 运行

离心脱水机运行过程中应按表33-6中的相关数据进行监测。对于一个设计良好的离心脱水系统而言，监控和数据采集系统(SCADA)应具有数据储存和对污泥捕获率、聚合物用量以及运行费用等相关参数的自动计算功能。此外，如果将来系统维护和检查中需要相关的帮助，该数据清单可以为系统障碍排除提供现成的数据记录。

离心脱水数据表　　表33-6

所有者	马里·黑斯特污水处理厂																
污泥类型	厌氧消化污泥																
离心机型号	Bio Boogey																
序列号	93-DDN2500																
聚合物类型	Flocking Good FG1																
Date	运行序号	池号	转筒转速(rpm)	Delta (rpm)	进泥速率(GPM)	进泥浓度(%SS)	出流浓度(%SS)	脱水污泥浓度(%TS)	进泥流率(t/h)	湿污泥流率(t/h)	干污泥流率(t/h)	聚合物浓度(%)	负荷率(%)	聚合物流率(GPM)	聚合物用量(#/TDS)	REC (%)
3/4	1	14.7	2600	3.3	120	2.4	0.35	21	0.7	3.0	0.63	0.20	25	12.7	17.6	86.9
	2	14.7	2600	2.9	120	2.4	0.08	21	0.7	3.3	0.70	0.20	25	12.7	17.6	96.9
	3	14.7	2600	2.7	120	2.3	0.07	23.5	0.7	2.9	0.67	0.20	35	14.3	20.7	97.2
	4	14.7	2600	2.5	120	2.35	0.14	24.5	0.7	2.7	0.67	0.20	39	16.6	23.5	94.6
	5	14.7	2600	2.4	120	2.3	0.19	25.5	0.7	2.5	0.64	0.20	41	18.5	26.8	92.4
	6	14.7	2600	2.3	120	2.25	0.17	26	0.7	2.4	0.63	0.20	47	20.3	30.1	93.1
	7	14.7	2600	2.9	120	2.3	0.08	26.3	0.7	2.5	0.67	0.20	55	22.8	33.0	96.8
	8	14.7	2600	2.7	120	2.1	0.10	26.8	0.6	2.2	0.60	0.20	64	22.5	35.7	95.6

33.11.11 操作顺序

由于不同离心机的构造和组件不同，污水处理厂操作者在使用过程中应征询厂商关于该设备的特定的启动说明和操作程序，以下是对于大多数系统而言均能适用的建议：

（1）确认污泥泵、聚合物投加泵、脱水污泥传送装置以及离心分离液循环泵均正常；

（2）打开各阀门，如进泥阀门和聚合物进料阀门等；

（3）开启启动按钮，清理报警面板；

（4）当系统处于启动和正常运行状态时，设置每分钟转速差；

（5）在确保离心机密封的条件下，将进泥流量和聚合物流量调至正常流量的60%，同时改变运行状态为负荷控制状态；

（6）当离心机到达平衡状态时，将进泥流量和聚合物流率调至正常值；

（7）在许多离心脱水系统中，离心机可以在负荷控制条件下启动，而不会造成扭矩的突变。但是在速度控制条件下离心机达到稳定状态的时间相对较短。

（8）离心脱水机通常配备有以下报警系统：

1）高扭矩条件下警报和报警系统；

2）强烈振动条件下警报和报警系统；

3）轴承高温报警系统；

4）电机高温报警系统；

5）泵和污泥传送装置停止系统。

此外，在离心脱水系统中常常设置有联锁，以防在防护盖打开的时候离心脱水机突然启动。

在运行过程中，操作者应逐项检查以下内容：

（1）检查循环油系统的油位和流向轴承的润滑油；

（2）检查冷却水流率和油温，确保系统在正常范围内工作；

（3）检查机器振动状况；

（4）检查转筒电机的电表读数；

（5）通过触摸来检查轴承温度；

（6）检查系统是否泄漏；

（7）检查离心分离液的水质；

（8）检查卷轴驱动器的扭矩。

因为在故障条件下离心脱水机会自动关闭，所以在每一个运行工况中操作者通常只检查一次机械设备参数。

33.11.12 离心脱水数据表

如果操作人员在每一个运行工况下都能填写下表，那么离心脱水系统的运行性能将会逐渐更佳。对于操作者来说，交互式电子表格可能更为有效，操作人员可以在表格中输入原始数据，然后由计算机程序自动计算包括处置费用、聚合物费用以及总费用等相关参数。对于操作者来说，掌握本污水处理厂内污泥脱水过程中产生的费用和其他污水处理厂污泥脱水过程中产生的费用同等重要。

33.11.13 温度影响

离心机是根据污泥相与液相之间的密度差而进行工作的。当温度上升以后，水的密度将会有所下降，而污泥固体的密度受温度的影响较小。大量的实验已经证明，当温度每上升5℃时，污泥固体的含固率就会下降2%。聚合物的使用上限温度约为60~ 65℃，否则聚合物将会分解。温度的上升也会造成离心分离液的BOD值上升，但不至于上升到引起不必要麻烦的程度。若人们早些年能认识到这一点就好了，目前只有少数污水处理厂利用这部分热能来加热污泥，但温度的升高同时也可能造成恶臭气体的增加。

33.11.14 工艺控制

离心脱水系统的关闭程序应遵循以下操作程序：

（1）停止离心脱水机中的生物固体和聚合物进料；

（2）添加冲洗水（可以使用污水处理厂出水），直至离心分离液变清澈，扭矩开始下降；

（3）关闭离心脱水机；

（4）继续按正常流量的25%进行反冲洗，直到离心脱水机转速达到700~800r/min；

（5）关闭润滑系统和冷却水系统，直至系统完全停止。

反冲的目的是将离心机中的固体物去除。如果反冲过程中发现无固体物继续流出，则可停止反冲。

33.11.15 故障排除

1. 获得含水量更低的脱水污泥

可以通过选择合适的聚合物来形成含水量更低的脱水污泥。如果对脱水污泥的干燥程度要求较高，则有必要变换聚合物的种类，因此在这一过程中聚合物供应商就需要参与进来。同样堰板的高度设置太低也会影响脱水过程，要充分考虑脱水机转筒完全密封所需要的时间。假如密封时间过短（如1~2min），则此时堰板的高度对于形成理想干燥度的脱水污泥可能设置得过低，此时有必要将转筒直径提高5mm左右，直到完全密封时间上升至5~8min。在相同扭矩条件下，离心机应尽量在较低的转速差下运行，此时形成的离心分离液水质也会更好。提高扭矩设定点，使投加的聚合物少一些。

2. 降低聚合物用量

一般来说，造成聚合物用量大的原因主要有：

（1）生物固体进泥质量较差，请参见“脱水运行原理”章节。

（2）如果生物固体黏度很高，有必要对聚合物进行稀释，稀释后的聚合物有助其捕获污泥中的每一个生物固体颗粒，形成絮体，并有效降低污泥黏度。

（3）改变聚合物投加点，绝大多数的离心脱水系统生产厂商建议四点投加法。

（4）聚合物用量越高会导致其熟化时间缩短，这反过来会提高聚合物用量。因此只要核查并观察聚合物的熟化时间就足够了。

（5）生物固体与聚合物反应不佳。核查实验室冰箱中的聚合物标准样品与供应商提供的现场使用的样品的反应性能是否一致。与供应商共同商讨现在使用的聚合物是否适合目前污水处理厂的脱水系统，寻求更为有效的聚合物类型。

使用铁盐聚合物能够降低聚合物用量，但是聚合物用量降低节省的费用却不能抵消铁盐的价格成本。

3. 提高处理能力

（1）提高污泥进泥流率将会降低离心机中的生物固体停留时间，从而导致形成的脱水污泥含水率变大。

（2）进泥负荷提高也会增加聚合物用量，这会抵消负荷提高的正面作用。

（3）如前所述，转筒与污泥排放口之间的高度差是十分重要的。当进泥流率发生变化后，则通过堰板板顶的排放量也会发生变化，此排放量越大导致压差越大，因此有必要将堰板高度降低几厘米（如图33-15）。

（4）提高进泥中的污泥含固率将会降低进泥流率，因此只要黏度不太高则有助于降低污泥的腐败程度。

（5）延长离心脱水机的操作时间或开启更多的污泥离心脱水机将有助于提高处理能力。

（6）添加氯化铁等。

表33-7列出了离心脱水机的故障排除指南，这能帮助操作者及时发现问题并决定解决问题的方法。

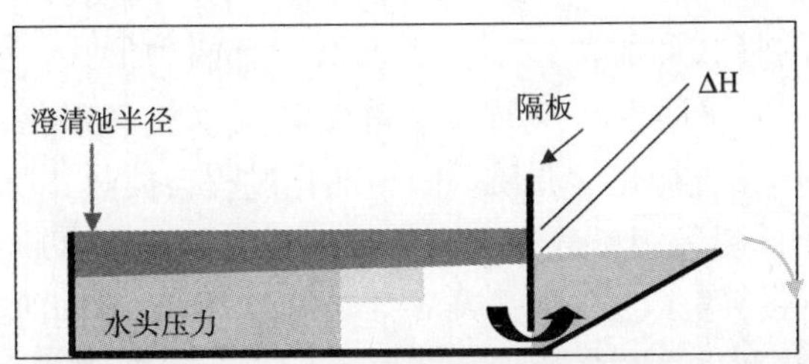

注：ΔH — 压差

图33-15　离心脱水机中压差示意图

离心脱水机故障排除指南　　表33-7

问题	可能的原因	解决措施
整体脱水性能不佳	污泥与聚合物之间反应不佳	检查上游污水处理工艺的运行情况、聚合物制备系统及所使用的聚合物质量，如未发现异常则向供应商咨询
	进泥流率过大	设法降低聚合物流率
	进泥含固率太高	用污水处理厂尾水稀释聚合物并进行烧杯实验，或降低进泥污泥浓度
	提高转筒转速	提高转速前请征询厂家的意见
	筒体澄清区高度太低	检查堰板设置，将堰板高度提升6mm左右
扭矩过大	污泥黏度过大	降低扭矩设置点以获得含水率相对较高、黏度相对较低的脱水污泥
		更换聚合物类型，因为某些聚合物比其他聚合物可能会产生更大的扭矩
离心机密封性能不佳	污泥与聚合物之间反应不佳	如上所述
	堰板设置太高	将堰板高度降低6mm左右，这可能需要一段时间才能见效

续表

问题	可能的原因	解决措施
性能不稳定	进泥或聚合物流率波动较大	设法保持进泥及聚合物等原料的一致性，检查所使用的聚合物是否为同一批次，当原料发生变化则有必要调整堰板高度，当然无需调整是最佳的选择
间歇性剧烈振动	离心机内部卷轴性能变差	将转筒转速降低几百rpm，设法使用深度较大的澄清池或更高的聚合物流率
一周内振动强度逐渐提高	传送装置轴承损坏	将轴承拆开并进行检查
	污泥堵塞传送装置进泥区	关闭反冲或重启系统，如问题仍未解决则可降低转筒转速
振动强度迅速提高	立即关闭系统，并检查轴承温度	找维修厂商检查是否轴承损坏
持续振动	进泥区和传送装置尾端发生污泥堵塞	关闭系统，清理进泥管，进行压力反冲
	其他机械故障	关闭系统并拆开离心脱水机检查是否发生腐蚀、磨损、轴承弯曲或损坏等故障

33.12 真空过滤和压力过滤

无机化学调理通常用于转鼓真空过滤压滤脱水系统。调理所用的化学药剂通常为石灰和氯化铁，一般较少使用硫酸亚铁、氯化亚铁和硫酸铝等无机絮凝剂。

33.12.1 石灰

真空过滤和压滤过程中通常使用石灰和氯化铁等调理剂使污泥更容易过滤，以此提高污泥从过滤介质中的释放和脱落性能。干粉石灰有两种形式，分别为生石灰（CaO）和熟石灰（$Ca(OH)_2$）。当使用生石灰时，应首先利用水使其浆化，从而转变为熟石灰（$Ca(OH)_2$），然后再利用其进行化学调质。因为熟化过程会放热，所以需要利用特殊的设备。生石灰通常有三个质量等级，分别为高等级（CaO含量为88%~96%）、中等级（CaO含量为75%~88%）和低等级（CaO含量为50%~75%）。因为不同等级的生石灰会影响其熟化过程，因此在购买之前应充分考虑这一影响因素。一般来说，只有那些反应迅速、高效熟化的生石灰才会用来进行化学调质。生石灰必须存放在干燥的环境中，因为它会吸收空气中的水分并进行化学反应，导致其无法继续使用。

熟石灰相对生石灰而言更易被利用，因为它无需熟化过程，在与水进行混合反应时产生的热量也非常少，储存过程也无特殊要求。但熟石灰相对较为昂贵，且比生石灰更难获得。由于生石灰的用量通常都在2~3t/d，甚至更多，这就意味着只有比较大型的城市污水处理厂才会使用生石灰。

石灰通常用和三价铁盐一起使用，尽管石灰对胶体类物质有一定的脱水性能，以及除臭和消毒效果，但是主要是利用它来提高过滤性能和调节污泥从过滤介质上释放的作用。另外由于石灰会和重碳酸盐反应生成碳酸钙，使得污泥的颗粒结构更大，从而提高了其多孔性，并降低了生物固体的可压缩性。

33.12.2 用量要求

一般来说，无论是否添加石灰，铁盐的使用量为20~62kg/t干污泥。石灰的用量为75~277kg/t干污泥。表33-8列出了典型的氯化铁和石灰投加量范围，当然在使用石灰的过程中，也可以使用有机絮凝剂来代替氯化铁。

无机化学调理极大地增加了排放污泥的质量。在化学调理过程中，每投加单位质量的石灰和氯化铁就会相应产生单位质量的化学污泥，这还不包括附着水的质量。当然这会增加污泥处置的总费用，降低其焚烧处理过程中的燃烧值。随着聚合物技术的发展，无机化学调质和相关工艺过程成本已经大大下降。

城市污水污泥化学调质过程中氯化铁和石灰的典型投加量　表33-8

污泥类型	真空过滤		压滤	
	$FeCl_3$	CaO	$FeCl_3$	CaO
生污泥	20~40	80~100	40~60	110~140
初沉污泥	60~100	0~160	70~100	200~250
剩余活性污泥	20~40	90~120		
初沉污泥+滴滤池腐殖污泥	25~60	90~160		
除层污泥+剩余腐殖污泥	25~40	120~150		
厌氧消化后的淘洗污泥				
初沉污泥	25~40	0~50		
初沉污泥+剩余活性污泥	30~60	0~75		
厌氧消化污泥				
初沉污泥	30~50	100~130		
初沉污泥+剩余活性污泥	30~60	150~210		
初沉污泥+滴滤池腐殖污泥	40~60	125~175		
热化学调质污泥	无	无	无	无

33.12.3 其他类型的调理剂

在污泥化学调理过程中，通常还会使用其他类型的无机化学调理剂。如水泥窑的飞灰、电厂粉煤灰以及污泥焚烧处理后产生的污泥灰等，这些物质都能有效提高污泥脱水性能，改善其从过滤介质上的释放性能，提高污泥含固率，在有些情况下还会降低其他类型调理剂的用量。

33.12.4 压滤机

以下将讨论压滤机的工作原理、工艺参数变量、过程控制以及故障排除、启动和关闭程序、安全防护和系统维护等相关内容，图33-16为污水处理厂的板框式污泥过滤机外形照片。

图33–16 板框式压滤机（西门子水处理技术公司）

1. 运行原理

压滤机通常为凹板过滤机或隔膜压滤机。压滤机典型的构造如图33–17所示，随着更高效的有机聚合物的发展，带式过滤机和离心脱水机已经逐渐淘汰了市场上的压滤机，但在某些特殊场合中，带式过滤机仍旧具有吸引力。

固定容量的板框式压滤机（如图33–17、图33–18和图33–19）通常包括一系列板框，

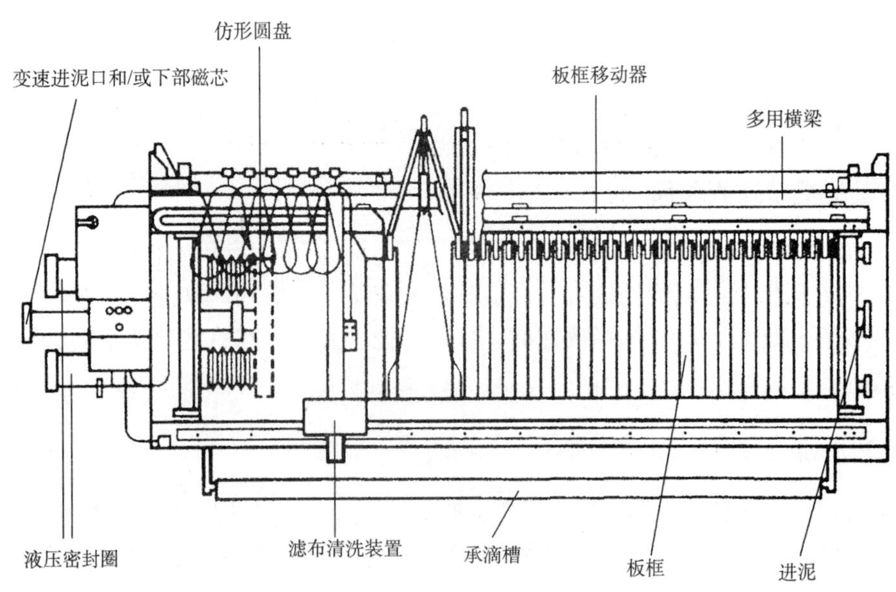

图33–17 固定容量的凹入式板框压滤机

图33–18　固定容量的凹入式板框压滤机

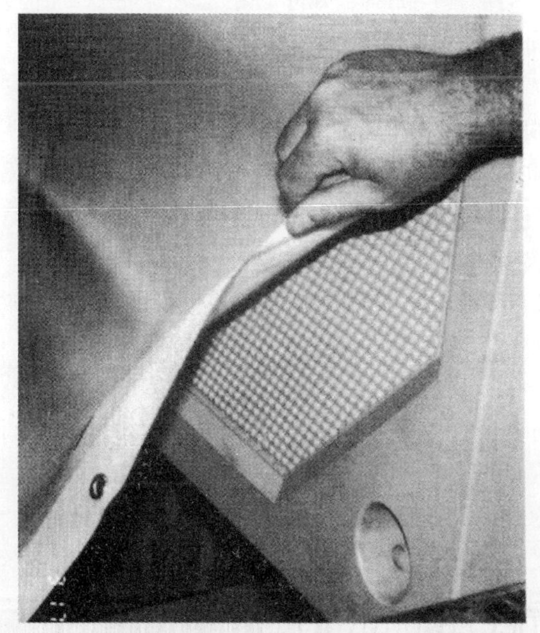

图33–19　固定容量的凹入式板框压滤机滤布后的排水槽

每一个板框凹进去的部分构成了脱水体积的进料区。图33–17显示了典型的板框式压滤机的外部机械构造。过滤介质或滤布通常对着每个板框放置，将污泥截留同时允许液体流过形成过滤液。过滤介质下部的板框表面通常进行特殊的凹槽式设计，便于过滤液通过，同时能有效支撑滤布。

2. 污泥调质

污泥在泵入压滤机之前通常需要对进泥进行化学调质，以提高污泥絮凝性能同时释放出污泥吸附的附着水。大多数典型调质系统都是用污泥和有机化学药剂进行调质。

（1）调质原理

调质是将小颗粒结合成大颗粒的过程，一般分为混凝和絮凝两个阶段。混凝主要是通过投加与颗粒表面电荷相反的电荷，降低颗粒间静电引力从而达到颗粒脱稳的过程。

（2）无机化学调质

无机化学调质通常应用于真空过滤和压力脱水系统．所投加的调质剂一般为石灰和氯化铁。硫酸亚铁、氯化亚铁和硫酸铝也有使用，但相对较少。

（3）铁盐

氯化铁溶液通常是由供应商提供，其浓度一般为30%~40%，但有些污水处理厂通常将其稀释至10%左右，以提高混合性能，并降低其酸性和腐蚀性。稀释所用储罐一般应能满足1天使用量，或进行管道内的在线稀释。稀释也可能会导致水解反应及氯化铁晶体的析出。

在氯化铁的使用过程中应考虑其腐蚀性，因为在使用过程中氯化铁会水解形成盐酸，腐蚀钢铁和不锈钢组件。当氯化铁与生物固体一同稀释时，氯化铁水解产生的酸度会和生物固体的碱度中和，则最终产品将会是中性的。在氯化铁添加过程中必须使用联动装置以确保添加到生物固体中的氯化铁含量总是处于合适范围，而其自身不会泵入到污泥管线或设备中。

在氯化铁的使用和处理过程中必须采取特殊的预防措施。最佳的材料为环氧树脂、橡胶、陶瓷、聚氯乙烯和聚乙烯等。在使用过程中一定要注意避免接触皮肤和眼睛，操作人员应佩戴面罩、护目镜、橡胶围裙、橡胶手套等。氯化铁的储存不受时间条件的影响。一般来说，氯化铁可储存于建在地面上的耐受性塑料容器中，其外围有防渗墙。氯化铁在低温条件下会结晶，这意味着储存容器必须存放于室内或进行适当加热。

（4）石灰

石灰通常和三价铁盐一起使用，主要是因为石灰能够提高污泥孔隙度，辅助其释放。无机化学调质过程增加排放的污泥量。在化学调理过程中，每投加单位质量的石灰和氯化铁就相应产生单位质量的化学污泥。

在板框式压滤机中，进泥通常是由高压泵泵送的，滤液通过脱水污泥层和过滤介质，在压力作用下通过板框上特定的钻孔排出。图33-20为典型压滤系统的示意图。

当高压泵泵送的污泥填满板框式压滤机板框和滤布之间的格室空间时，高压泵就自动关闭，此时滤液流量降至最低。随后压滤机机械打开，脱水污泥被清除，每次只进行一个格室的操作。

压滤系统中的变量参数为隔膜压力。当隔膜压力达到最大时，无论采用空气或水，其压力值可达1380~1730kPa，这使隔膜扩大并有效提高脱水量。

3. 工艺变量—化学调质

聚合物有效用量的范围较窄。用量太高或太低均不能形成含固率合适的脱水污泥。相对而言，石灰和氯化铁的有效用量的范围却更为广泛。但对操作者来说，最希望的就是通过降低化学药剂的使用量来降低运行成本，假如设备运行状况和进泥质量不稳定，则可通过加大石灰用量的办法来防止形成的脱水污泥含固率下降。单位质量脱水污泥所

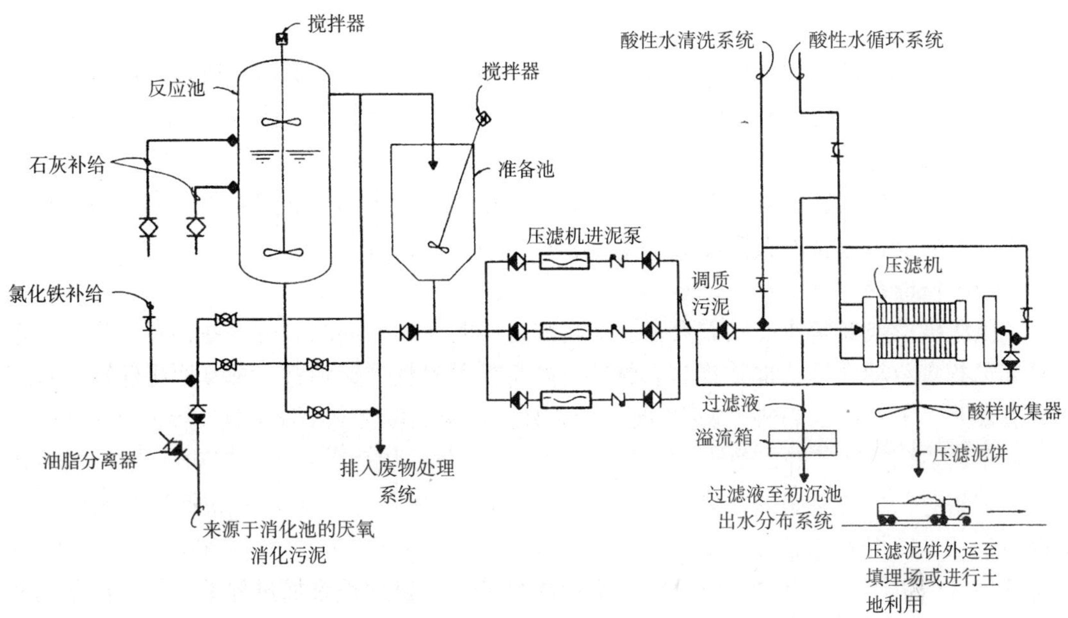

图33-20　典型压滤系统示意图

需的有机聚合物调质剂用量相对较小，这大大降低了污泥脱水系统所需要的空间，同时增加了处理能力。

（1）理想状态下污泥捕获率为99%，滤布一旦损坏将会导致形成的过滤液水质急剧下降，含固率迅速上升。

（2）进泥污泥浓度。进泥浓度如果过低将会导致在最初内部填充体积较高的条件下，污泥易从板框表面流出，因为此时在排水系统中过滤液的流量较大。当进泥的污泥浓度较小时，会使脱水过滤时间延长，形成的脱水污泥的含固率也更低；而浓度较大的进泥形成的污泥含固率则相对较高，脱水过滤时间也相对较低。

对于传统的压滤系统而言，操作人员可以控制以下机械运行参数：

（1）进泥压力。对压滤系统而言，通常有两个不同的系统运行压力范围，分别为656~897kPa和1380~1730kPa。

（2）进泥速率。单位时间内流过压滤系统的进泥流量。

（3）整体过滤时间。包括在多压力水平的操作条件下，每个压力水平的操作时间。

（4）使用滤料层或主体进泥。通常来说，当使用无机化学调理剂时，滤料层的使用是非常必要的，一般使用氯化铁或石灰材料。加入颗粒粒径非常小时，则滤料层是非常必要的，滤料层的过滤性差异很大，我们希望滤料层能截留大部分的细小颗粒固体。

（5）化学调质剂的类型、用量、投加点和搅拌混合效率。有机聚合物化学调质的投加过程不能和石灰与氯化铁等无机化学药剂的投加过程相提并论，因为每种化学药剂所需要的搅拌混合程度及反应时间都是不同的。在有机聚合物投加过程中只需要进行快速的搅拌。如果在调质过程中，调质剂的类型发生改变则需要相应改变管道和混合系统。

（6）污泥的絮凝性能和搅拌混合所需的强度取决于所使用的调质剂类型。使用有机聚合物时，形成的絮体只能稳定几分钟，很容易受到剪切力的影响。使用石灰作为调质剂时，形成的絮体能稳定数小时。

（7）压滤机过滤介质。不同滤布之间，受纤维成分、组织结构类型和紧密程度的影响，其过滤性能差异很大。用于有机生物固体脱水的典型的滤布通常用聚丙烯纤维制成，以达到2.3~3.4m^2/min的孔隙度。

4. 过程控制

压滤机的典型操作程序需要在启动自动过滤周期之前进行目视检查。大多数的压滤机都配备有自动关闭板框并将其夹紧的设施。在关闭和夹紧之前，需要对板框和滤布进行检查。

在化学药剂准备好，确认储罐中的药剂含量足够多以后，就可以启动过滤了。起初，需要在相对较短的时间内以高流率对压滤机均匀地进行进泥。在这一快速进泥的初始过程中，可以使用多功能泵或高容量低压泵。当内部液体压力达到约380kPa时，所有的进泥泵将自动关闭，只有少数的低容量高压泵继续运行直至其达到限定压力。随着压滤机室内固体浓度的增加，相应的压力也随之上升，当达到最大压力（通常为656~897kPa）时，压力和过滤循环过程继续，直至达到预期的污泥浓度为止。

有些压滤机系统开始是通过中心反吹工艺进行减压的，这将会去除粘附在表面的湿污泥。如果反吹系统不存在，则当压滤机打开的时候有些液体将会从底部排出。

（1）在打开的位置放置滴水盘；

（2）收回液压杆；

（3）启动自动板框移动序列程序，分离并撞击板框，一次分离撞击一个，使脱水污泥掉落到下部的容器中。有部分脱水污泥需要用塑料刮刀将其刮除。需要注意的是，如果脱水污泥从滤布上释放的性能下降，意味着污泥调质过程不合适。在污泥进入压滤机过滤之前，需要从滤布上去除大多数的剩余湿污泥，否则就需要按照厂家的建议对滤布进行清洗了。

5. 故障排除

表33-9是压滤机在运行过程中的故障排除指南，这有助于操作人员识别问题并决定相应的解决措施。

压力过滤系统的故障解决　　表33-9

存在的问题	可能的原因	故障检查	解决措施
板框密封性不佳	液压过低	检查厂家建议的液压值	调整至规定值
	进泥压力过高	检查进泥泵泵压	将泵压调整至合适范围
	破布或固体颗粒缠绕于密封圈表面	检查密封圈表面	当污泥排放时检查密封圈表面
（湿）污泥排放难度大	滤料层厚度不足	预防进泥	增加过滤层厚度，进泥压力控制在172~276kPa
	调质不合适	调质剂类型和用量	根据经验或批式真空过滤实验调整调质剂类型或用量

续表

存在的问题	可能的原因	故障检查	解决措施
（湿）污泥排放难度大	过滤时间过短	核查过滤时间、过滤液流率和进泥压力	延长循环过滤周期时间
过滤循环时间过长	调质后的污泥停留时间太长	核查调质过程时间	不要保存时间过长的调质污泥，或者在其使用之前额外添加石灰
	进泥含固率浓度太低	检查污泥浓缩操作工艺	提高浓缩单元的效能以提高压滤机进泥浓度
	不合适的滤料层进料速率	检查滤料层	将滤料层进料速率降低几个周期，然后再进行优化
	过滤介质堵塞/滤料介质中钙质堵塞	检查过滤介质	反冲过滤介质/酸洗（限制使用盐酸）
过滤液水质差	滤布有裂缝或空隙过多	检查所有的滤布	更换损坏的或不合适的滤布
	压力过高	检查操作运行历史数据	按规范调整进泥压力
过滤介质发生堵塞	过滤层不合适	检查过滤层进料速率	增加过滤层厚度
	最初进泥速率过高	检查泵取速率	降低泵泥速率
	调质不合适	检查调质剂	改变化学调质剂用量
	滤布空隙过小	检查所有的滤布并咨询厂家	更换不合适的滤布
脱水污泥含水率过高	调质不合适	核查调质剂用量	改变化学调质剂用量
	过滤周期过短	核查过滤液流率和污泥含水率之间的关系	延长循环周期时间
污泥从压滤系统吹出	堵塞，如破布，在压滤系统中迫使污泥在板框之间吹出	增加压力	关闭进液泵，按下压力驱动开关，重启进液泵；在每个循环结束后清洗板框的进料孔
	形成泥饼	增加压力、过滤流量和过滤时间	关闭压力开关，取出泥饼

6. 系统启动和关闭程序

因为每个系统都有其独特的设备，且各设备之间也有独特的系统联锁，因此对操作人员来说，非常有必要进行全面的关于各特有的压滤系统启动和关闭的相关程序培训。以下是关于系统启动和关闭的主要导则。

一旦化学药剂和生物固体的流量发生变化，操作人员应该进行相关的实验室内的真空过滤实验以确定水分是否能顺利从污泥中脱除。有时候还需进行其他的实验，如污泥比阻抗值实验和毛细吸水时间实验。

同样，在主要维护程序启动之前和在每个脱水污泥排放周期中，操作者应按以下程序来检查每压滤系统每一个板框和滤布：

（1）滤布应该与板框紧密接触，不得出现皱褶，同时要防止其被污物和异物污染；

（2）板框之间和板框之上不应有物体；

（3）应检查滤布是否破损，尤其是在中心接合处和支持点处。

如果没有上述的检查，那么压滤系统可能会损坏，还有可能会损坏操作杆。如果在操作过程中使用石灰，那么在污泥迁移之前要进行适当的混合以得到合适的污泥浓度。通常使用10%含量，比重（由液体比重计测量）为1.06的石灰浆。

压滤机循环运行过程的相关细节问题受系统设计的影响较大，此处不进行详细阐述。

7. 安全问题

以下是关于压滤机操作运行过程中的一些安全性问题。与其他的操作程序一样，必须提交不同操作单元的安全操作步骤并经批准同意，并在各个污水处理厂执行。

（1）许多污泥压滤系统操作过程中会产生极大的噪声，因此需要进行噪声防护。

（2）在污泥排放过程中，若没有平稳的关闭系统或按下紧急停车按钮，千万不能在板框之间插入异物。

（3）采用石灰处理的污泥在其脱水污泥排放时可能会产生大量的氨气。确保良好的通风条件能将这些气体排出操作单元，建议采用高容量的下流式鼓风系统。假如通风设施不能够保证长时间的运行，且一旦发生氨气防护面具破损，那么在批准的条件下，也允许采用短时曝气法来协助完成脱水污泥的排放。

（4）当利用盐酸清洗压滤机时会产生挥发酸，应防止操作人员吸入或与身体潮湿部位接触，如防止其进入眼睛或吸入肺部，在这种情况下，如前所述，也有必要安装高容量的通风系统。在允许的条件下，短期暴露于该环境中的工作人员可佩戴安全防护面具或将身体所有部位进行完整的防护。

（5）石灰的腐蚀性较强，应避免直接与身体潮湿部位直接接触。因此，当工作场所周围有石灰时，应佩戴安全防护面具并对身体暴露部位进行必要的防护。

8. 维护措施

所有污泥压滤机的维护应按照设备生产厂商的建议进行。有些典型的部位需要按照以下建议进行特殊的维护：

（1）板框的操作杆和轨道应经常添加油脂以防粘结和过度损坏。

（2）板框移动链或其他的移动装置需要经常进行润滑。

（3）即使在调质步骤之前使用破碎机、破布等杂质仍然会迅速与机械搅拌器缠绕在一起。这些杂质需要进行清理，以防损坏搅拌器齿轮和轴承，影响操作过程中的平衡。在有些污水处理厂，为防止破布条等杂质对机械搅拌器产生的影响，已有使用空气搅拌，以避免上述问题的发生。

（4）使用石灰调质的污泥脱水系统随着时间的延长，容易出现系统堵塞的问题，并且还有可能会产生潜在的有害气体，影响操作人员对其进行清理。有些城市污水处理厂（WWTPs），为避免石灰消化器产生的维护问题，目前已逐渐以熟石灰代替生石灰。

（5）氯化铁、盐酸、石灰和氨会严重腐蚀金属表面，如会腐蚀板框操纵杆的防护螺栓、移动装置链条，甚至对包有硬质橡胶的钢板都会产生腐蚀。因此有必要经常进行清理，涂抹润滑油等来降低腐蚀性。在有些污水处理厂中，通过采用覆膜不锈钢操纵杆、聚丙烯板以及覆有聚四氟乙烯膜的板框操纵杆的措施来减小腐蚀。此外，通过添加盐酸抑制剂也会大大降低其对金属的腐蚀性能。

（6）随着时间的延长，滤布和垫圈等都应该及时进行更换，对板框进行清理，然后安装新的滤布和垫圈。

33.12.5 真空过滤

1. 运行原理

直到20世纪70年代中期，真空过滤一直都是机械脱水的主要方式。真空过滤系统主要的变化参数是过滤介质本身。对于过滤介质，通常使用天然的和人工合成的纤维滤布，也有使用不锈钢网和螺旋弹簧。

随着聚合物技术的不断发展，离心脱水系统和带式压滤脱水系统逐渐代替大多数的真空过滤脱水系统。真空过滤系统含有一个水平转鼓，称为转鼓真空过滤，其整个鼓身大概有20%~35%的高度淹没于经过预先调质的污泥中。转鼓真空过滤机分为若干个单元和工作区域（如图33-21所示），每一个工作区通过导管连接至回转阀，在阀内通过桥连将转鼓工作区域分为脱水污泥泥饼形成区、泥饼干燥区和泥饼排放区三部分。

被淹没的区域称为污泥形成区。真空过滤工作时，被淹没的区域污泥附着于过滤介质上，同时过滤液通过介质。当转鼓转动时，从污泥形成区到污泥干燥区都在连续运行。当转鼓露出污泥泥面时，泥饼干燥区开始运行。泥饼干燥区占转鼓表面积的40%~60%，直到运行至内部真空泵关闭点以后才停止运行。在该关闭点，泥饼和转鼓截面进入泥饼排放区，在泥饼排放区，形成的脱水污泥泥饼从滤布上脱落。图33-21描述了转鼓真空过滤机在一个完整的转动过程中所经历的各种操作区。

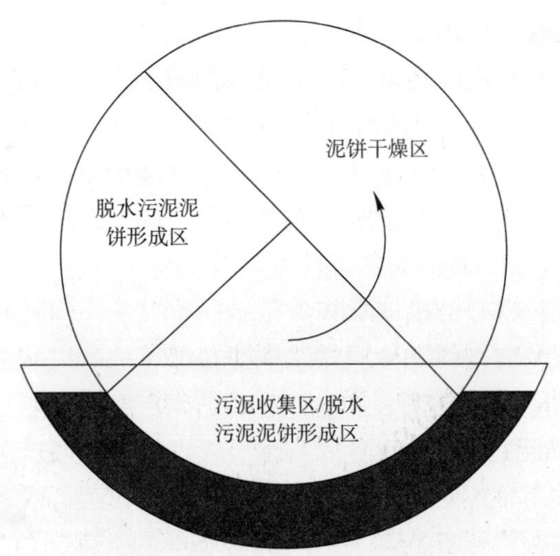

图33-21　转鼓真空过滤的各操作区

2. 工艺参数

影响转鼓真空过滤的主要参数如下：

（1）化学调质；

（2）过滤介质类型及操作环境；

（3）转鼓淹没程度；

（4）转鼓速度；

（5）真空度。

化学调质对转鼓真空过滤系统的脱水性能影响很大，因为调质过程会改变进泥的物理和化学性质。调质剂能够促进污泥中水分的释放，由此产生含固率更高的泥饼。此外，调质剂也会加入到被抛弃的固体废物中。

转鼓淹没程度是指在一个转动周期中，转鼓与进泥接触的时间比例，通常占一个转动周期的15%~20%。增加转鼓淹没程度即意味着提高了过滤循环周期中泥饼形成的时间，但同时也降低了泥饼干燥时间的比例，形成的泥饼较厚，但含水率却更高。

转鼓运行速度影响了过滤循环周期时间，提高转鼓转速能够缩短泥饼形成和脱水的时间。这种方法会提高泥饼含水率和转鼓真空过滤机的负荷，反之亦然。转鼓的速度同样也影响了滤布的清洁过程，转鼓速度的提高会降低滤布清洗所需要的时间。

转鼓中真空度受转鼓设计、转鼓转速和真空泵大小的控制。运行过程中所需要的真空度同样也受污泥槽中液面高度和调质剂类型的影响。较为干燥的泥饼，真空度通常为51~68kPa。真空度越低则形成的泥饼的含水率越高。

33.13 预防性维护

对于城市污水处理厂而言，劳动力一度不是主要问题，大多数的设备维修工作都是在厂内完成的。但是现在，随着降低工人劳动强度压力的上升，越来越倾向于将这项耗时耗力的工作委托给专业的维修机构，因此负责维修的部门其管理工作就变得至关重要，他们承担着管理维修费用和与供应商商讨维修方法的重任。一台价值百万美元的离心机的维修与一辆汽车的维修相当，在维修过程中，需要经销商、业主和当地维修部门三方通力合作。大部分的维修工作或多或少具有共同点。例如对于损坏的部件，磨损或损坏的部件可以进行更换，而破旧或破裂的部件可以进行维修处理。

对于设备维修工作，良好的机械学知识是至关重要的。同样，对于当地专业维修机构而言，知识水平和能力也是很有价值的。这些知识都是难以从书本上获取的，但是聪明者会非常审慎地提出问题和思考问题的答案。

使用设备的原装零部件、指定的润滑油和维修服务及定期进行维修检查已成为一项行业规则，这将能增加产品的使用寿命，但这往往会增加运行成本。此外还有许多替代的方案可供污水处理厂操作人员参考。

33.13.1 润滑

设备厂家的说明书中可能会列出在最不利的情况下更换润滑油的时间间隔。但是，如果润滑油经外送检验分析表明其满足新油标准则无需进行更换。要确保对润滑油进行定期检测，确定其是否分解，并相应地调整润滑油添加、更换等程序。购买润滑油时，应考虑从润滑油厂家直接购买大宗商品。当对轴承进行润滑时，如果操作说明书建议使用12管润滑油对其进行润滑，那么只买1管显然是不合适的。应该认真考虑采用一般的润滑油替代产品。绝大多数的润滑油应用都是符合标准的，同时一名经验丰富的润滑油工程师应该具备选择相应的润滑油替代产品的能力。

33.13.2 轴承

上述方法同样适用于轴承的更换。当轴承需要进行更换时，应首先外送质检，并根据检测分析结果及时进行调整。如有可能，建议直接从轴承生产厂家那里购买新轴承，不推荐从设备维修厂家购买。现在可以通过网络搜索生产类似规格的轴承的其他厂家，他们会以相对更低的价格出货。或者，当所应用的轴承为通用的常见产品时，可以直接方便地到当地的轴承和驱动器零售店购买。不常见的轴承若随意用替代产品对其进行更换则会带来运行过程中的风险，当出现这种情况时可以咨询和借鉴其他污水处理厂的相关经验。

33.13.3 维修

显然，最简单的维修方法为更换设备和零部件。一旦零部件损毁则需要重新购置和安装新的部件。即使是那些特殊的零部件，如齿轮箱和变速箱等都能从代理商那里获取。应该有效识别这些零部件并确定这些产品的质量是否满足要求。污水处理厂工作人员可以从美国国际水处理设备及技术展览会上获得相关的信息资源。每一年都有大量的零部件厂商和专业维修机构参展，与会者每天都会接纳数十位污水处理厂代表。对污水处理厂而言，从维修管理部门抽调部分代表参加该展会是非常有价值的。

33.13.4 与维修中心的协商

大多数的维修中心都不是绝对标准的。操作杆开槽、金属磨损、轴承表面磨损等问题经常困扰污水处理厂设备的维修。除非这些设备零部件需要特殊的维修方法，一般来说当地维修商都能有效对其进行维修。首先，告诉维修店里的工作人员他们需要做什么，不要简单地将零部件发送给他们让他们安装。如果有关于设备损坏的某些异常现象，也要将这些异常现象告诉他们。对于轴承损坏的泵和轴承经常出现异常的泵的修理方法有所不同。如果不将这些信息告诉给维修人员，他们将不能有效识别问题的原因。招标过程主要出于几方面考虑。对设备进行拍照后将其发送给以下组织或人员：

（1）设备厂商。

（2）生产相似设备的厂商。

（3）可靠的、独立的维修商。

（4）充分发挥专业知识和技能，提出以下问题。

（5）有哪些可供选择的维修方案。

（6）设备损坏的原因，在以后的运行过程中可采取哪些保护措施防止类似情况再次发生？

（7）目前可采取哪些方法来降低后续的维修费用？

最后，假如确定产生问题的原因归咎于最初的生产厂商，那么维修费用还可商榷。

当设备外送至维修商那里进行大修时，则需要提交全面的说明报告，包括零部件的返回情况报告。报告中应包括维修商所发现的损坏原因的相关文件及数码照片，同时还应附上维修方法的说明。除上述内容外，维修报告中还应包括所有更换或维修的零部件的名称及编号、价格及产家。虽然这项工作包括的内容较多，但均是维修商向污水处理厂计算维修费用出处的信息依据。

33.13.5 数据采集和实验室控制

过程控制是污泥脱水系统性能优化的重点所在。操作人员必须对脱水性能的相关参数进行全面记录和保持。采样点必须遍布整个污泥脱水系统。对于污泥机械脱水系统而言，每一个运行周期必须进行两次采样，样品包括进泥、排放的脱水污泥以及过滤液。但是，相对于单一样品而言，对上述三个采样点进行混合采样更具有代表性，因为混合样品能更好地反映污泥脱水系统的整体性能。应该确定进泥和排放的脱水污泥中的总固体含量（TS）和过滤液中总悬浮颗粒物（TSS）的含量。

对于上述指标的实验室检测方法一般采用《水和废水标准检测方法》(美国公共卫生协会，2005)，操作人员需要做出以下几种类型的计算：

（1）计算聚合物水溶液、液态聚合物以及固态干粉聚合物中的聚合物浓度；

（2）计算聚合物使用和污泥脱水过程产生的费用。

对于一个成功有效的污泥脱水系统而言，定期、频繁地对聚合物用量进行检查和校核是至关重要的。此外，对操作人员而言，全面了解调质工序也是非常重要的。通过观察、分析污泥脱水系统的进泥和排放的脱水污泥的浓度、过滤液悬浮物浓度，并通过对聚合物用量进行适当调整，使操作者能确保对污泥脱水系统的性能进行优化。

33.13.6 安全性和内部管理

有句俗语称“事故不是自己发生的，都是被引起的”，可能用在某些场合有点过分，但是对于污泥脱水系统而言确实是这样的。对污水处理厂的安全操作和运行而言，了解常识和全面理解设备和工艺的相关情况是至关重要的。无论在运行污泥调质或污泥脱水系统的过程中，最佳的安全预防措施是全体操作人员都要认真、全面阅读和理解工艺设备厂家所提供的运行和维护手册。

污水处理厂良好的内部管理能够防止许多事故的发生。所有设备都应放置在良好的环境条件中，应及时修正或改正不安全的行为和存放条件。

对污水处理厂的雇员而言，在操作过程中他们有责任保护自身、周围同事的安全以及整个污水处理厂的安全生产。在设备运行和维护过程中不能存侥幸心理。关于污水处理厂安全操作程序和参考建议参阅第5章的相关内容。

参考文献

第27章

Author Unknown (2003) Dedication Ceremony Held for Rattler Mountain Reclamation Project. *Pennsylvania Organization for Watersheds and Rivers*, **4**, 24, June 13.

Berkel, P. F. (2003) Rotary Press—Innovative New Technology for Dewatering Municipal Biosolids—A Case Study of Hampton, N.H. *Proceedings of Residuals and Biosolids Management: Partnering for a Safe, Sustainable Environment* [CD-ROM]; Baltimore, Maryland, Feb. 19–22; Water Environment Federation: Alexandria, Virginia.

Bullard, C. M. (2002) Accommodating Process Variation in Design and Sizing of Thermal Drying Facilities. *Proceedings of the 75th Annual Water Environment Federation Technical Exhibition and Conference* [CD-ROM]; Chicago, Illinois, Sept. 28–Oct 2; Water Environment Federation: Alexandria, Virginia.

Curley, S. N.; et al. (2002) Aerobic Digesters in an Oxidation Ditch Configuration: An Unequivocal Success. *Proceedings of the 75th Annual Water Environment Federation Technical Exhibition and Conference* [CD-ROM]; Chicago, Illinois, Sept. 28–Oct 2; Water Environment Federation: Alexandria, Virginia.

Dentel, S. K.; Chang, L.-L.; Raudenbush, D. L.; Junnier, R. W.; Abu-Orf, M. M. (2000) *Analysis and Fate of Polymers in Wastewater Treatment*, WERF Project 94-REM-2; Water Environment Research Federation: Alexandria, Virginia.

Dominak, R. R.; Stone, L. A. (2002) Residuals Disposal Costs—A Detailed Analysis. *Proceedings of the 75th Annual Water Environment Federation Technical Exhibition and Conference* [CD-ROM]; Chicago, Illinois, Sept. 28–Oct. 2; Water Environment Federation: Alexandria, Virginia.

Drury, D. D.; et al. (2002) Comparison of Belt Press vs. Centrifuge Dewatering Characteristics for Anaerobic Digestion. *Proceedings of the 75th Annual Water Environment Federation Technical Exposition and Conference* [CD-ROM]; Chicago, Illinois, Sept. 28–Oct. 2; Water Environment Federation: Alexandria, Virginia.

Fisichelli, A. P. (1992) Operators as Environmentalists. *Oper. Forum*, **9**(1), 14–15.

Frankos, N. (2003) City of Baltimore's Back River Wastewater Treatment Plant Biosolids Program: How You Can Learn from Our Mistakes. *Proceedings of Residuals and Biosolids Management: Partnering for a Safe, Sustainable Environment* [CD-ROM]; Baltimore, Maryland, Feb. 19–22; Water Environment Federation: Alexandria, Virginia.

Garland, S.; Kester, G.; Walker, J.; et al. (2000) *Summary of State Biosolids Programs*, Draft Report, EPA-832/D-00-002; U.S. Environmental Protection Agency: Washington, D.C., December.

Hagaman, L., Jr. (1998) Beneficial Co-Utilization—Lenoir, North Carolina. *Proceedings of the 12th Annual WEF Residuals and Biosolids Management Conference*; Water Environment Federation: Alexandria, Virginia.

Hogan, R. S. (2003) PowerPoint presentation by R. C. Delo. *Proceedings of the MABA Seminar on Design–Build–Operate Procurement Issues*; Linthicum Heights, Maryland, Aug. 19.

Hook, J. (2003) Farms Here Are Accepting More Sludge—Old Disposal Method Draws Some New Fears. *Public Opinion* [Online] http://www.publicopiniononline.com/news/stories/20030201/local news/893644.html, Feb. 1.

Janses, U.; et al. (2003) Drying–Pelletizing and Fluid Bed Combustion: A Flexible and Sustainable Solution for the City of Brugge, Belgium. *Proceedings of Residuals and Biosolids Management: Partnering for a Safe, Sustainable Environment* [CD-ROM]; Baltimore, Maryland, Feb. 19–22; Water Environment Federation: Alexandria, Virginia.

Lee, S.; et al. (2003) Comparison of Belt Press Vs. Centrifuge Dewatering Characteristics for Anaerobic Thermophilic Disgestion. *Proceedings of Residuals and Biosolids Management: Partnering for a Safe, Sustainable Environment* [CD-ROM]; Baltimore, Maryland, Feb. 19–22; Water Environment Federation: Alexandria, Virginia.

Leger, C. B. (1998) Oxygen Injection for Multiple Hearth Sludge Incinerator. *Proceedings of the 12th Annual WEF Residuals and Biosolids Management Conference*; Water Environment Federation: Alexandria, Virginia.

Leininger, K. V.; Nester, W. R. (2003) Evaluating Liquid to Dried "Class A" Biosolids. *Proceedings of Residuals and Biosolids Management: Partnering for a Safe, Sustainable Environment* [CD-ROM]; Baltimore, Maryland, Feb. 19–22; Water Environment Federation: Alexandria, Virginia.

Maestri, T. J. (1998) Seghers Sludge Drying and Pelletizing. *Proceedings of the 12th Annual WEF Residuals and Biosolids Management Conference*; Water Environment Federation: Alexandria, Virginia.

Marx, J. J. (2002) An International Comparison of Anaerobic Digester Designs and Costs. *Proceedings of the 75th Annual Water Environment Federation Technical Exhibition and Conference* [CD-ROM]; Chicago, Illinois, Sept. 28–Oct. 2; Water Environment Federation: Alexandria, Virginia.

Nichols, C. E. (1998) Palo Alto Analyzes the Tradeoffs—Incineration vs. Pellets vs. Composts: Markets and Economics. *Proceedings of the 12th Annual WEF Residuals and Biosolids Management Conference*; Water Environment Federation: Alexandria, Virginia.

Potts; L., et al. (2003) An International Comparison of Anerobic Digester Designs and Costs. *Proceedings of Residuals and Biosolids Management: Partnering for a Safe, Sustainable Environment* [CD-ROM]; Baltimore, Maryland, Feb. 19–22; Water Environment Federation: Alexandria, Virginia.

Rothberg, Tamburini & Winsor, Inc. (1996) *Biosolids Stabilization—Which 'Class A' Stabilization Method Is Most Economical?*, Bulletin 334; National Lime Association: Arlington, Virginia.

Sherodkar, N. M.; Baturay, A. (2003) Maximizing Incineration Rates in Multiple Hearth Furnaces. *Proceedings of Residuals and Biosolids Management: Partnering for a Safe, Sus-*

tainable Environment [CD-ROM]; Baltimore, Maryland, Feb. 19–22; Water Environment Federation: Alexandria, Virginia.

Sloan, D. S.; et al. (2002) A Comparison of Sludge Dewatering Methods: A High Tech Demo Project. *Proceedings of the 75th Annual Water Environment Federation Technical Exhibition and Conference* [CD-ROM]; Chicago, Illinois, Sept. 28–Oct. 2; Water Environment Federation: Alexandria, Virginia.

Sopper, W. E. (1993) *Municipal Sludge Use in Land Reclamation*; Lewis Publishers: Boca Raton.

Tatem, T. (1998) The City of Calgary's Biosolids Disposal Program. *Proceedings of the 12th Annual WEF Residuals and Biosolids Management Conference*; Water Environment Federation: Alexandria, Virginia.

Van Der March, M. M.; et al. (2002) An Evaluation of Biosolids Management Strategies: Selecting an Effective Approach to an Uncertain Future. *Proceedings of the 75th Annual Water Environment Federation Technical Exhibition and Conference* [CD-ROM]; Chicago, Illinois, Sept. 28–Oct. 2; Water Environment Federation: Alexandria, Virginia.

Walsh, M. J.; et al. (1990) *Fuel-Efficient Sewage Sludge Incineration*, EPA-600/S2-90-038; U.S. Environmental Protection Agency Risk Reduction Engineering Laboratory: Cincinnati, Ohio, September.

Welp, J., Lundberg, L. (2003) Thermal Oxidation. *Proceedings of the First Bioenergy Technology Summit*, Aug. 14–15; Water Environment Federation: Alexandria, Virginia.

SUGGESTED READINGS

Clapp, C. E.; Larson, W. E. (1994) *Sewage Sludge: Land Utilization and the Environment*; Dowdy, R. H., Ed.; American Society of Agronomy: Madison, Wisconsin.

Crites, R. W.; Reed, S. C., Bastian, R. (2000) *Land Treatment Systems for Municipal and Industrial Wastes*; McGraw-Hill: New York.

Dalton, P. (2003) How People Sense, Perceive, and React to Odors. *BioCycle*, November.

Hill, D. M. (2003) Success Is a Process and a Goal. *Proceedings of Residuals and Biosolids Management: Partnering for a Safe, Sustainable Environment* [CD-ROM]; Baltimore, Maryland, Feb. 19–22; Water Environment Federation: Alexandria, Virginia.

IFC Inc. (1995) *An Introduction to Environmental Accounting as a Business Management Tool*, EPA-742/R-95-001; U.S. Environmental Protection Agency: Washington, D.C., June.

Kilian, R. E.; et al. (2003) How to Put One Egg in Multiple Baskets—EMWD's Regional Biosolids Management Approach Makes Sense. *Proceedings of Residuals and Biosolids Management: Partnering for a Safe, Sustainable Environment* [CD-ROM]; Baltimore, Maryland, Feb. 19–22; Water Environment Federation: Alexandria, Virginia.

King County Department of Natural Resources and Parks, Wastewater Treatment Division Web site. http://dnr.metrokc.gov (accessed Feb 2007).

Montag, G. M. (1984) Life-Cycle Cost Analysis Versus Payback for Evaluating Project Alternatives. *Heating/Piping/Air Conditioning*, September.

参考文献

Patrick, R.; et al. (1997) *Benchmarking Wastewater Operations—Collection, Treatment, and Biosolids Management*, Project 96-CTS-5; Water Environment Research Foundation: Alexandria, Virginia.

Roxburgh, R.; et al. (2005) Better than a Crystal Ball. *Oper. Forum*, April.

Slattery, L.; et al. (2003) Biosolids Management Alternatives Study for Arlington Water Pollution Control Plant. *Proceedings of Residuals and Biosolids Management: Partnering for a Safe, Sustainable Environment* [CD-ROM]; Baltimore, Maryland, Feb. 19–22; Water Environment Federation: Alexandria, Virginia.

SNF Floerger. Sludge Dewatering Brochure; SNF Inc.: Riceboro, Georgia.

Stehouwer, R. C. (1999) *Land Application of Sewage Sludge in Pennsylvania: Biosolids Quality*; Penn State College of Agricultural Sciences, Cooperative Extension: University Park, Pennsylvania.

Suzuki, S.; et al. (2002) Treatment and Beneficial Reuse of Grit. *Proceedings of the 75th Annual Water Environment Federation Technical Exhibition and Conference* [CD-ROM]; Chicago, Illinois, Sept. 28–Oct. 2; Water Environment Federation: Alexandria, Virginia.

第28章

American Public Health Association; American Water Works Association; Water Environment Federation (2005) *Standard Methods for the Examination of Water and Wastewater*, 21st ed.; American Public Health Association: Washington, D.C.

Kaneko, S. (1992) Centralized Sludge Treatment in Yokohama. *Sew. Works Jap.*, **39**.

Kanezashi, T.; Murakami, T. (1992) Regional Sewage Sludge Treatment in Yokohama. *Sew. Works Jap.*, **33**.

Metcalf and Eddy, Inc. (2003) *Wastewater Engineering: Treatment, Disposal, and Reuse*, 4th ed.; McGraw-Hill, Inc.: New York.

Sato, K.; Watanabe, H. (1994) Present Status of Beneficial Use of Wastewater Solids in Japan and the Future Strategy. *The Management of Water and Wastewater Solids for the 21st Century: A Global Perspective*, Proceedings of Water Environment Federation Specialty Conference, Washington, D.C., June 19–22; Water Environment Federation: Alexandria, Virginia.

State of West Virginia (1992) *Regulations Governing Environmental Laboratory Certification and Standards of Performance*, State of West Virginia Code 20-5A-1, Title 46, Series 11; Department of Environmental Protection: Charleston, West Virginia.

U.S. Environmental Protection Agency (2004) *Standards for the Use and Disposal of Sewage Sludge*, 40 *CFR* 257, 403, and 503; U.S. Environmental Protection Agency: Washington, D.C.

U.S. Environmental Protection Agency (1993a) *1992 Needs Survey Report to Congress*, EPA-832/12-93-002; U.S. Environmental Protection Agency: Washington, D.C.

U.S. Environmental Protection Agency (1993b) Guidelines for Writing Permits for the Use or Disposal of Sewage Sludge. U.S. Environmental Protection Agency: Washington, D.C.

Water Environment Federation (2002) *Basic Laboratory Procedures for Wastewater Examination,* Special Publication; Water Environment Federation: Alexandria, Virginia.

Water Environment Federation (1999) *Hazardous Waste Treatment Processes,* Manual of Practice No. FD-18; Water Environment Federation: Alexandria, Virginia.

Water Environment Federation (1995) EPA and WEF Collaborate on Radioactivity in Wastewater Solids Issue. *WEF Highlights,* **32** (1), 3.

Water Environment Federation (1992) *Sludge Incineration: Thermal Destruction of Residues,* Manual of Practice No. FD-19; Water Environment Federation: Alexandria, Virginia.

Water Pollution Control Federation (1990) *Hazardous Waste Treatment Processes,* Manual of Practice No. FD-18; Water Pollution Control Federation: Alexandria, Virginia.

Water Pollution Control Federation (1988) *Sludge Conditioning,* Manual of Practice No. FD-14; Water Pollution Control Federation: Alexandria, Virginia.

Water Pollution Control Federation (1987) *Anaerobic Sludge Digestion,* Manual of Practice No. 16: Water Pollution Control Federation: Alexandria, Virginia.

SUGGESTED READINGS

National Research Council (1996) *Use of Reclaimed Water and Sludge in Food Crop Production;* National Academy Press: Washington, D.C.

U.S. Environmental Protection Agency (1990) *Analytical Methods for the National Sewage Sludge Survey;* U.S. Environmental Protection Agency, Office of Water: Washington, D.C.

U.S. Environmental Protection Agency (1986) *Test Methods for Evaluating Solid Waste;* U.S. Environmental Protection Agency, Office of Solid Waste and Emergency Response: Washington, D.C.

Water Environment Federation (1996) *Wastewater Sampling for Process and Quality Control,* Manual of Practice No. OM-1; Water Environment Federation: Alexandria, Virginia.

第29章

American Public Health Association; American Water Works Association; Water Environment Federation (2005) *Standard Methods for the Examination of Water and Wastewater,* 21st ed.; American Public Health Association: Washington, D.C.

Bratby, J.; Marais, G. v R. (1975) Saturator Performance in Dissolved-air Flotation. *Water Res.,* **9,** 929–936.

参考文献

Bratby, J.; Marais, G. v R. (1977) Flotation. In *Solid/Liquid Separation Equipment Scale-Up,* Purchas, D. B., Ed.; Uplands Press Ltd.: London, England, pp. 155–198.

Bratby, J. (1978) Aspects of Sludge Thickening by Dissolved-air Flotation. *Water Pollut. Control,* **77** (3), 421–432.

Bratby, J.; Ambrose, W. (1995) Design and Control of Flotation Thickeners. *Water Sci. Technol.,* **31** (3–4), 247–261.

Bratby, J.; Jones, G.; Uhte, W. (2004) State-of-Practice of DAFT Technology—Is There Still a Place For It? Paper presented at the Water Environment Federation's 77th Annual Technical Exposition and Conference, New Orleans, Louisiana, October 2–6; Water Environment Federation: Alexandria, Virginia.

Code of Federal Regulations (1991) 29 *CFR* Part 1910.147.

Metcalf and Eddy, Inc. (2003) *Wastewater Engineering,* 4th ed.; McGraw-Hill, Inc.: New York.

U.S. Environmental Protection Agency (1978) *Field Manual for Performance Evaluation and Troubleshooting at Municipal Wastewater Treatment Facilities;* U.S. Environmental Protection Agency: Washington, D.C.

Water Pollution Control Federation (1980) *Sludge Thickening;* Manual of Practice No. FD-1; Water Pollution Control Federation: Washington, D.C.

Water Pollution Control Federation (1987) *Operation and Maintenance of Sludge Dewatering Systems;* Manual of Practice No. OM-8; Water Pollution Control Federation: Alexandria, Virginia.

第30章

American Public Health Association; American Water Works Association; Water Environment Federation (2005) *Standard Methods for the Examination of Water and Wastewater,* 21st ed.; American Public Health Association: Washington, D.C.

Haug, R. T.; Harnett, W.; Ohanian, E.; Hernandez, G.; Abkian, V.; Mundine, J. (2002) Los Angeles Goes to Full-Scale Class A Using Advanced Digestion. *Proceedings of the Water Environment Federation 16th Annual Residuals and Biosolids Management Conference;* Austin, Texas, March 3–6; Water Environment Federation: Alexandria, Virginia.

McQuiston, F. C.; Spitler, J. D. (1992) *Cooling and Heating Load Calculation Manual,* 2nd ed.; American Society of Heating, Refrigerating and Air-Conditioning Engineers, Inc.: Atlanta, Georgia.

National Fire Protection Association (2003a) Chapter 6: Solids Treatment Processes. In *Standards for Fire Protection in Wastewater Treatment and Collection Facilities;* Publication 820; National Fire Protection Association: Quincy, Massachusetts.

Schafer, P.; Farrell, J.; Newman, G.; Vandenburgh, G. (2002) Advanced Anaerobic Digestion Performance Comparisons. *Proceedings of the 75th Annual Water Environment*

Federation Technical Exposition and Conference; Chicago, Illinois, Sep 28–Oct 2; Water Environment Federation: Alexandria, Virginia.

U.S. Code of Federal Regulations (1993) Title 40, 40 *CFR* Part 503.

U.S. Environmental Protection Agency (1979) *Process Design Manual—Sludge Treatment and Disposal.* U.S. Environmental Protection Agency: Washington, D.C.

U.S. Environmental Protection Agency (1994) *A Plain English Guide to the EPA Part 503 Biosolids Rule,* EPA/832R-93/003; U.S. Environmental Protection Agency, Office of Wastewater Management.

U.S. Environmental Protection Agency (1999) *Control of Pathogens and Vector Attraction in Sewage Sludge,* EPA 625/R-92-013; U.S. Environmental Protection Agency, Office of Water.

Water Environment Federation (1998) *Design of Municipal Wastewater Treatment Plants,* 4th ed.; Manual of Practice No. 8; Water Environment Federation: Alexandria, Virginia.

Zehnder, A .J. B. (1978) Ecology of Methane Formation. In *Water Pollution Microbiology.* Vol. II, R. Mitchell (Ed.), Wiley Interscience: New York; 360.

SUGGESTED READINGS

National Fire Protection Association (2003b) *National Fire Codes Supplement;* National Fire Protection Association: Quincy, Massachusetts.

Occupational Safety and Health Administration (1970) 29 Code of Federal Regulations, Part 1910, U.S. Department of Labor.

U.S. Environmental Protection Agency (1976) *Anaerobic Sludge Digestion Operations Manual,* EPA-430/9-76-001; U.S. Environmental Protection Agency, Office of Water.

第31章

Al-Ghusain, I.; Hamoda, M. F.; El-Ghany, M. A. (2004) Performance Characteristics of Aerobic/Anoxic Sludge Digestion at Elevated Temperatures. *Environ. Technol.,* **25,** 501–511.

Anderson, B. C.; Mavinic, D. S. (1984) Aerobic Sludge Digestion with pH Control—Preliminary Investigations. *J. Water Pollut. Control Fed.,* **56,** 889.

California State University (1991) *Operation of Wastewater Treatment Plants,* Vol. II; California State University: Sacramento, California.

Chang, A. C.; Page, A. L.; Asano, T. (1995) *Developing of Human Health-Related Chemical Guidelines for Reclaimed Wastewater and Sewage Sludge Applications in Agriculture;* World Health Organization: Geneva, Switzerland.

Daigger, G. T.; Bailey, E. (2000) Improving Aerobic Digestion by Pre-Thickening, Staged Operation, and Aerobic-Anoxic Operation: Four Full-Scale Demonstrations.

Water Environ. Res., **72,** 260–270.

Daigger, G. T.; Graef, S. P.; Eike, S. (1997) Operational Modifications of a Conventional Aerobic Digestion to the Aerobic/Anoxic Digestion Process. *Proceedings of the 70th Annual Water Environment Federation Technical Exposition and Conference*, Chicago, Illinois, Oct. 18–22; Water Environment Federation: Alexandria, Virginia.

Daigger, G. T.; Ju, L. K.; Stensel, D.; Bailey, E.; Porteous, J. (2001) Can 3% SS Digestion Meet New Challenges? *Aerobic Digestion Workshop,* Vol. V; Enviroquip, Inc.: Austin, Texas.

Daigger, G. T.; Novak, J.; Malina, J.; Stover, E.; Scisson, J.; Bailey, E. (1998) Panel of Experts. *Aerobic Digestion Workshop,* Vol. II; Enviroquip, Inc.: Austin, Texas.

Daigger, G. T.; Scisson, J.; Stover, E.; Malina, J.; Bailey, E.; Farrell, J. (1999) Fine Tuning the Controlled Aerobic Digestion Process. *Aerobic Digestion Workshop,* Vol. III; Enviroquip, Inc.: Austin, Texas.

Daigger, G. T.; Stensel, D.; Ju, L. K.; Bailey, E.; Porteous, J. (2000) Experience and Expertise Put to the Test. *Aerobic Digestion Workshop,* Vol. IV; Enviroquip, Inc.: Austin, Texas.

Daigger, G. T.; Yates, R.; Scisson, J.; Grotheer, T.; Hervol, H.; Bailey, E. (1997) The Challenge of Meeting Class B While Digesting Thicker Sludges, *Aerobic Digestion Workshop,* Vol. I; Enviroquip, Inc.: Austin, Texas.

Grady, C. P. L., Jr.; Daigger, G. T.; Lim, H. C. (1999) *Biological Wastewater Treatment,* 2nd ed.; Marcel Dekker: New York.

Farrah, S. R.; Bitton, G.; Zan, S. G. (1986) *Inactivation of Enteric Pathogens During Aerobic Digestion of Wastewater Sludge,* EPA-600/2-86-047; U.S. Environmental Protection Agency, Water Engineering Research Laboratory: Cincinnati, Ohio.

Hao, O. J.; Kim, M. H. (1990) Continuous Pre-Anoxic and Aerobic Digestion of Waste Activated Sludge. *J. Environ. Eng.,* **116,** 863.

Hao, O. J.; Kim, M. H.; Al-Ghusain, I. A. (1991) Alternating Aerobic and Anoxic Digestion of Waste Activated Sludge. *J. Chem. Technol. Biotechnol.,* **52,** 457.

Lee, K. M.; Brunner, C. A.; Farrell, J. B.; Ealp, A. E. (1989) Destruction of Enteric Bacteria and Viruses During Two-Phase Digestion. *J. Water Pollut. Control Fed.,* **61** (6), 1421–1429.

Lue-Hing, C.; Zenz, D. R.; Kuchenrither, R. (1998) *Municipal Sewage Sludge Management: Processing, Utilization, and Disposal;* Technomic Publishing: Lancaster, Pennsylvania.

Matzuda, A.; Ide, T.; Fujii, S. (1988) Behavior of Nitrogen and Phosphorus During Batch Aerobic Digestion of Waste Activated Sludge—Continuous Aeration and Intermittent Aeration by Control of DO. *Water Res.,* **22,** 1495.

Mavinic, D. S.; Koers, D. A. (1979) Performance and Kinetics of Low-Temperature Aerobic Sludge Digestion. *J. Water Pollut. Control Fed.,* **51,** 2088.

Metcalf and Eddy (2002) *Wastewater Engineering: Treatment and Reuse;* McGraw-Hill: New York.

Peddie, C. C.; Mavinic, D. S.; Jenkins, C. J. (1990) Use of ORP for Monitoring and Control of Aerobic Sludge Digestion. *J. Environ. Eng.,* **116,** 461.

Shamskhorzani, R. (1998) Design of Autothermal Thermophylic Aerobic Digestion (ATAD) with Jet Aeration System. *Proceedings of the 3rd European Biosolids and Organic Residual Conference.*

Stege, K; Bailey, E. (2003) Aerobic digestion Operation of Stockbridge Wastewater Treatment plant, GA; Georgia Water Pollution Control Association.

Stensel, H. D.; Bailey, E. (2000) Preliminary Report Evaluation of Paris Sludge Production Due to Aerobic/Anoxic Operation; Enviroquip, Inc.: Austin, Texas.

Stensel, H. D.; Coleman, T. E. (2000) Assessment of Innovative Technologies for Wastewater Treatment: Autothermal Aerobic Digestion (ATAD); Preliminary Report; Project 96-CTS-1; U.S. Environmental Protection Agency.

U.S. Environmental Protection Agency (1990) *Autothermal Thermophilic Aerobic Digestion of Municipal Wastewater Sludge,* EPA-625/10-90-007, Environmental Regulations and Technology; U.S. Environmental Protection Agency: Washington, D.C.

U.S. Environmental Protection Agency (1992) *Control of Pathogens and Vector Attraction in Sewage Sludge,* EPA-625/R-92-013, Environmental Regulations and Technology; U.S. Environmental Protection Agency: Washington, D.C.

U.S. Environmental Protection Agency (1999a) *Control of Pathogens and Vector Attraction in Sewage Sludge,* EPA-625/R-92-013, Environmental Regulations and Technology; U.S. Environmental Protection Agency: Washington, D.C.

U.S. Environmental Protection Agency (1978) *Field Manual for Performance Evaluation and Troubleshooting at Municipal Wastewater Treatment Facilities,* EPA-68/01-4418; U.S. Environmental Protection Agency, Office of Municipal Pollution Control: Washington, D.C.

U.S. Environmental Protection Agency (1979) *Process Design Manual for Sludge Treatment and Disposal,* EPA-625/1-79-011; U.S. Environmental Protection Agency: Washington, D.C.

U.S. Environmental Protection Agency (1999b) Standards for the Use or Disposal of Sewage Sludge. *Code of Federal Regulations,* Part 503, Title 40.

Water Environment Federation (1998) *Design of Wastewater Treatment Plants,* 4th ed., Manual of Practice No. 8, Vol. 3, Chapters 17–24; Water Environment Federation: Alexandria, Virginia.

Water Environment Federation (1995) *Wastewater Residuals Stabilization,* Manual of Practice No. FD-9; Water Environment Federation: Alexandria, Virginia.

第32章

Feinstein, M.S., et al. (1980) Sludge Composting and Utilization Rational Approach to Process Control. Final Report, Project No. C-340-678-01-1, Dep. Environ. Sci., Rutgers Univ., New Brunswick, N.J.

Haug, R.T. (1980) *Compost Engineering, Principles and Practices*. Ann Arbor Science Publishing, Ann Arbor, Mich.

Poincelot, R.P. (1975) The Biochemistry and Methodology of Composting. Conn. Agr. Exp. Sta., H.H.

Poincelot, R.P. (1977) The Biochemistry of Composting. *Proc. Natl. Conf. Composting Munic*. Residues and Sludge. Information Transfer, Inc., Rockville, Md., 163.

Stern, G. (1974) Pasteurization of Liquid Digested Sludge. *Proc. Natl. Conf. Munic. Sludge Manage.*, Information Transfer, Inc., Rockville, Md., 163.

U.S. Code of Federal Regulations (1993) Title 40, 40 *CFR* Part 503.

U.S. Environmental Protection Agency (1978) *Operations Manual: Sludge Handling and Conditioning*. EPA-430/9-78-002, Office Water Program Operations, Washington, D.C.

U.S. Environmental Protection Agency (1986) *Heat Treatment/Low Pressure Oxidation Systems: Design and Operational Considerations*. Office Municipal Pollut. Control and Office of Water, Washington, D.C.

U.S. Environmental Protection Agency (1992) *Control of Pathogens and Vector Attraction in Sewage Sludge*. EPA-625/R-92-013, Office of Research and Development, Office of Science, Planning, and Regulatory Evaluation, Washington, D.C.

Water Environment Federation (1995) *Wastewater Residuals Stabilization*. Manual of Practice No. FD-9, Alexandria, Va.

Water Pollution Control Federation (1988) *Incineration*. Manual of Practice No. OM-11, Alexandria, Va.

第33章

American Public Health Association; American Water Works Association; Water Environment Federation (2005) *Standard Methods for the Examination of Water and Wastewater*, 21st ed.; American Public Health Association: Washington, D.C.

Fleurial, D. (2003) Personal communication, Shelburne Falls WWTP, Shelburne Falls, Massachusetts.

Garvey, D. D. (2002) Personal communication, Keystone Water Quality Manager.

Gillette, R. A.; Scott, J. D. (2001) Dewatering System Automation: Dream or Reality? *Water Environ. Technol.*, **13** (5), 44–50.

Lambert, S. D.; McGrath, K. E. (2000) Can Stored Sludge Cake Be Deodorized by Chemical or Biological Treatment? *Water Sci. Technol.*, **41** (6), 133–139.

Macray, J. (2000) Personal communication, City of Windsor, Ontario, Canada.

Minneapolis Wastewater Treatment Plant (1999) Full-Scale Centrifuge Demonstration Project Centrifuge Test Program Final Report, June 30; Minneapolis Wastewater Treatment Plant: Minneapolis, Minnesota.

Pramanik, A.; LaMontagne, P.; Brady, P. (2002) Automatic Improvements, Installing an Integrated Control System Can Improve Sludge Dewatering Performance and Cut Costs. *Water Environ. Technol.*, **14** (10), 46–50.

Rudolph, D. J. (1994) Solution to Odor Problems Gives Unexpected Savings. *Water Eng. Manage.*, 9/94.

Vesilind, P. A. (1994) The Role of Water in Sludge Dewatering. *Water Environ. Res.*, **66,** 4–11.

Water Environment Federation (1995) *Engineered Equipment Procurement Options to Ensure Project Quality*; Water Environment Federation: Alexandria, Virginia.

Water Environment Federation (1998) *Design of Municipal Wastewater Treatment Plants*, 4th ed.; Manual of Practice No. 8; Water Environment Federation: Alexandria, Virginia.

Water Environment Research Foundation (1993) *Guidance Manual for Polymer Selection in Wastewater Treatment Plants;* Water Environment Research Foundation: Alexandria, Virginia.

Water Environment Research Foundation (1995) *Polymer Characterization and Control in Biosolids Management*; Water Environment Research Foundation: Alexandria, Virginia.

Water Environment Research Foundation (2001) Thickening and Dewatering Processes: How to Evaluate and Implement an Automation, Package 2001 Final Report, Project 98-REM-3; Water Environment Research Foundation: Alexandria, Virginia.